教育部 财政部职业院校教师素质提高计划
职教师资培养资源开发项目
《机械工程》专业职教师资培养资源开发（VTNE006）
机械工程专业职教师资培养系列教材

液压气动系统安装与调试

主　编　王士军　刘军营
副主编　张德龙　尚川川

科学出版社
北　京

内 容 简 介

本书是教育部、财政部机械工程专业职教师资本科培养资源开发项目（VTNE006）规划的主干核心课程教材之一。全书共四个学习情境，即压力机液压系统的安装与调试、平面磨床液压系统的安装与调试、注塑机液压系统的安装与调试和机械手气动系统的安装与调试。本书根据《机械工程专业职教师资本科培养专业教师培养标准及课程大纲（试行）》的要求，以职业标准为依据，以职业能力为核心，以职业活动为导向，以任务为载体，以提高从业人员的核心技能、核心素质为目标。按照工作过程系统化的开发思想，每个学习情境包括项目引入、项目要求、项目内容、项目实施等环节，由浅入深、循序渐进，充分体现"做中学""学中做"的职业教学特色，实现了职业性、专业性和师范性三性融合的开发理念。

本书可以作为机械工程专业职教师资本科培养的课程教材，也可作为从事液压气动系统安装与调试工作的工程技术人员的参考书。

图书在版编目(CIP)数据

液压气动系统安装与调试/王士军，刘军营主编. —北京：科学出版社，2018.5

机械工程专业职教师资培养系列教材

ISBN 978-7-03-055825-1

Ⅰ.①液… Ⅱ.①王…②刘… Ⅲ.①液压系统-安装-中等专业学校-师资培养-教材②液压系统-调试方法-中等专业学校-师资培养-教材③气压系统-安装-中等专业学校-师资培养-教材④气压系统-调试方法-中等专业学校-师资培养-教材 Ⅳ.①TH137②TH138

中国版本图书馆CIP数据核字（2017）第300375号

责任编辑：邓 静 张丽花 陈 琼 / 责任校对：郭瑞芝
责任印制：吴兆东 / 封面设计：迷底书装

科学出版社出版
北京东黄城根北街16号
邮政编码：100717
http://www.sciencep.com

北京九州迅驰传媒文化有限公司 印刷
科学出版社发行 各地新华书店经销

*

2018年5月第 一 版 开本：787×1092 1/16
2018年5月第一次印刷 印张：14 3/8
字数：340 000

定价：69.00元
（如有印装质量问题，我社负责调换）

版权所有，盗版必究

举报电话：010-64034315 010-64010630

教育部 财政部职业院校教师素质提高计划成果系列丛书
机械工程专业职教师资培养系列教材

项目牵头单位：山东理工大学

项目负责人：王士军

项目专家指导委员会

主　任：刘来泉

副主任：王宪成　郭春鸣

成　员：(按姓氏笔画排列)

刁哲军　王继平　王乐夫　邓泽民　石伟平　卢双盈

汤生玲　米　靖　刘正安　刘君义　孟庆国　沈　希

李仲阳　李栋学　李梦卿　吴全全　张元利　张建荣

周泽扬　姜大源　郭杰忠　夏金星　徐　流　徐　朔

曹　晔　崔世钢　韩亚兰

丛 书 序

《国家中长期教育改革和发展规划纲要（2010—2020年）》颁布实施以来，我国职业教育进入到加快构建现代职业教育体系、全面提高技能型人才培养质量的新阶段。加快发展现代职业教育、实现职业教育改革发展新跨越，对职业学校"双师型"教师队伍建设提出了更高的要求。为此，教育部明确提出，要以推动教师专业化为引领，以加强"双师型"教师队伍建设为重点，以创新制度和机制为动力，以完善培养培训体系为保障，以实施素质提高计划为抓手，统筹规划，突出重点，改革创新，狠抓落实，切实提升职业院校教师队伍整体素质和建设水平，加快建成一支师德高尚、素质优良、技艺精湛、结构合理、专兼结合的高素质专业化的"双师型"教师队伍，为建设具有中国特色、世界水平的现代职业教育体系提供强有力的师资保障。

目前，我国共有60余所高校正在开展职教师资培养，但教师培养标准的缺失和培养课程资源的匮乏，制约了"双师型"教师培养质量的提高。为完善教师培养标准和课程体系，教育部、财政部在"职业院校教师素质提高计划"框架内专门设置了职教师资培养资源开发项目，中央财政划拨1.5亿元，系统开发用于本科专业职教师资培养标准、培养方案、核心课程和特色教材等系列资源。其中，包括88个专业项目、12个资格考试制度开发等公共项目。该项目由42家开设职业技术师范专业的高等学校牵头，组织近千家科研院所、职业学校、行业企业共同研发，一大批专家学者、优秀校长、一线教师、企业工程技术人员参与其中。

经过三年的努力，培养资源开发项目取得了丰硕成果。一是开发了中等职业学校88个专业(类)职教师资本科培养资源项目，内容包括专业教师标准、专业教师培养标准、评价方案，以及一系列专业课程大纲、主干课程教材及数字化资源；二是取得了6项公共基础研究成果，内容包括职教师资培养模式、国际职教师资培养、教育理论课程、质量保障体系、教学资源中心建设和学习平台开发等；三是完成了18个专业大类职教师资格标准及认证考试标准开发。上述成果，共计800多本正式出版物。总体来说，培养资源开发项目实现了高效益：聚积了一大批资源，填补了相关标准和资源的空白；凝聚了一支研发队伍，强化了教师培养的"校—企—校"协同；引领了一批高校的教学改革，带动了"双师型"教师的专业化培养。职教师资培养资源开发项目是支撑专业化培养的一项系统化、基础性工程，是加强职教师资培养培训一体化建设的关键环节，也是对职教师资培养培训基地教师专业化培养实践、教师教育研究能力的系统检阅。

自2013年项目立项开题以来，各项目承担单位、项目负责人及全体开发人员做了大量深入细致的工作，结合职教教师培养实践，研发出很多填补空白、体现科学性和前瞻性的成果，有力推进了"双师型"教师专门化培养向更深层次发展。同时，专家指导委员会的各位专家以及项目管理办公室的各位同志，克服了许多困难，按照教育部、财政部对项目开发工作的总体要求，为实施项目管理、研发、检查等投入了大量时间和心血，也为各个项目提供了专业的咨询和指导，有力地保障了项目实施和成果质量。在此，我们一并表示衷心的感谢。

编写委员会
2016年3月

前　言

根据教育部、财政部《关于实施中等职业学校教师素质提高计划的意见》(教职成〔2006〕13号)，山东理工大学"数控技术"省级精品课程教学团队王士军博士主持承担了教育部、财政部机械工程专业职教师资培养资源开发项目(VTNE006)，教学团队联合装备制造业专家、企业工程技术人员、全国中等职业学校和高职院校"双师型"教师、高等学校专业教师、政府管理部门、行业管理和科研等部门的专家学者成立了项目研究开发组，研究开发了机械工程专业职教师资培养资源开发项目规划的核心课程教材。

《液压气动系统安装与调试》教材内容充分考虑中等职业学校机械工程专业毕业生的就业背景和岗位需求，行业有典型代表性的机电设备及其发展趋势、岗位技能需求、专业教师理论知识、实践技能现状和涉及的国家职业标准等，也充分考虑了该专业中等职业学校专业教师的知识能力现状，运用行动导向、工作过程系统化、项目引领、任务驱动等先进的教育教学理念，理实一体化地将多门学科、多项技术和多种技能有机融合在一起，内容与实际工作系统化过程的正确步骤相吻合，既体现了专业领域普遍应用的、成熟的核心技术和关键技能，又包括了本专业领域具有前瞻性的主流应用技术和关键技能，以及行业、专业发展需要的"新理论、新知识、新技术、新方法"，撰写到可操作的层面，每个项目、任务后有归纳总结，使得知识点和能力目标脉络清晰、逻辑性强，对形成职业岗位能力具有举一反三、触类旁通的学习效果。

全书共4个学习情境。学习情境1为压力机液压系统的安装与调试，安排了三个学习任务，其中任务1.1为检测、选用、安装、调试与维护常用液压元件和基本控制回路，任务1.2为分析、安装、调试压力机上液压缸控制系统，任务1.3为分析、安装、调试压力机下液压缸控制系统及压力机液压系统维护，目的是认识液压系统的基本组成，三个任务按照由简单到复杂的工作内容编排。学习情境2为平面磨床液压系统的安装与调试，安排了三个学习任务，其中任务2.1为分析、安装、调试工作台往复运动系统，任务2.2为分析、安装、调试砂轮架进刀运动系统，任务2.3为分析、安装、调试润滑系统及平面磨床液压系统维护，目的是认识液压系统的基本回路，三个任务按照简单—复杂—综合的工作内容编排。学习情境3为注塑机液压系统的安装与调试，安排了五个学习任务，其中任务3.1为分析、安装、调试合模、开模控制回路，任务3.2为分析、安装、调试注射座移动控制回路，任务3.3为分析、安装、调试注射控制回路，任务3.4为分析、安装、调试预塑控制回路，任务3.5为分析、安装、调试顶出控制回路及注塑机液压系统维护，通过五个任务，学生逐步掌握液压系统安装调试及故障排除的方法，了解液压传动系统的典型应用。学习情境4为机械手气动系统的安装与调试，安排了五个学习任务，其中任务4.1为安装、调试气动基本控制回路，任务4.2为安装、调试抓取机构松紧控制回路，任务4.3为安装、调试悬臂伸缩控制回路，任务4.4为安装、调试立柱升降控制回路，任务4.5为安装、调试立柱回转控制回路及联机调试机械手气动控制系统，五个任务按照简单—复杂—综合的工作内容编排，使学生逐步掌握机械手气动系统的安装与调试。

本书的编写融入了理念、设计、内容、方法、载体、环境、评价和教学策略等要素，它既不是各种技术资料的汇编，又不是培训手册，而是包含工作过程相关知识，体现完整工作过程，实现教、学、做一体化，提供了工学结合实施的整体解决方案，融汇了职教师资本科培养的职业性、专业性和师范性的特点。

本书由山东理工大学的王士军和刘军营任主编，甘肃机电职业技术学院的张德龙和滨州技师学院的尚川川任副主编，山东理工大学的刘同义、孟建兵、赵玲玲，以及江西冶金职业技术学院肖世海等参加了编写。

由于编者学识和经验有限，书中不足之处在所难免，恳请专家和读者批评指正。

编 者

2017 年 9 月

目 录

学习情境 1 压力机液压系统的安装与调试 ·· 1

    任务 1.1 检测、选用、安装、调试与维护常用液压元件和基本控制回路············· 1

    任务 1.2 分析、安装、调试压力机上液压缸控制系统································ 25

    任务 1.3 分析、安装、调试压力机下液压缸控制系统及压力机液压系统维护······· 41

学习情境 2 平面磨床液压系统的安装与调试 ······································ 68

    任务 2.1 分析、安装、调试工作台往复运动系统···································· 68

    任务 2.2 分析、安装、调试砂轮架进刀运动系统···································· 74

    任务 2.3 分析、安装、调试润滑系统及平面磨床液压系统维护····················· 84

学习情境 3 注塑机液压系统的安装与调试 ·· 95

    任务 3.1 分析、安装、调试合模、开模控制回路···································· 95

    任务 3.2 分析、安装、调试注射座移动控制回路··································· 103

    任务 3.3 分析、安装、调试注射控制回路·· 108

    任务 3.4 分析、安装、调试预塑控制回路·· 113

    任务 3.5 分析、安装、调试顶出控制回路及注塑机液压系统维护·················· 119

学习情境 4 机械手气动系统的安装与调试 ······································· 129

    任务 4.1 安装、调试气动基本控制回路·· 130

    任务 4.2 安装、调试抓取机构松紧控制回路······································· 170

    任务 4.3 安装、调试悬臂伸缩控制回路·· 184

    任务 4.4 安装、调试立柱升降控制回路·· 191

    任务 4.5 安装、调试立柱回转控制回路及联机调试机械手气动控制系统·········· 202

参考文献 ··· 219

学习情境 1 压力机液压系统的安装与调试

📖 学习目标

1. 项目引入

液压传动技术已经应用到现代机械行业的每个领域，如机床工业(组合机床、数控机床)、工程机械(挖掘机、装载机)、运输机械(港口龙门吊、叉车)、矿山机械(盾构机、破碎机)、建筑机械(打桩机)、农业机械(拖拉机、平地机)、汽车(自卸汽车转向器、减振器)以及智能机械(机器人)等。

压力机是最早应用液压传动技术的机械之一，它是在锻压、冲压、冷挤、校直、弯曲、粉末冶金、成形、打包等工艺中广泛应用的压力加工机械，以四柱式液压机最为典型。压力机液压系统以压力控制为主，压力高、流量大，且压力、流量变化大。在满足系统对压力要求的条件下，要注意提高系统效率和防止产生液压冲击。

2. 项目要求
(1)理解常用液压元件和典型控制回路的结构、工作原理。
(2)会选择元器件，安装、调试与维护压力机液压系统。

3. 项目内容
(1)液压系统常用元件和典型控制回路。
(2)安装、调试与检修压力机液压系统。

4. 项目实施

本项目要完成通用压力机液压系统的安装、调试与维护，主要通过以下三个任务来组织实施。

任务 1.1：检测、选用、安装、调试与维护常用液压元件和基本控制回路。
任务 1.2：分析、安装、调试压力机上液压缸控制系统。
任务 1.3：分析、安装、调试压力机下液压缸控制系统及压力机液压系统维护。

📖 学习任务

任务 1.1 检测、选用、安装、调试与维护常用液压元件和基本控制回路

1.1.1 任务目标

(1)理解液压控制的基本原理。
(2)掌握检测、选用、安装常用液压元件的方法。

(3)掌握分析、安装、调试液压基本回路的方法。

1.1.2 任务引入与分析

液压传动是利用密闭容器中受压液体来传递运动和动力的一种传动方式。液压传动装置本质上是一种能量转换装置，它以液体作为工作介质，通过动力元件(液压泵)将原动机(如电动机)的机械能转换为液体的压力能，然后通过管道、控制元件(液压阀)把有压液输往执行元件(液压缸或液压马达)，将液体的压力能转换为机械能，以驱动负载实现直线或回转运动，完成动力传递。

本教学任务分以下三个子任务来完成。
(1)分析、安装和调试方向控制回路。
(2)分析、安装和调试压力控制回路。
(3)分析、安装和调试速度控制回路。

1.1.3 任务实施与评价

一、任务准备

1. 知识与技能准备

1)液压传动的工作原理

液压传动的工作原理可以用一个液压千斤顶的工作原理来说明。

在机修车间里，液压千斤顶是修理工人经常使用的起重工具，它虽然体小身轻，但能顶起超过自身质量几百倍的重物。液压千斤顶形式多样，图 1-1(a)是手动液压千斤顶，图 1-1(b)是自动液压千斤顶，工作时液压站为千斤顶提供液压油。

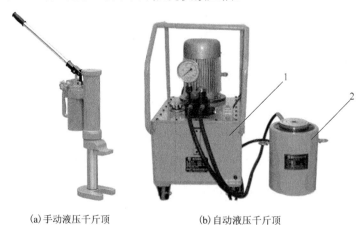

(a)手动液压千斤顶　　(b)自动液压千斤顶

图 1-1　液压千斤顶实物图

1-液压站；2-千斤顶

如图 1-2 所示，提起手柄 1，小活塞 3 上升，小液压缸 2 下腔的容积增大，形成局部真空状态，油箱 8 内的油液在大气压力的作用下，顶开吸油单向阀 4 的钢球，进入并充满小液压缸的下腔，完成吸油动作。压下手柄 1，小活塞 3 下移，压力油使吸油单向阀 4 关闭，油液不能通过此吸油单向阀流回油箱。但此时压力油却可以推开压油单向阀 7 中的钢球，小液压缸下腔的压力油经压油单向阀 7 进入大液压缸 12 的下腔,并托起大活塞 11,将大活塞上的重物顶起一段距离。反复提压手柄 1,就可以使重物不断上升,从而达到起重的目的。当重物需要下降时,只需转动截止阀 9,使大液压缸的下腔与油箱连通,在重物作用下,大活塞 11 向下移动,大液压缸中的油液流回油箱。

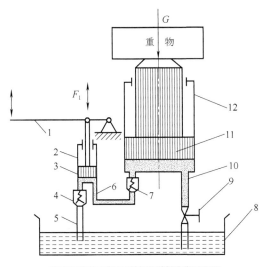

图 1-2　液压千斤顶的工作原理图

1-手柄；2-小液压缸；3-小活塞；4,7-单向阀；5-吸油管；6、10-管道；8-油箱；9-截止阀；11-大活塞；12-大液压缸

可以看出,液压千斤顶是一个简单的液压传动装置。分析液压千斤顶的工作过程可知,液压传动是依靠液体在密封容积中的压力实现运动和动力传递的。液压传动装置本质上是一种能量转换装置,它先将机械能转换为便于输送的液压能,后又将液压能转换为机械能做功。液压传动利用液体的压力进行工作,它与利用液体的动能工作的液力传动有根本的区别。

2) 液压系统组成

(1)动力装置(动力元件):它是供给液压系统压力油,把机械能转换成液压能的装置。最常见的形式是液压泵,见表 1-1。

表 1-1　常见液压泵

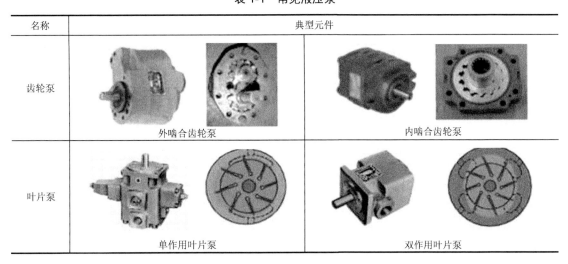

名称	典型元件	
齿轮泵	外啮合齿轮泵	内啮合齿轮泵
叶片泵	单作用叶片泵	双作用叶片泵

续表

名称	典型元件	
柱塞泵	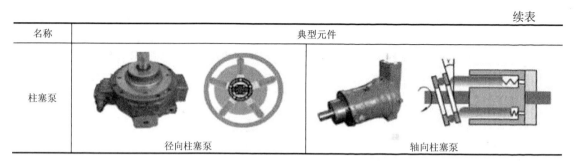	
	径向柱塞泵	轴向柱塞泵

(2) 执行装置（执行元件）：它是把液压能转换成机械能以驱动工作机构做功的装置。其形式有做直线往复运动的液压缸和做回转运动的液压马达，见表 1-2。

表 1-2　液压系统执行元件

名称	结构类型		应用
活塞式液压缸	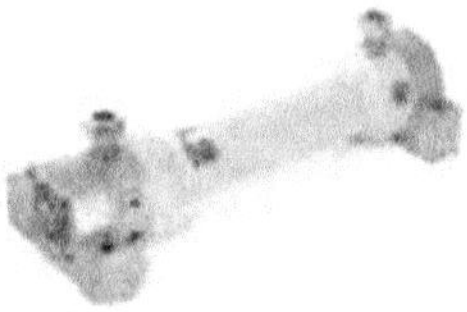 双作用活塞缸	 单作用活塞缸	 压力机
伸缩式液压缸	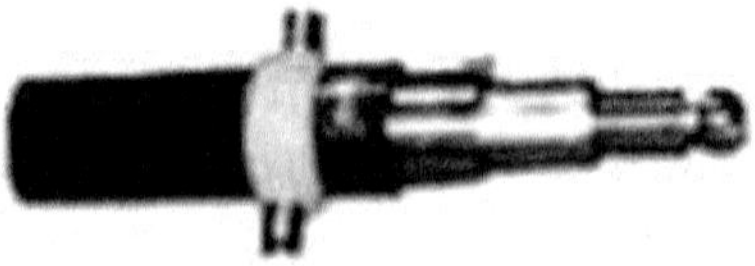		 自卸车
摆动液压缸	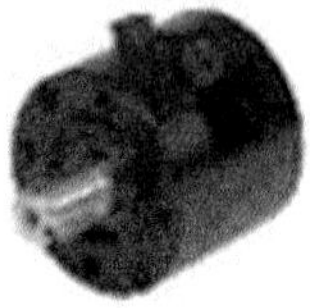 叶片式摆动缸	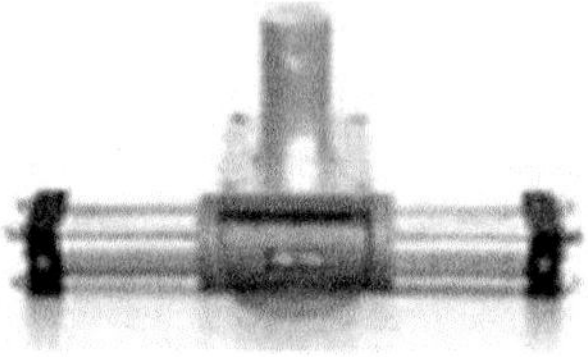 齿轮齿条摆动缸	 机械手
柱塞式液压缸			 升降台
其他液压缸	 伺服液压缸	 液压螺旋摆动缸	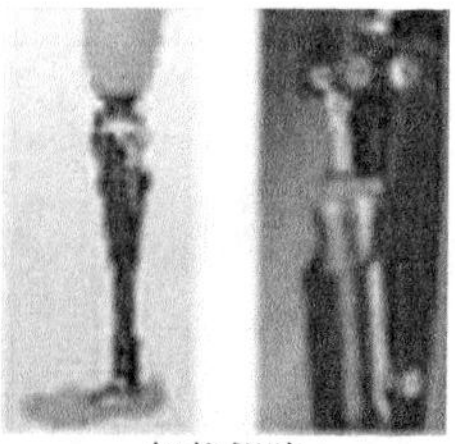 智能假肢

(3) 控制调节装置(控制元件)：它是对液压系统中的液体压力、流量和液流方向进行控制或调节的装置，如溢流阀、节流阀、换向阀等，见表1-3。

表1-3 控制调节装置

分类		典型结构			
方向控制阀	单向阀	 直通式	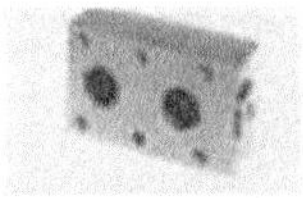 板式	 液控式	
	换向阀	 手动式	 电磁式	 行程式	
		 液动式	 电液动式	 比例式	
压力控制阀	溢流阀	 直动式	 先导式	 叠加式	 比例式
	减压阀	 直动叠加式	 先导式	 先导比例式	
	顺序阀	 直动式	 先导式	 单向顺序阀	
流量控制阀		 节流阀	 叠加式节流阀	 调速阀	

(4) 辅助装置(辅助元件)：辅助装置是除上述三部分之外的其他装置，如油箱、滤油器、油管等。它们对于保证系统正常工作是必不可少的，见表1-4。

表1-4 辅助装置

分类	形式			
油箱	油箱箱体	液压站分离式油箱		整体式结构油箱
滤油器	网式	线隙式	烧结式	纸芯式
油管	钢管	紫铜管	橡胶软管	尼龙塑料管
管接头	扩口式	焊接式	卡套式	扣压式 / 快速接头
其他	压力表	压力表开关	囊式蓄能器	活塞式蓄能器

(5) 工作介质：它是传递能量的流体，液压系统常用的工作介质有数控机床液压油、导轨液压油、机床液压油、汽轮机油和变压器油，如图1-3所示。

(a) 数控机床液压油　　　　(b) 导轨液压油　　　　(c) 机床液压油

图1-3 工作介质

3)液压传动的优缺点

(1)优点：

① 体积小、质量轻、结构紧凑，液压马达的外形尺寸是同功率电动机的12%，质量是同功率电动机的10%~20%。

② 可以实现无级调速。调速范围大，并可在液压装置运行的过程中进行调速。

③ 传递运动平稳，润滑好，使用寿命长，负载变化时速度较稳定，因为上述优点，金属切削机床中的磨床传动现在大多采用液压传动。

④ 易于实现自动化。借助各种控制阀，特别是将液压控制和电气控制结合使用时，能很容易地实现复杂的自动工作循环，而且可以实现遥控。

⑤ 易于实现过载保护。借助溢流阀可以实现过载保护。

⑥ 设计容易。液压元件已实现了标准化、系列化和通用化，便于设计、制造和推广使用。

(2)缺点：

① 液压传动中的泄漏和液体的可压缩性，使得传动不能保证严格的传动化。

② 油温变化对传动性能有影响。温度变化时，液体黏性变化，引起运动特性的变化，使得工作的稳定性受到影响，所以不宜在低温和高温条件下工作。

③ 制造精度要求高。为了减少泄漏并满足某些性能上的要求，液压元件的配合件制造精度要求较高，加工工艺较复杂，维修困难。

2. 设备与材料准备

(1)设备准备：液压实验台；各种相关附件。

(2)材料准备：相关液压控制系统原理图图纸、白纸等。

3. 工具与场地准备

液压实训室1个，工位20个，工具(锤子、梅花扳手、呆扳手、活扳手、旋具等各1套)，计算机多媒体教学设备。

二、任务实施

(一)分析、安装和调试方向控制回路

1. 分析方向控制的工作原理

控制液流的通断和流动方向的回路称为方向控制回路。在液压系统中用于实现执行元件的启动、停止及改变运动方向。方向控制回路一般分为换向回路、锁紧回路，如图1-4所示。

1)换向回路的工作原理分析

运动部件的换向一般可采用各种换向阀来实现，在容积调速的闭式回路中也可以利用双向变量泵控制液流的方向来实现液压缸(或液压马达)的换向。

图1-4(a)为采用三位四通电磁换向阀的换向回路，当1DT通电、2DT断电时，换向阀处于左位工作，液压缸左腔进油，液压缸右腔的油流回油箱，活塞向右移动；当1DT断电、2DT通电时，换向阀处于右位工作，液压缸右腔进油，液压缸左腔的油流回油箱，活塞向左移动；当1DT和2DT断电时，换向阀处于中位工作，活塞停止运动。

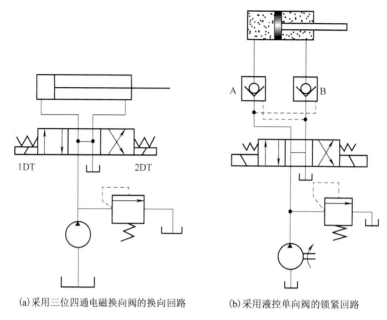

(a) 采用三位四通电磁换向阀的换向回路　　(b) 采用液控单向阀的锁紧回路

图 1-4　方向控制回路

2) 锁紧回路的工作原理分析

锁紧回路的作用是使执行元件能在任意位置上停留,以及在停止工作时,防止在受力的情况下发生移动。

图 1-4(b)为采用液控单向阀的锁紧回路,在这种回路中,液压缸的进回油路中都串接液控单向阀(又称液压锁),活塞可以在行程的任何位置锁紧,其锁紧精度只受液压缸内少量的内泄漏影响,因此锁紧精度较高。当换向阀处于左位工作时,压力油经液压缸的左腔,同时将右腔液控单向阀推开,使液压缸右腔的油经右液控单向阀和换向阀流回油箱;当换向阀处于右位工作时,压力油经液压缸的右腔,同时将左腔液控单向阀推开,使液压缸左腔的油经左液控单向阀和换向阀流回油箱;当换向阀处于中位工作或液压泵停止供油时,两个液控单向阀立即关闭,活塞停止运动。

2. 常用元件的工作原理分析与拆装

1) 液压泵

(1) 基本工作原理分析。液压泵按其结构形式可分为齿轮泵、叶片泵和柱塞泵三种,它们都属于容积泵,图 1-5 为液压泵的工作原理图。柱塞 2 装在泵体 3 内,并可做左右移动,在弹簧 4 的作用下,柱塞压在偏心轮 1 的表面上。当电动机带动偏心轮旋转时,偏心轮推动柱塞左右运动,使密封容积 a 发生周期性的变化。当 a 由小变大时,形成局部真空,使油箱中的油液在大气压的作用下,经吸油管道顶开单向阀 5 进入油腔 a 实现吸油;反之,当 a 由大变小时,油腔 a 中吸满的油液将顶开单向阀 6 流入系统而实现压油。电动机带动偏心轮不断旋转,液压泵就不断地吸油和压油。

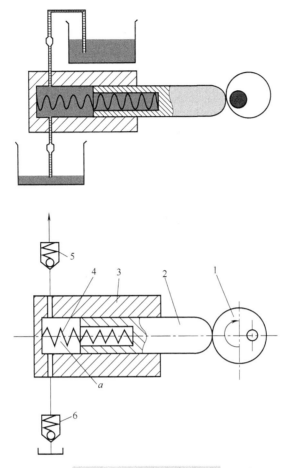

图 1-5 液压泵的工作原理图

1-偏心轮；2-柱塞；3-泵体；4-弹簧；5-排油单向阀；6-吸油单向阀

注意查询液压泵的主要性能参数。

(2) 拆卸与装配齿轮泵。齿轮泵是一种常用的液压泵，它的主要特点是结构简单，制造方便，价格低廉，体积小，质量轻，对油液污染不敏感，工作可靠。齿轮泵按照其啮合形式的不同，分为外啮合和内啮合两种。外啮合齿轮泵应用较广，外形如图 1-6 所示。

图 1-6 外啮合齿轮泵外形

齿轮泵的拆卸顺序如下。

① 松开并卸下泵盖及轴承压盖上全部连接螺栓，如图 1-7(a) 所示。

② 卸下定位销及泵盖、轴承盖，如图1-7(b)所示。
③ 从泵壳内取出传动轴及被动齿轮轴套。
④ 从泵壳内取出主动齿轮及被动齿轮，如图1-7(c)和(d)所示。
⑤ 取下高压泵的压力反馈侧板及密封圈。
⑥ 检查轴头骨架油封，若其阻油唇边良好且能继续使用，则不必取出；若阻油唇边损坏，则取出更换。
⑦ 将拆下来的零件用煤油或柴油进行清洗。

(a) 松开并卸下泵盖及轴承压盖上全部连接螺栓

(b) 卸下定位销及泵盖、轴承盖

(c) 从泵壳内取出主动齿轮

(d) 从泵壳内取出被动齿轮

(e) 泵体和泵盖

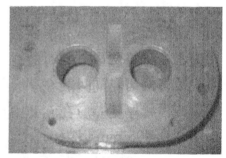

(f) 泵盖

图1-7 齿轮泵拆卸

在拆卸过程中，注意观察主要零件的结构和相互配合关系，分析工作原理。

拆卸注意事项：实行"谁拆卸，谁装配"的制度，一人负责一个元件的拆装。拆卸时要做好拆卸记录，必要时要画出装配示意图；对于容易丢失的小零件，要放入专用的小方盒内；

各组相互交流时不要随便拿走其他组的零件；装配之前要分析清楚各泵的密封容积和配油装置；装配之前要列出各元件的装配顺序；严禁野蛮拆卸和野蛮装配；装配之后要进行试运转。

齿轮泵的装配顺序如下：

① 用煤油或轻柴油清洗全部零件；

② 若主动轴轴头盖板上的骨架油封需要换，则先在骨架油封周边涂润滑油，用合适的心轴和小锤轻轻打入盖板槽内，油封的唇应朝向里边，切勿装反；

③ 将各密封圈洗净后(禁用汽油)装入各相应油封槽内；

④ 将合格的轴承涂润滑油装入相应的轴承孔内；

⑤ 将轴套或侧板与主动、被动齿轮组装成齿轮轴套副，在运动表面加润滑油；

⑥ 将轴套副与前后泵盖组装；

⑦ 将定位销装入定位孔中，轻打到位；

⑧ 将主动轴装入主动齿轮花键孔中，同时将轴承盖装上；

⑨ 装连接两泵盖及泵壳的紧固螺栓，注意两两对角用力均匀，扭力逐渐加大，边拧螺栓，边用手旋转主动齿轮，应无卡滞、过紧和别劲感觉，所有螺栓上紧后，应达到旋转均匀的要求；

⑩ 用塑料填封好油口；

⑪ 泵组装后，在设备调试时应再度运转检查。

【思考题】

(1)齿轮泵是由哪些零件组成的？

(2)进出油口孔径是否相等？为什么？

(3)困油卸荷槽在哪个位置？相对高低压腔是否对称布置？

(4)泵的工作压力取决于什么？它与铭牌上的压力有什么关系？

2)换向阀

(1)换向阀的工作原理。换向型方向控制阀(简称换向阀)，是通过改变液流通道而使液体流动方向发生变化，从而达到改变液动执行元件运动方向的目的。图1-8为三位四通电磁换向阀。

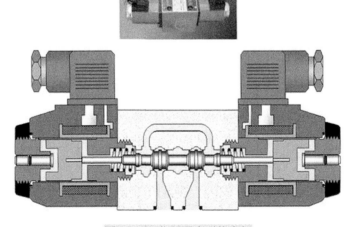

图1-8　三位四通电磁换向阀

(2) 拆卸与装配换向阀。

① 换向阀的拆卸顺序。观察电磁换向阀的外观，找出压力油口、回油口和两个工作油口；拆解中应用铜棒敲打零部件，以免损坏零部件，将电磁阀的电磁铁和阀体分开，观察并分析工作过程，依次取出推杆、对中弹簧、阀芯，了解电磁阀阀芯的台肩结构，弄清楚电磁换向阀的工作原理。

② 换向阀的装配。装配前清洗各零件，在阀芯与阀体等配合表面涂润滑油，然后按与拆卸相反的顺序装配。注意要轻轻装上阀芯，使其受力均匀，防止阀芯卡住不能动作。

③ 换向阀的检测。启动空气压缩机，将换向阀接上软管接头，先不对换向阀施加外部力，给换向阀接入压缩空气，观察进气口与出气口的关系；再对换向阀的阀芯逐端施加外部力，给换向阀接入压缩空气，观察进气口与出气口的关系。

3. 安装与调试方向控制回路(图 1-4(a))

(1) 选择元件。元件包括液压泵(单向定量齿轮泵)、液压缸(单杆双作用液压缸)、换向阀(三位四通电磁换向阀)、溢流阀等。

(2) 固定元件。在实验板上将选出的液压元件固定好。

(3) 连接油路。先将泵的进油口与油箱的出油口连接起来，再将泵的压油口与三位四通电磁换向阀的进油口连接起来，将三位四通电磁换向阀的一个工作口连接缸的左腔，另一个工作口连接缸的右腔，将三位四通电磁换向阀的回油口接油箱的回油口。将泵的压油口连接溢流阀的进油口，将溢流阀的回油口连接回油箱。

(4) 调试回路。先将溢流阀全开，启动液压泵，再将溢流阀的开度逐渐减小，让三位四通电磁换向阀的 1DT 通电，液压缸中的活塞应向右运动，1DT 断电，活塞停止运动，2DT 通电，液压缸活塞应向左运动。如果活塞不能运动，则要检查管路是否接好，压力油是否送到位。

注意：分析换向回路的工作原理时，用元件名称加箭头的方法来疏通回路，不仅要理通进油路，还要理通回油路。

(二) 分析、安装和调试压力控制回路

1. 分析压力控制的工作原理

利用各种压力阀控制系统或系统某一部分油液压力的回路称为压力控制回路。其在液压系统中用来实现调压、减压、增压、卸荷、平衡等控制，满足执行元件对力或转矩的要求。

图 1-9 为三级调压回路，三级压力分别由溢流阀 1、2、3 调定，当电磁铁 1YA、2YA 断电时，系统压力由主溢流阀 1 调定；当电磁铁 1YA 通电时，系统压力由溢流阀 2 调定；当电磁铁 2YA 通电时，系统压力由溢流阀 3 调定。在这种调压回路中，溢流阀 2 和溢流阀 3 的调定压力要低于主溢流阀 1 的调定压力。

2. 溢流阀的拆卸与装配

(1) 溢流阀的拆卸。

① 观察先导式溢流阀的外观，找出进油口 P、回油口 T、控制油口 K 及安装阀芯用的中小圆孔，从出油口向里看，可见阀口被遮盖约 2mm。

② 用内六角扳手依对称位置松开阀体上的螺栓后，取下螺栓，用铜棒轻轻敲打，使先导阀和主阀分开，轻轻取出阀芯，注意不要损伤，观察、分析其结构特点，搞清楚各部分的作用。

③ 取出弹簧，观察先导调压弹簧、主阀复位弹簧的大小和刚度不同。

(2) 溢流阀的装配。装配前清洗各零件,在阀芯与阀体等配合表面涂润滑油,然后按与拆卸时相反的顺序装配。注意小心装配阀芯,防止阀芯卡死,正确合理地安装,保证溢流阀能正常工作。

(3) 溢流阀压力的检测。在压力测试台上,将溢流阀接上软管接头,同时接入压力表,启动电动机带动液压泵运转。一边调节溢流阀,一边观察压力表上压力值的变化。

3. 安装与调试压力控制回路(图 1-9)

(1) 选择元件。元件包括液压泵(单向定量液压泵)、溢流阀(先导式 1 个、直动式 2 个)、换向阀(三位四通电磁换向阀)、压力表。

(2) 固定元件。在实验板上将选出的液压元件布置固定好。

(3) 连接油路。将泵的进油口与油箱的出油口连接,泵的压油口与先导式溢流阀的进油口相连,先导式溢流阀的回油口连接油箱,再将先导式溢流

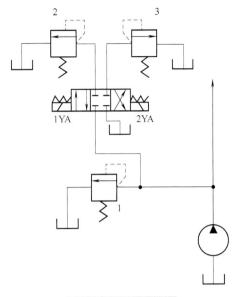

图 1-9 三级调压回路
1、2、3-溢流阀;1YA、2YA-电磁铁

阀的控油口与三位四通电磁换向阀的进油口相连,换向阀的一个工作口与直动式溢流阀 2 的进油口相连,另一个工作口与直动式溢流阀 3 的进油口相连,溢流阀 2、3 以及换向阀的回油口分别接油箱的回油口,最后将泵的出油口与压力表相连。

(4) 调试回路。让溢流阀全开,启动液压泵,先调定先导式溢流阀 1 的压力,然后将换向阀的 1YA 通电,调定直动式溢流阀 2 的压力,1YA 断电,2YA 通电,调定直动式溢流阀 3 的压力,观察压力表显示压力的变化。直动式溢流阀 2、3 的调定压力要低于先导式溢流阀 1 的调定压力。

(三)分析、安装和调试速度控制回路

1. 分析速度控制回路工作原理

速度控制回路是调节和变换执行元件运动速度的回路。它包括调速回路、快速回路和速度换接回路,其中调速回路是液压系统用来改变执行元件运动速度的,它在基本回路中占有重要地位。

图 1-10 为节流调速回路。节流调速回路是指在定量泵供油液压系统中,用节流阀或调速阀调节执行元件运动速度的调速回路。根据流量阀安装位置的不同,可分为进油节流调速回路、回油节流调速回路和旁油节流调速回路三种。

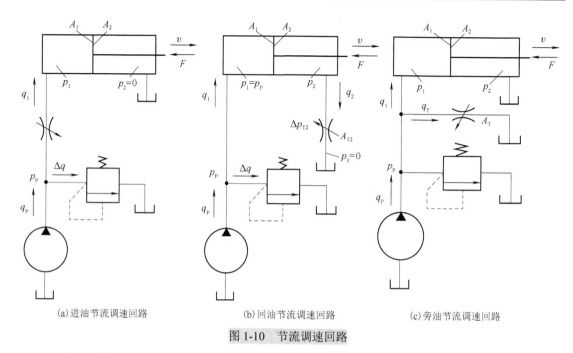

(a) 进油节流调速回路　　(b) 回油节流调速回路　　(c) 旁油节流调速回路

图 1-10　节流调速回路

2. 常用元件工作原理分析与拆装

(1) 节流阀的外形和主要结构 (图 1-11)。节流阀的主要结构有阀芯、推杆、弹簧和手轮。

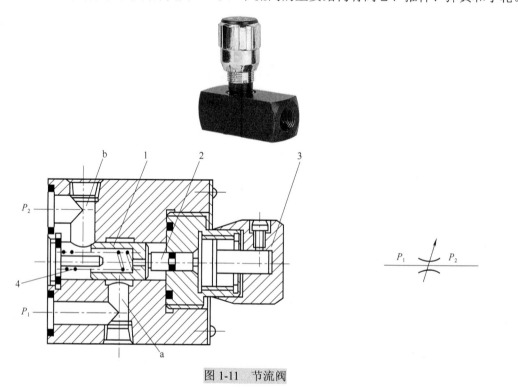

图 1-11　节流阀

1-阀芯；2-推杆；3-手轮；4-弹簧；a、b-孔道

(2) 节流阀的节流调速原理。所谓节流，实际上是截流。通过节流阀，将泵的流量的一部分送进执行元件的工作腔。通过调节螺母，可以调节节流口的大小。由于是强制受阻节流，

所以节流前后会产生较大的压力差,受控流体的压力损失比较大,也就是说节流后的压力会减小。

(3) 拆卸与装配节流阀。

① 节流阀的拆卸。观察节流阀的外观,找出进油口 P_1、P_2;用内六角扳手松开阀体上的螺栓,取出螺栓,轻轻取出阀芯,注意不要使其损伤,观察、分析节流口的形状和结构特点;根据节流阀的结构特点,理解其工作过程。

② 节流阀的装配。装配前清洗各零件,在阀芯与阀体等配合表面涂润滑油,然后按拆卸时的反向顺序装配。注意小心装配阀芯,防止阀芯卡死,正确合理地安装,保证节流阀的正常工作。

3. 安装与调试速度控制回路(图 1-10(a))

(1) 选择元件。元件包括液压泵(定量泵)、液压缸(双杆双作用液压缸)、节流阀、溢流阀。

(2) 固定元件。在实验板上将选出的液压元件大致布置好。

(3) 连接油路。将泵的进油口与油箱的出油口相连,泵的压油口与节流阀的进油口相连,节流阀的出油口连液压缸的右腔,液压缸的左腔连油箱。再将泵的压油口连溢流阀的进油口,溢流阀的回油口接回油箱。

(4) 调试回路。让溢流阀全开,节流阀关闭,启动液压泵,将溢流阀的压力逐渐调整到合适数值,再将节流阀开口逐渐调大,液压缸的速度应该由慢变快。如果液压缸不能动,要检查管路是否接好,溢流阀的压力调节是否合适。

三、任务评价

任务考核评价表如表 1-5 所示。

表 1-5 任务考核评价表

任务名称:检测、选用、安装、调试与维护常用液压元件和基本控制回路

班级: 姓名: 学号: 指导教师:

评价项目	评价标准	评价依据 (信息、佐证)	评价方式			权重	得分 小计	总分
			小组 评价	学校 评价	企业 评价			
			0.1	0.9				
职业素质	(1) 遵守企业管理规定、劳动纪律 (2) 按时完成学习及工作任务 (3) 工作积极主动、勤学好问	实习表现				0.2		
专业能力	(1) 会分析常用液压元件的工作原理 (2) 会检测、选用、安装常用液压元件 (3) 能分析液压基本回路的工作原理 (4) 能安装、调试液压基本回路 (5) 严格遵守安全生产规范	(1) 书面作业和维护报告 (2) 实训课题完成情况记录				0.7		
创新能力	能够推广、应用国内相关职业的新工艺、新技术、新材料、新设备	"四新"技术的应用情况				0.1		
指导教师 综合评价		指导教师签名: 日期:						

1.1.4 知识链接：液压动力元件

液压动力元件起着向系统提供压力液体的作用，是系统不可缺少的核心元件。液压系统中的动力元件是液压泵，液压泵将原动机(电动机或内燃机)输出的机械能转换为工作液体的压力能，是一种能量转换装置。

(一)液压泵

液压泵和液压马达是液压传动系统中的能量转换元件，液压泵由原动机驱动，把输入的机械能转换为油液的压力能，再以压力、流量的形式输入系统中，它是液压传动系统的心脏，也是液压系统的动力源。在液压系统中，液压泵和液压马达都是容积式的，依靠容积变化进行工作。

1. 液压泵的特点

(1)具有若干个密封且可以周期性变化空间。

(2)油箱内液体的绝对压力必须恒等于或大于大气压力。

(3)具有相应的配流机构，将吸油腔和排液腔隔开，保证液压泵有规律地、连续地吸(排)液体。

2. 液压泵的主要性能参数

(1)压力。液压泵实际工作时的输出压力称为工作压力。工作压力取决于外负载的大小和排油管路上的压力损失，而与液压泵的流量无关。液压泵在正常工作条件下，按试验标准规定连续运转的最高压力称为液压泵的额定压力。

(2)排量和流量。液压泵每转一周，由其密封容积几何尺寸变化计算而得的排出液体的体积称为液压泵的排量；理论流量是指在不考虑液压泵的泄漏流量的情况下，在单位时间内所排出的液体体积的平均值；液压泵在某一具体工况下，单位时间内所排出的液体体积称为实际流量，它等于理论流量减去泄漏流量。

(3)功率。液压泵输入的为机械能，表现为转矩和转速；液压泵输出的为压力能，输出功率等于压力和流量的乘积。

(4)液压泵的功率损失。容积损失是指液压泵流量上的损失，液压泵的实际输出流量总是小于其理论流量，其主要原因是液压泵内部高压腔的泄漏、油液的压缩以及在吸油过程中由于吸油阻力太大、油液黏度大以及液压泵转速高等而导致油液不能全部充满密封工作腔。机械损失是指液压泵在转矩上的损失。液压泵的实际输入转矩总是大于理论上所需要的转矩，其主要原因是液压泵体内相对运动部件之间因机械摩擦而引起的摩擦转矩损失以及液体的黏性而引起的摩擦损失。

(5)液压泵的效率。液压泵的效率有容积效率与机械效率，液压泵总效率是液压泵的实际输出功率与其输入功率的比值，等于容积效率与机械效率的乘积。

3. 液压泵的类型

液压泵的基本类型有齿轮泵、叶片泵和柱塞泵。

(二)齿轮泵

齿轮泵是液压系统中广泛采用的一种液压泵，其主要特点是结构简单，制造方便，价格低廉，体积小，质量轻，自吸性能好，对油液污染不敏感，工作可靠。其主要缺点是流量和压力脉动大，噪声大，排量不可调。齿轮泵一般做成定量泵，按结构不同，齿轮泵分为外啮合齿轮泵和内啮合齿轮泵，而以外啮合齿轮泵应用最广。

1. 齿轮泵的工作原理和结构

齿轮泵的工作原理如图 1-12 所示，它是分离三片式结构，三片是指泵盖 4、8 和泵体 7。泵体 7 内装有一对齿数相同、宽度和泵体接近而又互相啮合的齿轮 6，这对齿轮与两端盖和泵体形成一密封腔，并由齿轮的齿顶和啮合线把密封腔划分为两部分，即吸油腔和压油腔。两齿轮分别用键固定在由滚针或滑动轴承支承的主动轴 12 和从动轴 15 上，主动轴由电动机带动旋转。

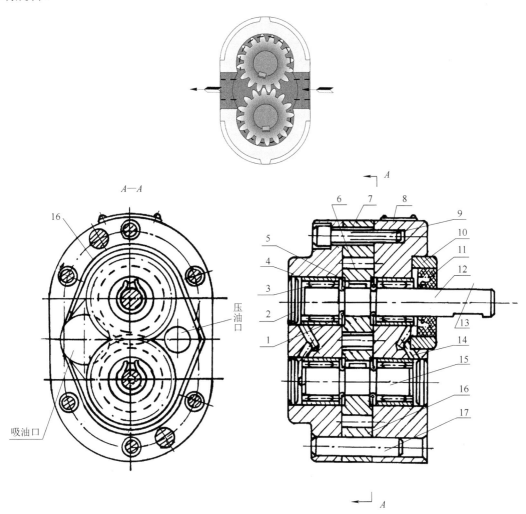

图 1-12 外啮合齿轮泵的工作原理图

1-轴承外环；2-堵头；3-滚子；4-后泵盖；5-键；6-齿轮；7-泵体；8-前泵盖；9-螺钉；10-压环；
11-密封环；12-主动轴；13-键；14-卸荷孔；15-从动轴；16-卸荷槽；17-定位销

当泵的主动齿轮按逆时针方向旋转时，齿轮泵右侧(吸油腔)齿轮脱开啮合，齿轮的轮齿退出齿间，使密封容积增大，形成局部真空，油箱中的油液在外界大气压的作用下，经吸油管路、吸油腔进入齿间。随着齿轮的旋转，吸入齿间的油液被带到另一侧，进入压油腔。这时轮齿进入啮合，使密封容积逐渐减小，齿轮间部分油液被挤出，形成了齿轮泵的压油过程。齿轮啮合时齿向接触线把吸油腔和压油腔分开，起配油作用。当齿轮泵的主动齿轮由电动机带动不断旋转时，轮齿脱开啮合的一侧，密封容积变大则不断从油箱中吸油，轮齿进入啮合的一侧，密封容积减小则不断地排油，这就是齿轮泵的工作原理。泵的前后盖和泵体由两个定位销 17 定位，用 6 只螺钉固紧。为了保证齿轮能灵活地转动，同时保证泄漏最小，在齿轮端面和泵盖之间应有适当间隙（轴向间隙）。为了防止压力油从泵体和泵盖间泄漏到泵外，并减小压紧螺钉的拉力，在泵体两侧的端面上开有油封卸荷槽 16，使渗入泵体和泵盖间的压力油引入吸油腔。

2. 齿轮泵的流量计算

齿轮泵的排量 V 相当于一对齿轮所有齿槽容积之和，假如齿槽容积大致等于轮齿的体积，那么齿轮泵的排量等于一个齿轮的齿槽容积和齿型体积的总和，即相当于以有效齿高（$h=2m$）和齿宽构成的平面所扫过的环形体积，即

$$V = \pi DhB = 2\pi z m^2 B$$

式中，D 为齿轮分度圆直径；h 为有效齿高；B 为齿轮宽；m 为齿轮模数；z 为齿数。

从上面公式可以看出流量和几个主要参数的关系如下。

（1）输油量与齿轮模数 m 的平方成正比。

（2）在泵的体积一定时，齿数少，模数就大，故输油量增加，但流量脉动大；齿数增加时，模数就小，输油量减少，流量脉动也小。

（3）输油量和齿宽 B、转速 n 成正比。一般齿宽 $B=6\sim10m$；转速 n 为 750r/min、1000r/min、1500r/min，转速过高，会造成吸油不足，转速过低，泵也不能正常工作。一般齿轮的最大圆周速度不应大于 5～6m/s。

3. 高压齿轮泵的特点

上述齿轮泵由于泄漏大且存在径向不平衡力，故压力不易提高。高压齿轮泵主要针对上述问题采取了一些措施，如尽量减小径向不平衡力和提高轴与轴承的刚度；对泄漏量最大处的端面间隙，采用了自动补偿装置等。下面对端面间隙的补偿装置作简单介绍。

（1）浮动轴套式。图 1-13（a）是浮动轴套式的间隙补偿装置。它利用泵的出口压力油，引入齿轮轴上的浮动轴套 3 的外侧 A 腔，在液体压力作用下，使轴套紧贴齿轮 1 的侧面，因而可以消除间隙并可补偿齿轮侧面和轴套间的磨损量。在泵启动时，靠弹簧来产生预紧力，保证了轴向间隙的密封。

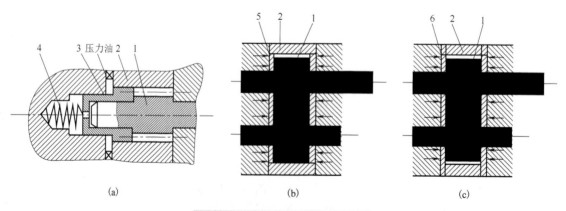

图 1-13 端面间隙补偿装置示意图

1-齿轮；2-泵体；3-浮动轴套；4-弹簧；5-浮动侧板；6-挠性侧板

（2）浮动侧板式。图 1-13（b）是浮动侧板式的间隙补偿装置。它的工作原理与浮动轴套式

基本相似，它也是利用泵的出口压力油引到浮动侧板 5 的背面，使之紧贴于齿轮 1 的端面来补偿间隙。启动时，浮动侧板靠密封圈来产生预紧力。

(3) 挠性侧板式。图 1-13(c) 是挠性侧板式的间隙补偿装置。它是利用泵的出口压力油引到侧板的背面后，靠侧板自身的变形来补偿端面间隙，侧板较薄，内侧面要耐磨，这种结构采取一定措施后，使侧板外侧面的压力分布大体上和齿轮侧面压力分布相适应。

4. 内啮合齿轮泵

内啮合齿轮泵的工作原理也是利用齿间密封容积的变化来实现吸油压油的。它由配油盘（前、后盖）、外转子（从动轮）和偏心安置在泵体内的内转子（主动轮）等组成。内、外转子相差一齿，图中内转子为六齿，外转子为七齿，由于内外转子是多齿啮合，这就形成了若干密封容积。当内转子围绕中心 O_1 旋转时，带动外转子绕外转子中心 O_2 做同向旋转。这时，由内转子齿顶 A_1 和外转子齿谷 A_2 间形成的密封容积 C（图中虚线部分），随着转子的转动密封容积逐渐扩大，形成局部真空，油液从配油窗口 b 被吸入密封腔。当转子继续旋转时，充满油液的密封容积便逐渐减小，油液受挤压，于是通过另一配油窗口 a 将油排出，至内转子的另一齿和外转子的齿谷 A_2 全部啮合时，压油完毕，内转子每转一周，由内转子齿顶和外转子齿谷所构成的每个密封容积，完成吸、压油各一次，当内转子连续转动时，即完成了液压泵的吸排油工作。图 1-14 是内啮合齿轮泵的工作原理图。

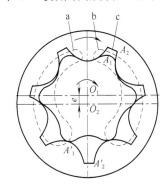

图 1-14 内啮合齿轮泵的工作原理图

内啮合齿轮泵有许多优点，如结构紧凑、体积小、零件少、转速可高达 10000r/mim、运动平稳、噪声低、容积效率较高等。缺点是流量脉动大、转子的制造工艺复杂等，目前已采用粉末冶金压制成形。随着工业技术的发展，内啮合齿轮泵的应用将会越来越广泛，内啮合齿轮泵可正、反转，可用作液压马达。

(三) 叶片泵

叶片泵的结构较齿轮泵复杂，但其工作压力较高，且流量脉动小，工作平稳，噪声较小，寿命较长，所以它广泛应用于机械制造中的专用机床、自动线等中低液压系统中，但其结构复杂，吸油特性不太好，对油液的污染也比较敏感。

根据各密封工作容积在转子旋转一周吸、排油液次数的不同，叶片泵分为两类，即完成一次吸、排油液的单作用叶片泵和完成两次吸、排油液的双作用叶片泵。

1. 单作用叶片泵

1) 单作用叶片泵的工作原理

单作用叶片泵的工作原理如图 1-15 所示，单作用叶片泵由转子 1、定子 2、叶片 3 和端盖等组成。定子具有圆柱形内表面，定子和转子间有偏心距。叶片装在转子槽中，并可在槽内滑动，当转子回转时，由于离心力的作用，叶片紧靠在定子内壁，这样在定子、转子、叶片和两侧配油盘间就形成若干个密封的工作空间，当转子按如图 1-15 所示的方向回转时，在图 (a)、(b) 的右部，叶片逐渐伸出，叶片间的工作空间逐渐增大，从吸油口吸油，这是吸油腔。在图 (a)、(b) 的左部，叶片被定子内壁逐渐压进槽内，工作空间逐渐缩小，将油液从压油口压出，这是压油腔，在吸油腔和压油腔之间，有一段封油腔，把吸油腔和压油腔隔开，这种叶片泵在转子每转一周，每个工作空间完成一次吸油和压油，因此称为单作用叶片泵。转子不停地旋转，泵就不断地吸油和排油。

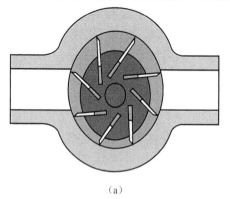 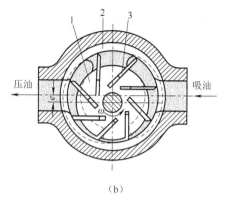

(a)　　　　　　　　　　　　(b)

图 1-15　单作用叶片泵的工作原理图

1-转子；2-定子；3-叶片

2) 单作用叶片泵的排量和流量计算

单作用叶片泵的排量为各工作容积在主轴旋转一周时所排出液体的总和，如图 1-16 所示，两个叶片形成的一个工作容积近似地等于扇形体积 V_1 和 V_2 之差，即

$$V' = V_1 - V_2 = \frac{1}{2}B\beta\left[(R+e)^2 - (R-e)^2\right] = \frac{4\pi}{z}ReB$$

式中，R 为定子的内径(m)；e 为转子与定子之间的偏心矩(m)；B 为定子的宽度(m)；β 为相邻两个叶片间的夹角，$\beta=2\pi/z$；z 为叶片的个数。

因此，单作用叶片泵的排量为

$$V = zV' = 4\pi ReB$$

当转速为 n、泵的容积效率为 η_v 时的泵的理论流量和实际流量分别为

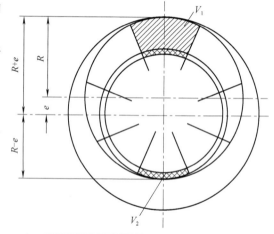

图 1-16　单作用叶片泵排量计算简图

$$q_i = Vn = 4\pi ReBn$$
$$q = q_i\eta_v = 4\pi ReBn\eta_v$$

在计算中并未考虑叶片的厚度以及叶片的倾角对单作用叶片泵排量和流量的影响，实际上叶片在槽中伸出和缩进时，叶片槽底部也有吸油和压油过程，一般在单作用叶片泵中，压油腔和吸油腔处的叶片的底部是分别和压油腔及吸油腔相通的，因而叶片槽底部的吸油和压油恰好补偿了叶片厚度及倾角所占据体积而引起的排量和流量的减小，这就是在计算中不考虑叶片厚度和倾角影响的缘故。

3) 单作用叶片泵的结构特点

(1) 改变定子和转子之间的偏心便可改变流量。偏心反向时，吸油、压油方向也相反。

(2) 处在压油腔的叶片顶部受到压力油的作用，该作用要把叶片推入转子槽内。为了使叶片顶部可靠地和定子内表面相接触，压油腔一侧的叶片底部要通过特殊的沟槽和压油腔相通。吸油腔一侧的叶片底部要和吸油腔相通，这里的叶片仅靠离心力的作用顶在定子内表面上。

(3) 由于转子受到不平衡的径向液压作用力，所以这种泵一般不宜用于高压。

(4) 为了更有利于叶片在惯性力作用下向外伸出，叶片有一个与旋转方向相反的倾斜角，称后倾角，一般为 24°。

2. 双作用叶片泵

1) 双作用叶片泵的工作原理

双作用叶片泵的工作原理如图 1-17 所示，泵也由定子 1、转子 2、叶片 3 和配油盘等组成。转子和定子中心重合，定子内表面近似为椭圆形，该椭圆形由两段长半径 R、两段短半径 r 和四段过渡曲线所组成。当转子转动时，叶片在离心力和(建压后)根部压力油的作用下，在转子槽内做径向移动而压向定子内表面，由叶片、定子的内表面、转子的外表面和两侧配油盘间形成若干个密封空间，当转子按如图 1-17 所示方向旋转时，处在小圆弧上的密封空间经过渡曲线而运动到大圆弧的过程中，叶片外伸，密封空间的容积增大，要吸入油液；再从大圆弧经过渡曲线运动到小圆弧的过程中，叶片被定

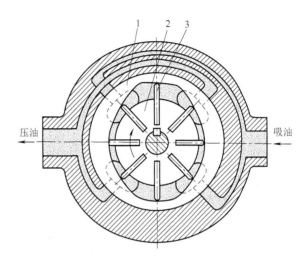

图 1-17 双作用叶片泵的工作原理

1-定子；2-转子；3-叶片

子内壁逐渐压进槽内，密封空间容积变小，将油液从压油口压出，因而，转子每转一周，每个工作空间要完成两次吸油和压油，所以称为双作用叶片泵，这种叶片泵由于有两个吸油腔和两个压油腔，并且各自的中心夹角是对称的，所以作用在转子上的油液压力相互平衡，因此双作用叶片泵又称为卸荷式叶片泵，为了要使径向力完全平衡，密封空间数(即叶片数)应当是双数。

2) 双作用叶片泵的排量和流量计算

双作用叶片泵的排量计算简图如图 1-18 所示，由于转子在转一周的过程中，每个密封空间完成两次吸油和压油，所以当定子的大圆弧半径为 R、小圆弧半径为 r、定子宽度为 B、两叶片间的夹角为 $\beta = 2\pi / z$ 时，每个密封容积排出的油液体积为半径 R 和 r、扇形角为 β、厚度为 B 的两扇形体积之差的两倍，因此在不考虑叶片的厚度和倾角时双作用叶片泵的排量为

$$V' = 2\pi(R^2 - r^2)B$$

3) 双作用叶片泵的结构特点

(1) 配油盘。双作用叶片泵的配油盘如图 1-19 所示，在盘上有两个吸油窗口 2、4 和两个压油窗口 1、3，窗口之间为封油腔，通常应使封油腔对应的中心角 β 稍大于或等于两个叶片之间的夹角，否则会使吸油腔和压油腔连通，造成泄漏，当两个叶片间密封油液从吸油区过渡到封油腔(长半径圆弧处)时，其压力基本上与吸油压力相同，但当转子再继续旋转一个微小角度时，封油腔突然与压油腔相通，使其中油液压力突然升高，油液的体积突然收缩，压油腔中的油倒流进该腔，液压泵的瞬时流量突然减小，引起液压泵的流量脉动、压力脉动和噪声，为此在配油盘的压油窗口靠叶片从封油腔进入压油腔的一边有一个截面形状为三角形的三角槽(又称眉毛槽)，使两叶片之间的封闭油液在进入压油腔之前就通过该三角槽与压力油相连，其压力逐渐上升，因而缓减了流量和压力脉动，并降低了噪声。环形槽 c 与压油腔相通并与转子叶片槽底部相通，使叶片的底部作用有压力油。

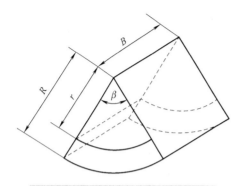

图 1-18 双作用叶片泵排量计算简图

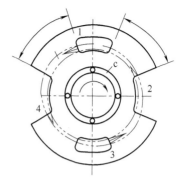

图 1-19 配油盘

1、3-压油窗口；2、4-吸油窗口；c-环形槽

(2) 定子曲线。定子曲线是由四段圆弧和四段过渡曲线组成的，如图 1-20 所示。过渡曲线应保证叶片贴紧在定子内表面上，保证叶片在转子槽中径向运动时速度和加速度的变化均匀，使叶片对定子的内表面的冲击尽可能小。过渡曲线如果采用阿基米德螺旋线，则叶片泵的流量理论上没有脉动，可是叶片在大、小圆弧和过渡曲线的连接点处产生很大的径向加速度，对定子产生冲击，造成连接点处严重磨损，并发生噪声。

(3) 叶片的倾角。叶片在工作过程中，受离心力和叶片根部压力油的作用，使叶片和定子紧密接触。当叶片转至压油腔时，定子内表面迫使叶片推向转子中心，它的工作情况和凸轮相似，叶片与定子内表面接触有一个压力角 β，且大小是变化的，其变化规律与叶片径向速度变化规律相同，即从零逐渐增加到最大，又从最大逐渐减小到零，因而在双作用叶片泵中，将叶片顺着转子回转方向前倾一个 θ 角，使压力角减小到 β'，这样就可以减小侧向力 F_T，使叶片在槽中移动灵活，并可减少磨损。

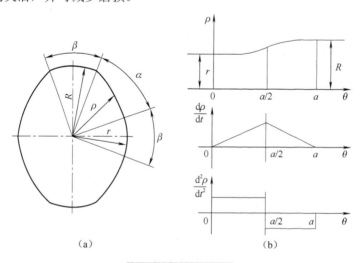

图 1-20 定子的曲线

4) 提高双作用叶片泵压力的措施

由于一般双作用叶片泵的叶片底部通压力油，处于吸油腔的叶片顶部和底部的液压作用力不平衡，叶片顶部以很大的压紧力抵在定子吸油腔的内表面上，使磨损加剧，影响叶片泵的使用寿命，尤其是工作压力较高时，磨损更严重，因此吸油腔叶片两端压力不平衡，限制

了双作用叶片泵工作压力的提高。所以在高压叶片泵的结构上必须采取措施，使叶片压向定子的作用力减小。常用的措施如下：

(1) 减小作用在叶片底部的油液压力；
(2) 减小叶片底部承受压力油作用的面积；
(3) 使叶片顶端和底部的液压作用力平衡。

(四) 柱塞泵

柱塞泵是靠柱塞在缸体中做往复运动造成密封容积的变化来实现吸油与压油的液压泵，与齿轮泵和叶片泵相比，这种泵有许多优点：第一，构成密封容积的零件为圆柱形的柱塞和缸孔，加工方便，可得到较高的配合精度，密封性能好，在高压工作仍有较高的容积效率；第二，只需改变柱塞的工作行程就能改变流量，易于实现变量；第三，柱塞泵中的主要零件均受压应力作用，材料强度性能可得到充分利用。

由于柱塞泵压力高、结构紧凑、效率高、流量调节方便，故在需要高压、大流量、大功率的系统中和流量需要调节的场合，如龙门刨床、拉床、液压机、工程机械、矿山冶金机械、船舶上得到广泛的应用。柱塞泵按柱塞的排列和运动方向不同，可分为径向柱塞泵和轴向柱塞泵两大类。

1. 径向柱塞泵

径向柱塞泵的工作原理如图 1-21 所示，柱塞 1 径向排列装在缸体 2 中，缸体由原动机带动连同柱塞 1 一起旋转，所以缸体 2 一般称为转子，柱塞 1 在离心力（或在低压油）的作用下抵紧定子 4 的内壁，当转子按如图 1-21 所示方向回转时，由于定子和转子之间有偏心距 e，柱塞绕经上半周时向外伸出，柱塞底部的容积逐渐增大，形成部分真空，因此便经过衬套 3（衬套 3 压紧在转子内，并和转子一起回转）上的油轴从配油轴 5 和吸油口 b 吸油；当柱塞转到下半周时，定子内壁将柱塞向里推，柱塞底部的容积逐渐减小，向配油轴的压油口 c 压油，当转子回转一周时，每个柱塞底部的密封容积完成一次吸压油，转子连续运转，即完成压吸油工作。配油轴固定不动，油液从配油轴上半部的两个孔 a 流入，从下半部两个油孔 d 压出，为了进行配油，配油轴在和衬套 3 接触的一段加工出上下两个缺口，形成吸油口 b 和压油口 c，留下的部分形成封油腔。封油腔的宽度应能封住衬套上的吸压油孔，以防吸油口和压油口相连通，但尺寸也不能大得太多，以免产生困油现象。

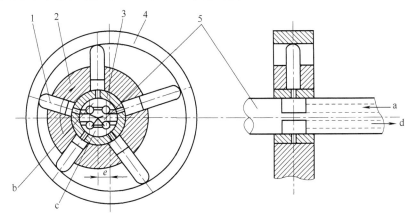

图 1-21 径向柱塞泵的工作原理

1-柱塞；2-缸体；3-衬套；4-定子；5-配油轴

2. 轴向柱塞泵

1) 轴向柱塞泵的工作原理

轴向柱塞泵是将多个柱塞配置在一个共同缸体的圆周上，并使柱塞中心线和缸体中心线平行的一种泵。轴向柱塞泵有两种形式，即直轴式(斜盘式)和斜轴式(摆缸式)，图 1-22 为直轴式轴向柱塞泵的工作原理，这种泵主体由缸体 1、配油盘 2、柱塞 3 和斜盘 4 组成。柱塞沿圆周均匀分布在缸体内。斜盘轴线与缸体轴线倾斜一角度，柱塞靠机械装置或在低压油作用下压紧在斜盘上(图中为弹簧)，配油盘 2 和斜盘 4 固定不转，当原动机通过传动轴使缸体转动时，由于斜盘的作用，迫使柱塞在缸体内做往复运动，并通过配油盘的配油窗口进行吸油和压油。如图 1-22 所示回转方向，缸体转角在 π～2π 内，柱塞向外伸出，柱塞底部缸孔的密封工作容积增大，通过配油盘的吸油窗口吸油；在 0～π 内，柱塞被斜盘推入缸体，使缸孔容积减小，通过配油盘的压油窗口压油。缸体每转一周，每个柱塞各完成吸、压油一次，如果改变斜盘倾角，就能改变柱塞行程的长度，即改变液压泵的排量，改变斜盘倾角方向，就能改变吸油和压油的方向，即成为双向变量泵。

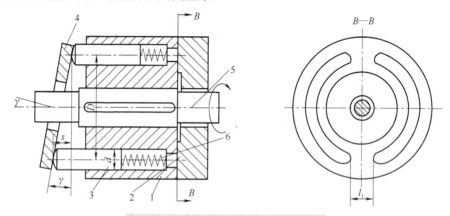

图 1-22 直轴式轴向柱塞泵的工作原理

1-缸体；2-配油盘；3-柱塞；4-斜盘；5-传动轴；6-弹簧

2) 轴向柱塞泵的优点

结构紧凑、径向尺寸小，惯性小，容积效率高，目前最高压力可达 40.0MPa，甚至更高，一般用于工程机械、压力机等高压系统中，但其轴向尺寸较大，轴向作用力也较大，结构比较复杂。

3) 轴向柱塞泵的结构特点

图 1-23 为一种直轴式轴向柱塞泵的结构。柱塞的球状头部装在滑履 4 内，以缸体作为支撑的弹簧通过钢球推压回程盘 3，回程盘和柱塞滑履一同转动。在滑履与斜盘相接触的部分有一油室，它通过柱塞中间的小孔与缸体中的工作腔相连，压力油进入油室后在滑履与斜盘的接触面间形成了一层油膜，起着静压支承的作用，使滑履作用在斜盘上的力明显减小，因而磨损也减小。传动轴 8 通过左边的花键带动缸体 6 旋转，由于滑履 4 贴紧在斜盘表面上，柱塞在随缸体旋转的同时在缸体中做往复运动。缸体中柱塞底部的密封工作容积是通过配油盘 7 与泵的进出口相通的。随着传动轴的转动，液压泵就连续地吸油和排油。

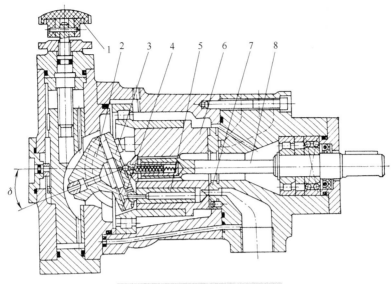

图 1-23 直轴式轴向柱塞泵结构

1-手轮；2-斜盘；3-回程盘；4-滑履；5-柱塞；6-缸体；7-配油盘；8-传动轴

任务 1.2　分析、安装、调试压力机上液压缸控制系统

1.2.1　任务目标

(1)能正确分析压力机上液压缸液压控制系统的工作原理。
(2)掌握安装、调试压力机上液压缸液压控制系统的方法。

1.2.2　任务引入与分析

3150KN 压力机有上下两个液压缸。主机要求上液压缸驱动上滑块(图 1-24)以四柱导向，完成快速下行→慢速加压→保压→泄压→快速回程→原位停止的动作循环。根据压力机上液压缸液压控制系统的特点，本教学任务分以下两个子任务来完成。

(1)分析压力机上液压缸液压控制系统的工作原理。

(2)安装、调试压力机上液压缸液压控制系统。

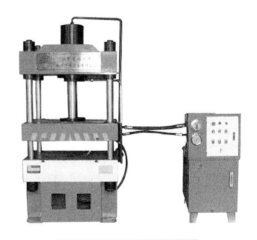

图 1-24　四柱式压力机外形

1.2.3 任务实施与评价

一、任务准备

(一)知识与技能准备

1. 3150KN 通用液压机液压系统(图 1-25)的特点

(1)液压机是一种大功率的液压系统,能量合理利用十分重要,因此这种系统一般采用高压大流量恒功率变量泵。

(2)液压机的上缸一般都有很大的质量,因此可充分利用其自重作为快速下行时的动力,用充液箱经充液阀对上缸工作腔充油是一种简便实用的方案。同时,液压机液压系统一般必须考虑设置平衡回路,以防在停机时上缸因自重而下滑。

(3)液压机的制品质量与液压系统的保压性能有很大的关系,由于换向阀存在泄漏,所以必须采用适当的措施来保压,用液控单向阀保压是一种用得较多的方法。

(4)液压机在从保压转为退回时,一般都用泄压回路来解决高压能的释放问题。

(5)为了保证不发生误动作,上液压缸与下液压缸必须互锁。

(6)液压机系统的控制油液应由专门的低压泵供应,而不应直接使用系统的高压油。

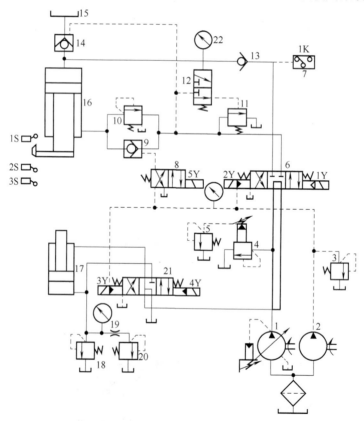

图 1-25 3150KN 通用液压机液压系统

1-主泵;2-辅助泵;3、4、18-溢流阀;5-远程调压阀;6、21-电液换向阀;7-压力继电器;
8-电磁换向阀;9-液控单向阀;10、20-背压阀;11-顺序阀;12-液控滑阀;13-单向阀;
14-充液阀;15-油箱;16-上液压缸;17-下液压缸;19-节流器;22-压力表

2. 液压元件的安装

各种液压元件的安装和具体要求，在产品说明书中都有详细的介绍。在安装时，液压元件应用煤油清洗，所有液压元件都要进行压力和密封性能试验，试验合格后才能开始安装。安装前应将控制仪表进行校验，以免造成事故。

1) 液压阀类元件的安装

液压元件安装前，对拆封的液压元件要先查验合格证书并审阅说明书，如果手续完备，又不是长期露天存放内部已经锈蚀的产品，则不需要对其另做任何试验，也不建议重新清洗拆装。如果试车时出了故障，则在判断准确且必需时才对元件进行重新拆装，以免影响产品出厂时的精度。

(1) 安装时应注意各阀类元件进油口和回油口的位置。

(2) 对安装的位置无特殊规定时，应安装在便于使用、维修的位置上。一般来说，方向控制阀应保持轴线水平安装，注意安装换向阀时，4 个螺栓要均匀拧紧，一般按对角线顺序逐渐拧紧。

(3) 用法兰安装的阀件，螺栓不能拧得过紧，因有时过紧会造成密封不良。原密封件或材料不能满足密封要求时，应更换密封件的形式或材料。

(4) 有些阀件为了制造、安装方便，往往开有相同作用的两个孔，安装后不用的孔要用塞堵堵死。

(5) 需要调整的阀类，通常按顺时针方向旋转调整装置，增大流量或压力；逆时针方向旋转，减小流量或压力。

(6) 在安装时，若有些阀件及连接件购买不到，则允许用超过其额定流量 40%的液压阀件代替。

2) 液压缸的安装

液压缸的安装应牢固可靠。配管连接不得有松脱现象，缸的安装面与活塞的滑动面应保持足够的平行度和垂直度。安装液压缸应注意以下事项。

(1) 脚座固定式的移动缸的中心轴线应与负载作用力的轴线重合，以避免引起侧向力，侧向力容易使密封件磨损及活塞损坏。安装移动设备的液压缸时，应使缸与移动设备在导轨面上的运动方向保持平行，其平行度一般不大于 0.05mm/m。

(2) 安装液压缸体的密封压盖螺栓时，其拧紧程度以保证活塞在全行程上移动灵活、无阻滞和轻重不均匀的现象为宜。螺栓拧得过紧，会增加阻力，加速磨损，而过松会引起漏油。

(3) 在行程大和工作油温度高的场合，液压缸的一端必须保持浮动，以防热膨胀的影响。

3) 液压泵的安装

液压泵布置在单独油箱时，有卧式和立式两种安装方式。立式安装，管道和泵等均在油箱内部，便于收集漏油，外形整齐。卧式安装，管道露在外面，安装和维修比较方便。

液压泵一般不允许承受径向负载，因此常用电动机直接通过弹性联轴器来传动。安装时要求电动机与液压泵有较高的同轴度，其偏差应在 0.1mm 以下，倾斜角不得大于 0.5°，以避免增加额外负载，引起噪声。液压马达与泵相似，对某些马达允许承受一定的径向或轴向负荷，但不应超过规定值。

液压泵吸油口的安装高度距离油面不大于 0.5m，某些泵允许有较高的吸油高度，而有些泵的吸油口必须低于油面，个别无自吸能力的泵则需另设辅助泵供油。

安装液压泵还应注意以下事项：液压泵的进口、出口和旋转方向应符合泵上标明的要求，不得接反；安装联轴器时，不得用力敲打泵轴，以免损伤泵的转子。

4) 辅助元件的安装

除去立体连接件，液压系统的辅助元件还包括过滤器、蓄能器、冷却器、加热器、密封装置以及压力表、压力表开关等。

辅助元件在液压系统中起辅助作用，但在安装时也丝毫不容忽视，否则会严重影响液压系统的正常工作。

辅助元件安装应注意以下几点：严格按照设计要求的位置安装，并注意整齐美观；安装前应用煤油清洗，并检查；在符合设计要求的情提下，尽可能方便使用和维修。

5) 管路的选择、检查与安装

(1) 管路的选择。在选择管路时，应根据系统的压力、流量、工作介质、使用环境和元件、管接头的要求，来选择适当口径、壁厚、材质的管材。要求管道必须具有足够的强度，内壁光滑、清洁、无锈蚀、无氧化等缺陷，配管时应考虑管路的整齐美观以及安装、使用和维护工作的方便。管路应尽可能短，这样可以减少压力损失、延时、振动等现象的发生。

(2) 选用软管注意事项。影响软管及其总成寿命的因素有臭氧、氧、热、阳光、雨以及其他一些类似的环境因素。软管和软管总成的储藏、转料、装运和使用过程中，应根据生产日期推行先进先用的方式。

① 选取软管时，应选取生产厂样本中标明的最大推荐工作压力不小于最大系统压力的软管，否则会缩短软管的使用寿命，甚至使其损坏。

② 软管的选择是根据液压系统设计的最高压力值来确定的。液压系统的压力值通常是动态的，有时会出现冲击压力，冲击压力峰值会明显高于系统的最高压力值。但因系统中一般都有溢流阀，故冲击压力不会影响软管的使用寿命。对于冲击特别频繁的液压系统，建议选用特别耐脉冲压力的软管产品。

③ 应在质量范围的允许温度范围内使用软管。如果工作环境温度超过这一范围，则会影响软管的使用寿命，其承压能力也会明显降低。对工作环境温度长期过高或过低的系统，建议采用软管护套。若软管在使用时常与硬物接触或摩擦，则建议在其外部加弹簧护套。软管内径要适当，内径过小会加大管路内介质的流速，使系统发热，降低效率，而且会产生过大的压力降，影响整个系统的性能。若软管采用管夹或软管穿过钢板等间隔物，则应注意软管的外径尺寸。

④ 安装前，必须对软管进行检查，包括接头形式、尺寸、长度，确保正确无误。必须保证软管、接头与所处的环境条件相容，需要注意的环境因素包括紫外线辐射、阳光、热、臭氧、潮湿、水、盐水、空气污染物等可能导致软管性能降低或引起早期失效的因素。软管总成的清洁度等级可能不同，必须保证选取的软管总成的清洁度符合要求。

(3) 管路的检查。检查管路时，若发现管路内外侧已腐蚀、有明显变色、管路被割口、壁内有小孔、管路表面凹入其直径的 10%以上(不同系统要求不同)，管路伤口裂痕深度为其壁厚的 10%以上等情况，则均不能再使用。

检查长期存放的管子，若发现内部腐蚀，则应先将内壁彻底清洗干净，再检查其耐用程度，合格后才能使用。

检查经加工弯曲的管子时，应注意管路的弯曲半径不应太小。弯曲曲率太大，将导致管子应力集中的增加，降低管子的抗疲劳强度，同时容易在管壁出现锯齿形皱纹。大截面的椭圆度不应超过 15%；弯曲处侧壁厚的减薄量不应超过管子壁厚的 20%；弯曲处内侧部分不允许有扭伤、压坏或凹凸不平的皱纹。弯曲处内外侧部分不允许有锯齿形或不规则的现象。扁平弯曲部分的最小外径应为原管外径的 70%以下。

(4) 管路的安装。

① 吸油管的安装。吸油管路要尽量短、弯曲少、管径不能过细，以减少吸油管的阻力，避免吸抽困难，产生吸空、气蚀现象。对吸程的要求，各种泵有所不同，但一般不超过 500mm。

吸油管应连接严密，不漏气，以免在泵工作时吸进空气，系统产生噪声，以致无法吸油(在泵吸口部分的螺纹，法兰接合面上往往会由于小的缝隙而漏入空气)，因此，建议在泵吸油口处采用密封胶与吸油管路连接。

除了柱塞泵，一般在液压泵吸油管路上应安装过滤器，过滤精度通常为100～200目，过滤器的通流能力至少相当于泵额定流量的两倍，同时要考虑清洗时拆装方便。

② 回油管的安装。执行机构的主回油路及溢流阀的回油管应伸到油箱液面以下，以防油液飞溅而混入气泡，同时回油管端应切出朝向油箱壁的 45°斜口。

具有外部泄漏的减压阀、顺序阀、电磁阀等的泄油口与回油管连通时不允许有背压，否则应将泄油口单独接回油箱，以免影响阀的正常工作。

安装成水平面的油管，应有 0.3%～0.5%的坡度。管路过长时，应用管夹固定，管夹间距一般为 500～800mm。

③ 压力油管的安装。压力油管的安装位置应尽量靠近设备，同时便于支管的连接和检修，为了防止压力油管振动，应将管路安装在牢固的地方，在振动的地方要加阻尼来消除振动，或将木块、硬橡胶的衬垫装在管夹上，使金属件不直接接触管路。

④ 橡胶软管的安装。避免急转弯，其弯曲半径 R 应大于 9 倍外径，至少应在离接头 6 倍直径处弯曲。若弯曲半径只有规定的 1/2，则不能使用，否则使用寿命将明显缩短。

软管的弯曲同软管接头的安装应在同一运动平面上，以防扭转。若软管两端的接头需在两个不同的平面上运动，则应在适当的位置安装夹子，把软管分成两部分，使每一部分在同一平面上运动。

软管应有一定余量。由于软管受压时要产生长度和直径的变化(长度变化在±4%以内)，所以在弯曲情况下使用，不能马上从端部接头处开始弯曲。使用时，要使端部接头和软管间受拉伸，因此要考虑长度上留有适当余量，使它保持松弛状态。

软管在安装和工作时，不应有扭转现象；不应与其他管路接触，以免磨损破裂；在连接处应自由悬挂，避免自扭而产生弯曲。

软管在高温下工作时寿命短，应尽可能使软管安装在远离热源的地方，必要时要装隔热板或隔热套。

在软管过长或承受急剧振动的情况下应用夹子夹牢，但在高压下使用的软管应尽量少用夹子，因软管受压变形，在夹子处会产生摩擦，导致能量损失。

软管要以最短距离或沿设备的轮廓安装，并尽可能平行排列。

(5) 配管注意事项。

① 整个管线要求尽量短，转弯数少，过渡平滑，尽量减少上下弯曲和接头数量，保证管路的伸缩变形，在有活接头的地方，管路的长度应能保证接头的拆卸安装方便，系统中主要管路或辅件能自由拆装，而不影响其他元件。

② 在设备上安装管路时，应布置成平行或垂直方向，注意整齐，管路的交叉要尽量少。

③ 平行或交叉的管路之间应有 10mm 以上的空隙，以防干扰和振动。

④ 管路不能在圆弧部分接合，应在平直部分接合。法兰盘焊接时，要与管路中心成直角。在有弯曲的管路上安装法兰时，只能安装在管路的直线部分。

⑤ 管路的最高部分应设有排气装置，以便启动时放掉管路中的空气。

⑥ 管道的连接有螺纹连接、法兰连接和焊接三种，可根据压力、管径和材料选定，螺纹连接适用于直径较小的油管(低压管直径在 50mm 以下，高压管直径在 38mm 以下)。管径再大时则用法兰连接。焊接成本低，不易泄漏，因此在保证安装拆卸方便的条件下，应尽量采用焊接，以减少管配件。

⑦ 全部管路应进行二次安装。第一次为试安装，将管接头及法兰点焊在适当的位置上。当整个管路确定后，将其拆下来进行清洗，然后干燥、涂油并进行试压。最后安装时管路不准有沙子、氧气、铁皮、铁屑等污物进入。

⑧ 为了保证外形美观，一般焊接钢管的外表面要全部喷漆，主压力管路一般为红色，控制管路一般为橘红色，回油管路一般为蓝色或浅蓝色，冷却管路一般为黄色。

应当指出的是，随着技术的进步，采用卡套式接头和经酸洗磷化处理过的钢管组成的连接件所连接的液压系统，无须再经过上述的二次安装，根据实际需要可在安装后直接试车。

(二)设备与材料准备

(1)设备准备：通用压力机 1 台；液压实验台；各种相关附件。

(2)材料准备：通用压力机液压控制系统原理图图纸、白纸等。

(三)工具与场地准备

液压实训室 1 个，工位 20 个，工具(锤子、梅花扳手、呆扳手、活扳手、旋具等各 1 套)，计算机多媒体教学设备。

二、任务实施

(一)分析压力机上液压缸液压控制系统的工作原理

3150KN 通用压力机上液压缸完成的运动为快速下行、慢速加压、保压、泄压与回程、原位停止。下面将分析其工作原理。

1. 分析压力机上液压缸快速下行回路工作原理(图 1-25)

按下启动按钮，两个液压泵开始运转，主泵 1 经换向阀 6 和 21 的中位卸载，辅助泵 2 输出低压控制油。电磁铁 1Y 和 5Y 随即得电，控制油使电液换向阀 6 换至右位；同时经阀 8 右位打开液控单向阀 9，压力油经单向阀 9、阀 6 右位、阀 21 中位回到油箱。上液压缸及滑块在自重作用下迅速下降，泵 1 虽以低压、大流量向上缸供油，上腔仍因油不足形成负压，上部油箱 15 的油液经液控单向阀 14(充液阀)向上腔补油。

进油路：泵 1→阀 6 右位→阀 13→主缸上腔。

回油路：主缸下腔→阀 9→阀 6 右位→阀 21 中位→油箱。

2. 分析上液压缸慢速接近工件、加压回路工作原理(图 1-25)

当主缸滑块降至一定位置触动行程开关 2S 后，5Y 失电，阀 9 关闭，主缸下腔油液经背压阀 10、阀 6 右位、阀 21 中位回油箱。这时，主缸上腔压力升高，充液阀 14 关闭，主缸在泵 1 供给的压力油作用下慢速接近工件。接触工件后阻力急剧增加，压力进一步提高，泵 1 的输出流量自动减小。

3. 分析保压回路工作原理(图 1-25)

当主缸上腔压力达到预定值时，压力继电器 7 发信号，使 1Y 失电，阀 6 回中位，主缸上下腔封闭，单向阀 13 和充液阀 14 的锥面保证了良好的密封性，使主缸保压。保压时间由时间继电器调整。保压期间，泵经阀 6 和 21 的中位卸载。

4. 分析泄压与上缸回程回路工作原理(图 1-25)

保压结束，时间继电器发出信号，2Y 得电，阀 6 处于左位。由于上液压缸上腔压力很高，液控滑阀 12 处于上位，压力油使外控顺序阀 11 开启，泵 1 输出油液经阀 11 回油箱。泵 1 在低压下工作，此压力不足以打开充液阀 14 的主阀芯，而是先打开该阀的卸载阀芯，使上液压缸上腔油液经此卸载阀芯开口泄回上位油箱，压力逐渐降低。

当上液压缸上腔压力泄到一定值后，阀 12 回到下位，阀 11 关闭，泵 1 压力升高，阀 14 完全打开，此时进油路为泵 1→阀 6 左位→阀 9→上液压缸下腔；回油路为上液压缸上腔→充液阀 14→上位油箱 15。上液压缸快速回程得到实现。

5. 分析上液压缸原位停止回路工作原理(图 1-25)

当上缸滑块上升至触动行程开关 1S 时，2Y 失电，阀 6 处于中位，液控单向阀 9 将主缸下腔封闭，上液压缸原位停止不动。泵 1 输出油液经阀 6 和 21 中位卸载。

6. 通用压力机上液压缸液压控制系统电磁铁动作顺序(表 1-6)

表 1-6 上液压缸液压控制系统电磁铁动作顺序

	动作元件	1Y	2Y	3Y	4Y	5Y	1S	2S	3S	1K
上液压缸	快速下行	+				+				
	慢速加压	+						+		
	保压									+
	泄压与回程		+						+	
	原位停止						+			

(二)安装、调试压力机上液压缸液压控制系统

(1) 能看懂压力机上液压缸液压控制回路，并按表 1-7 正确选择元器件。

表 1-7 压力机上液压缸液压控制系统元件

序号	元件名称	类型	数量
1	液压缸	单作用单活塞杆液压缸	1
2	辅助泵	单向定量液压泵	1
3	主泵	单向变量液压泵	1
4	换向阀	三位四通电液换向阀	1
5	换向阀	三位四通电磁换向阀	1
6	液控滑阀	二位三通液动换向阀	1
7	溢流阀	先导式溢流阀	1
8	溢流阀	直动式溢流阀	3

续表

序号	元件名称	类型	数量
9	顺序阀	外控式顺序阀	1
10	单向阀	普通单向阀	1
11	单向阀	液控单向阀	2
12	压力继电器	薄膜式压力继电器	1
13	压力表	指针式压力表	1
14	过滤器	粗滤器(网式过滤器)	1
15	油箱	蛇形管水冷闭式油箱	1

(2) 能规范安装元件，各元件在工作台上合理布置。

(3) 用油管正确连接元器件的各油口(后一个回路在前一个回路的基础上增加)：

① 连接快速下行回路；

② 连接慢速接近工件、加压回路；

③ 连接保压回路；

④ 连接泄压与回程回路；

⑤ 连接原位停止回路。

(4) 检查各油口连接情况后，调试压力机上液压缸液压控制系统：

① 气动液压泵 1、2，电磁铁 1Y、5Y 通电，上液压缸快速下行；

② 上液压缸滑块压住行程开关 2S，电磁铁 5Y 失电，上液压缸慢速下行，压力表 22 显示压力上升，当上液压缸滑块触及工件后，压力表 22 显示压力快速上升；

③ 压力继电器 7 动作，电磁铁 1Y 失电，上液压缸停止，压力表 22 保持高压不变；

④ 保压结束，电磁铁 2Y 通电，压力表 22 显示压力逐渐下降，上液压缸滑块向上运动；

⑤ 上液压缸滑块压住行程开关 1S，电磁铁 2Y 断电，上液压缸停止运动。

(5) 完成实训报告(表1-8)。

表 1-8 分析、安装、调试压力机上液压缸控制系统的实训报告

工作项目	压力机液压控制	工作任务	分析、安装、调试压力机上液压缸控制系统	压力机上液压缸控制系统原理的分析
班级		姓名		
学号		组别		
同组人员		个人承担任务		
压力机上液压缸控制系统的原理图				压力机上液压缸控制系统的安装调试过程
				安装调试过程中遇到的问题及解决方法
				对本工作任务的改进与思考
自我评价		同组人评价		教师评价

三、任务评价

任务考核评价表如表1-9所示。

表1-9 任务考核评价表

任务名称：分析、安装、调试压力机上液压缸控制系统

班级： 姓名： 学号： 指导教师：

评价项目	评价标准	评价依据（信息、佐证）	评价方式 小组评价	评价方式 学校评价	评价方式 企业评价	权重	得分小计	总分
			0.1	0.9				
职业素质	(1) 遵守企业管理规定、劳动纪律 (2) 按时完成学习及工作任务 (3) 工作积极主动、勤学好问	实习表现				0.2		
专业能力	(1) 能分析压力机上液压缸液压控制系统的工作原理 (2) 会安装、调试压力机上液压缸液压控制系统 (3) 严格遵守安全生产规范	(1) 书面作业和实训报告 (2) 实训课题完成情况记录				0.7		
创新能力	能够推广、应用国内相关职业的新工艺、新技术、新材料、新设备	"四新"技术的应用情况				0.1		
指导教师综合评价			指导教师签名：			日期：		

1.1.4 知识链接：液压执行元件

(一)液压缸

1. 液压缸的分类

液压缸又称为油缸，它是液压系统中的一种执行元件，其功能就是将液压能转变成直线往复式的机械运动。液压缸的种类很多，其详细分类见表1-10。

表1-10 常见液压缸的种类及特点

分类	名称	符号	说明
单作用液压缸	柱塞式液压缸		柱塞仅单向运动，返回行程是利用自重或外力将活塞推回
单作用液压缸	单活塞杆液压缸		活塞仅单向运动，返回行程是利用自重或外力将活塞推回
单作用液压缸	双活塞杆液压缸		活塞的两侧都装有活塞杆，只能向活塞一侧供给压力油，返回行程通常利用弹簧力、重力或外力
单作用液压缸	伸缩液压缸		以短缸获得长行程，用液压油由大到小逐节推出，靠外力由小到大逐节缩回

续表

分类	名称	符号	说明
双作用液压缸	单活塞杆液压缸		单边有杆,双向液压驱动,两向速度和推力不等
	双活塞杆液压缸		双向有杆,双向液压驱动,可实现等速往复运动
	伸缩液压缸		双向液压驱动,伸出由大到小逐节推出,由小到大逐节缩回
组合液压缸	弹簧复位液压缸		单向液压驱动,由弹簧力复位
	串联液压缸		用于缸的直径受限制,而长度不受限制处,获得大的推力
	增压缸(增压器)		由低压力室 A 缸驱动,使 B 缸获得高压油源
	齿条传动液压缸		活塞往复运动经装在一起的齿条驱动齿轮获得往复回转运动
	摆动液压缸		输出轴直接输出扭矩,其往复回转的角度小于 360°,也称摆动马达

下面分别介绍几种常用的液压缸。

1)活塞式液压缸

活塞式液压缸根据其使用要求不同可分为双(活塞)杆式和单(活塞)杆式两种。

(1)双杆式活塞缸。活塞两端都有一根直径相等的活塞杆伸出的液压缸称为双杆式活塞缸,它一般由缸体、缸盖、活塞、活塞杆和密封件等零件构成。根据安装方式不同,可分为缸筒固定式和活塞杆固定式两种。图 1-26(a)为缸筒固定式的双杆式活塞缸。它的进出口布置在缸筒两端,活塞通过活塞杆带动工作台移动,一般适用于小型机床。当工作台行程要求较长时,可采用如图 1-26(b)所示的活塞杆固定的形式,这时,缸体与工作台相连,活塞杆通过支架固定在机床上,动力由缸体传出。这种安装形式中,工作台的移动范围只等于液压缸有效行程的两倍,因此占地面积小。进出油口可以设置在固定不动的空心活塞杆的两端,但必须使用软管连接。

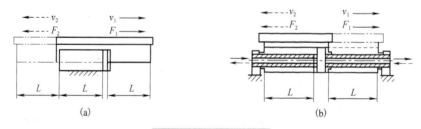

图 1-26 双杆式活塞缸

(2)单杆式活塞缸。如图 1-27 所示,活塞只有一端带活塞杆,单杆液压缸也有缸体固定和活塞杆固定两种形式,但它们的工作台移动范围都是活塞有效行程的两倍。

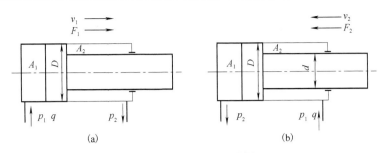

图 1-27 单杆式活塞缸

2) 柱塞式液压缸

图 1-28(a)为柱塞式液压缸,它只能实现一个方向的液压传动,反向运动要靠外力。若需要实现双向运动,则必须成对使用。如图 1-28(b)所示,这种液压缸中的柱塞和缸筒不接触,运动时由缸盖上的导向套来导向,因此缸筒的内壁不需要精加工,它特别适用于行程较长的场合。

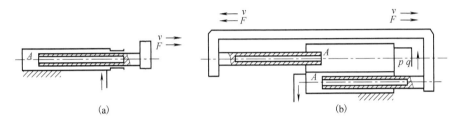

图 1-28 柱塞式液压缸

3) 增压液压缸

增压液压缸(增压缸)又称增压器,它利用活塞和柱塞有效面积的不同使液压系统中的局部区域获得高压。它有单作用和双作用两种形式,单作用增压缸的工作原理如图 1-29(a)所示,当输入活塞缸的液体压力为 p_1,活塞直径为 D,柱塞直径为 d 时,柱塞缸中输出的液体压力为高压,增压能力是在降低有效能量的基础上得到的,也就是说增压缸仅是增大输出的压力,并不能增大输出的能量。单作用增压缸在柱塞运动到终点时,不能再输出高压液体,需要将活塞退回左端位置,再向右行时才又输出高压液体,为了克服这一缺点,可采用双作用增压缸,如图 1-29(b)所示,由两个高压端连续向系统供油。

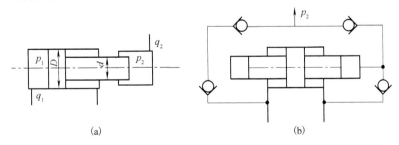

图 1-29 增压缸

2. 液压缸的典型结构

图 1-30 是一个较常用的双作用单活塞杆液压缸。它是由缸底 20、缸筒 10、缸盖兼导向套 9、活塞 11 和活塞杆 18 组成的。缸筒一端与缸底焊接,另一端缸盖(导向套)与缸筒用卡键 6、套 5 和弹簧挡圈 4 固定,以便拆装检修,两端设有油口 A 和 B。活塞 11 与活塞杆 18 利用

卡键 15、卡键帽 16 和弹簧挡圈 17 连在一起。活塞与缸孔的密封采用的是一对 Y 形聚氨酯密封圈 12，由于活塞与缸孔有一定间隙，采用由尼龙 1010 制成的耐磨环（又称支承环）13 定心导向。活塞杆 18 和活塞 11 的内孔由 O 形密封圈 14 密封。较长的导向套 9 则可保证活塞杆不偏离中心，导向套外径由 O 形密封圈 7 密封，而其内孔则由 Y 形密封圈 8 和防尘圈 3 分别防止油外漏和灰尘带入缸内。缸和杆端的销孔与外界连接，销孔内有尼龙衬套抗磨。

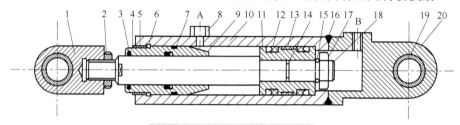

图 1-30 双作用单活塞杆液压缸

1-耳环；2-螺母；3-防尘圈；4、17-弹簧挡圈；5-套；6、15-卡键；7、14-O 形密封圈；8、12-Y 形密封圈；9-缸盖兼导向套；10-缸筒；11-活塞；13-耐磨环；16-卡键帽；18-活塞杆；19-衬套；20-缸底

图 1-31 为一空心双活塞杆式液压缸的结构。由图可见，液压缸的左右两腔是通过油口 b 和 d 经活塞杆 1 和 15 的中心孔与左右径向孔 a 和 c 相通的。由于活塞杆固定在床身上，缸体 10 固定在工作台上，工作台在径向孔 c 接通压力油，径向孔 a 接通回油时向右移动；反之则向左移动。这里，缸盖 18 和 24 是通过螺钉与压板 11 和 20 相连的，并经钢丝环 12 相连，左缸盖 24 空套在托架 3 孔内，可以自由伸缩。空心活塞杆的一端用堵头 2 堵死，并通过锥销 9 和 22 与活塞 8 相连。缸筒相对于活塞运动，由左右两个导向套 6 和 19 导向。活塞与缸筒之间、缸盖与活塞杆之间以及缸盖与缸筒之间分别用 O 形密封圈 7 和 V 形密封圈 4、17 与纸垫 13、23 进行密封，以防油液的内外泄漏。缸筒在接近行程的左右终端时，径向孔 a 和 c 的开口逐渐减小，对移动部件起制动缓冲作用。为了排除液压缸中剩余的空气，缸盖上设置有排气孔 5 和 14，经导向套环槽的侧面孔道引出与排气阀相连。

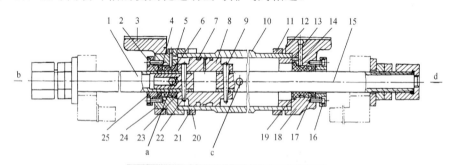

图 1-31 空心双活塞杆式液压缸的结构

1、15-活塞杆；2-堵头；3-托架；4、17-V 形密封圈；5、14-排气孔；6、19-导向套；7-O 形密封圈；8-活塞；9、22-锥销；10-缸体；11、20-压板；12、21-钢丝环；13、23-纸垫；16、25-压盖；18、24-缸盖

3. 液压缸的组成

从上面所述的液压缸典型结构中可以看到，液压缸的结构基本上可以分为缸筒和缸盖、活塞与活塞杆、密封装置、缓冲装置和排气装置五个部分，分述如下。

(1) 缸筒和缸盖：一般来说，缸筒和缸盖的结构形式和其使用的材料有关。图 1-32 为缸筒和缸盖的常见结构形式。图 1-32(a) 为法兰连接式，结构简单，容易加工，也容易装拆，但外形尺寸和质量都较大，常用于铸铁制的缸筒上。图 1-32(b) 为半环连接式，它的缸筒壁部因开了环形槽而削弱了强度,为此有时要加厚缸壁,它容易加工和装拆,质量较小,常用于无缝钢管或锻钢制的缸筒上。图 1-32(c)为螺纹连接式,它的缸筒端部结构复杂,外径加工时要求保证内外径同心,装拆要使用专用工具,它的外形尺寸和质量都较小,常用于无缝钢管或铸钢制的缸筒上。图 1-32(d)为拉杆连接式,结构的通用性大,容易加工和装拆,但外形尺寸较大,且较重。图 1-32(e)为焊接连接式,结构简单,尺寸小,但缸底处内径不易加工,且可能引起变形。

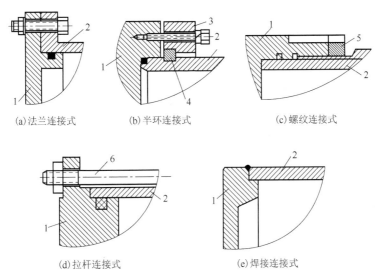

图 1-32 缸筒和缸盖结构

1-缸盖;2-缸筒;3-压板;4-半环;5-防松螺帽;6-拉杆

(2)活塞与活塞杆:可以把短行程的液压缸的活塞杆与活塞做成一体,这是最简单的形式。但当行程较长时,这种整体式活塞组件的加工较费事,所以常把活塞与活塞杆分开制造,然后连接成一体。图 1-33 为常见的活塞与活塞杆的连接形式。

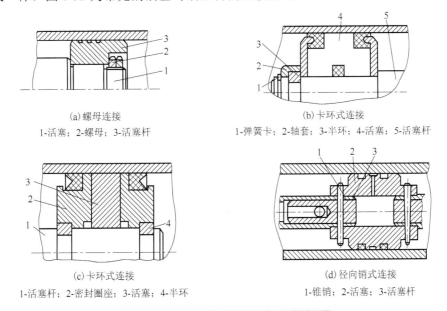

图 1-33 常见的活塞与活塞杆的连接形式

图 1-33(a)为活塞与活塞杆之间采用螺母连接,它适用负载较小、受力无冲击的液压缸中。螺纹连接虽然结构简单,安装方便可靠,但在活塞杆上车螺纹将削弱其强度。图 1-33(b)和(c)是卡环式连接方式。图 1-33(b)中活塞杆 5 上开有一个环形槽,槽内装有两个半环 3 以夹紧活塞 4,半环 3 由轴套 2 套住,而轴套 2 的轴向位置用弹簧卡 1 来固定。图 1-33(c)中的活塞杆,使用了两个半环 4,它们分别由两个密封圈座 2 套住,半圆形的活塞 3 安放在密封圈座的中间。图 1-33(d)是一种径向销式连接结构,用锥销 1 把活塞 2 固连在活塞杆 3 上。这种连接方式特别适用于双杆式活塞。

(3) 密封装置:对于活塞杆外伸部分,它很容易把脏物带入液压缸,使油液受污染,使密封件磨损,因此常需在活塞杆密封处增添防尘圈,并放在向着活塞杆外伸的一端。液压缸中常见的密封装置如图 1-34 所示。图 1-34(a)是间隙密封,它依靠运动间的微小间隙来防止泄漏。为了提高这种装置的密封能力,常在活塞的表面上制出几条细小的环形槽,以增大油液通过间隙时的阻力。它的结构简单,摩擦阻力小,可耐高温,但泄漏大,加工要求高,磨损后无法恢复原有能力,只有在尺寸较小、压力较低、相对运动速度较高的缸筒和活塞间使用。图 1-34(b)是摩擦环密封,它依靠套在活塞上的摩擦环(尼龙或其他高分子材料制成)在 O 形密封圈弹力作用下贴紧缸壁而防止泄漏。这种材料效果较好,摩擦阻力较小且稳定,可耐高温,磨损后有自动补偿能力,但加工要求高,装拆较不便,适用于缸筒和活塞之间的密封。图 1-34(c)和(d)是密封圈(O 形圈、V 形圈等)密封,它利用橡胶或塑料的弹性使各种截面的环形圈贴紧在静、动配合面之间来防止泄漏。它的结构简单,制造方便,磨损后有自动补偿能力,性能可靠,在缸筒和活塞之间、缸盖和活塞杆之间、活塞和活塞杆之间、缸筒和缸盖之间都能使用。

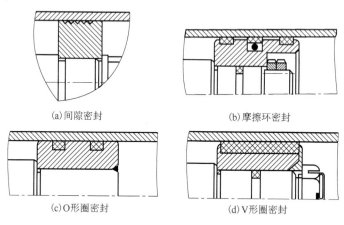

(a) 间隙密封　　(b) 摩擦环密封

(c) O 形圈密封　　(d) V 形圈密封

图 1-34　密封装置

(4) 缓冲装置:液压缸一般都设置缓冲装置,特别是对大型、高速或要求高的液压缸,为了防止活塞在行程终点时和缸盖相互撞击,引起噪声、冲击,必须设置缓冲装置。缓冲装置的工作原理是利用活塞或缸筒在其走向行程终端时封住活塞和缸盖之间的部分油液,强迫它从小孔或细缝中挤出,以产生很大的阻力,使工作部件受到制动,逐渐降低运动速度,达到避免活塞和缸盖相互撞击的目的。如图 1-35(a)所示,当缓冲柱塞进入与其相配的缸盖上的内孔时,孔中的液压油只能通过间隙 δ 排出,使活塞速度降低。配合间隙不变,随着活塞运动速度的降低,起缓冲作用。当缓冲柱塞进入配合孔之后,油腔中的油只能经节流阀 1 排出,如图 1-35(b)所示。由于节流阀 1 是可调的,所以缓冲作用也可调节,但仍不能解决速度降低后缓冲作用减弱的缺点。如图 1-35(c) 所示，在缓冲柱塞上开有三角槽，随着柱塞逐渐进入配合孔中，其节流面积越来越小，解决了在行程最后阶段缓冲作用过弱的问题。

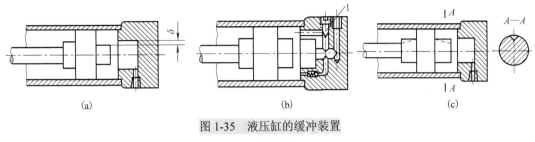

图 1-35　液压缸的缓冲装置

1—节流阀

(5) 排气装置：液压缸在安装过程中或长时间停放重新工作时，液压缸和管道系统中会渗入空气，为了防止执行元件出现爬行、噪声和发热等不正常现象，需把液压缸和系统中的空气排出。可在液压缸的最高处设置进出油口把气带走，也可在最高处设置如图 1-36(a) 所示的放气孔或专门的放气阀(图 1-36(b) 和 (c))。

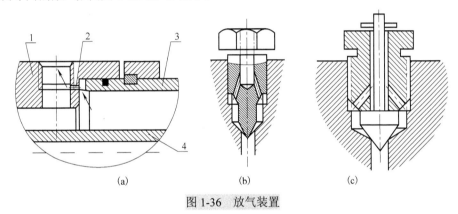

图 1-36　放气装置

1—缸盖；2—放气小孔；3—缸体；4—活塞杆

(二) 液压马达

1. 液压马达的特点及分类

液压马达是把液体的压力能转换为机械能的装置。从原理上讲，液压泵可以用作液压马达，液压马达也可用作液压泵。事实上同类型的液压泵和液压马达虽然在结构上相似，但由于两者的工作情况不同，两者在结构上也有某些差异。不同之处如下。

(1) 液压马达一般需要正反转，所以在内部结构上应具有对称性，而液压泵一般是单方向旋转的，没有这一要求。

(2) 为了减小吸油阻力，减小径向力，一般液压泵的吸油口比出油口的尺寸大。而液压马达低压腔的压力稍高于大气压力，所以没有上述要求。

(3) 液压马达要求能在很宽的转速范围内正常工作，因此，应采用滚动轴承或静压轴承。当液压马达速度很低时，若采用动压轴承，则不易形成润滑膜。

(4) 叶片泵依靠叶片与转子一起高速旋转而产生的离心力使叶片始终贴紧定子的内表面，起封油作用，形成工作容积。若将其当液压马达用，则必须在液压马达的叶片根部装上弹簧，以保证叶片始终贴紧定子内表面，以便液压马达能正常启动。

(5)液压泵在结构上需保证具有自吸能力,而液压马达就没有这一要求。

(6)液压马达必须具有较大的起动扭矩。所谓起动扭矩,就是液压马达由静止状态起动时,马达轴上所能输出的扭矩,该扭矩通常大于在同一工作压差时处于运行状态下的扭矩,所以,为了使起动扭矩尽可能接近工作状态下的扭矩,要求液压马达扭矩的脉动小,内部摩擦小。

高速液压马达的基本形式有齿轮式、螺杆式、叶片式和轴向柱塞式等。它们的主要特点是转速较高、转动惯量小,便于启动和制动,调速和换向的灵敏度高。通常高速液压马达的输出转矩不大(仅几十牛·米到几百牛·米),所以又称为高速小转矩液压马达。

液压马达也可按其结构类型,分为齿轮式、叶片式、柱塞式和其他形式。

2. 液压马达的工作原理

常用的液压马达的结构与同类型的液压泵相似,下面对叶片马达、轴向柱塞马达和摆动马达的工作原理进行介绍。

1) 叶片马达

图1-37为叶片马达的工作原理图,当压力为p的油液从进油口进入叶片1和3之间时,叶片2因两面均受液压油的作用而不产生转矩。叶片1和3上,一面作用为压力油,另一面作用为低压油。由于叶片3伸出的面积大于叶片1伸出的面积,所以作用于叶片3上的总液压力大于作用于叶片1上的总液压力,于是压力差使转子产生顺时针的转矩。同理,压力油进入叶片5和7之间时,叶片7伸出的面积大于叶片5伸出的面积,也产生顺时针转矩。这样,就把油液的压力能转变成机械能,这就是叶片马达的工作原理。当输油方向改变时,液压马达就反转。当定子的长短径差值越大,转子的直径越大,以及输入的压力越高时,叶片马达输出的转矩也越大。对结构尺寸已确定的叶片马达,其输出转速n取决于输入油的流量。叶片马达的体积小,转动惯量小,因此动作灵敏,可适应的换向频率较高,但泄漏较大,不能在很低的转速下工作,因此,叶片马达一般用于转速高、转矩小和动作灵敏的场合。

2) 轴向柱塞马达

图1-38为斜盘式轴向柱塞马达的工作原理图,轴向柱塞马达的结构形式基本上与轴向柱塞泵一样,故其种类与轴向柱塞泵相同,也分为直轴式(斜盘式)轴向柱塞马达和斜轴式轴向柱塞马达两类。当输入液压马达的油液压力一定时,液压马达的输出扭矩仅与排量有关。因此,提高液压马达的每转排量,可以增加液压马达的输出扭矩。一般来说,轴向柱塞马达都是高速马达,输出扭矩小,因此,必须通过减速器来带动工作机构。如果能使液压马达的排量显著增大,则可以使轴向柱塞马达做成低速大扭矩马达。

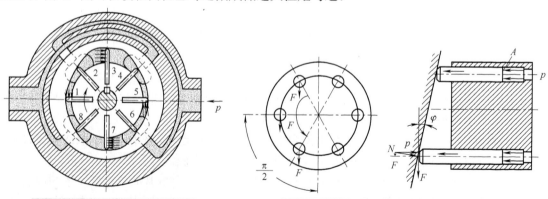

图1-37 叶片马达的工作原理图　　　图1-38 斜盘式轴向柱塞马达的工作原理图

1、2、3、4、5、6、7、8-叶片

3) 摆动马达

摆动马达的工作原理见图 1-39，图 1-39(a)是单叶片式摆动马达。若从油口Ⅰ通入高压油，叶片做逆时针摆动，低压力从油口Ⅱ排出。因叶片与输出轴连在一起，输出轴摆动同时输出转矩、驱动负载。此类摆动马达由于径向力不平衡，叶片和壳体、叶片和挡块密封困难，限制了其工作压力的进一步提高，从而也限制了输出转矩的进一步提高。图 1-39(b)是双叶片式摆动马达，在径向尺寸和工作压力相同的条件下，输出转矩是单叶片式摆动马达的 2 倍，但回转角度要相应减小，双叶片式摆动马达的回转角度一般小于 120°。

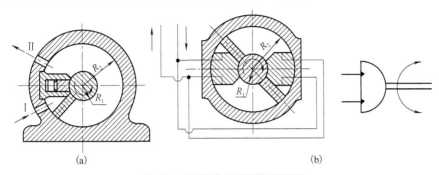

图 1-39 摆动马达的工作原理图

任务 1.3 分析、安装、调试压力机下液压缸控制系统及压力机液压系统维护

1.3.1 任务目标

(1) 能正确分析压力机下液压缸液压控制系统的工作原理。
(2) 掌握安装、调试压力机下液压缸液压控制系统的方法。
(3) 了解压力机液压系统常见故障检修方法。

1.3.2 任务引入与分析

3150KN 压力机下液压缸驱动下滑块(图 1-40)完成向上顶出→向下退回→停止的动作循环。在做薄板拉伸时，要求下液压缸驱动滑块完成浮动压边下行→停止→顶出的动作循环。根据压力机下液压缸液压控制系统的特点，本教学任务分以下子任务来完成。

(1) 分析压力机下液压缸液压控制系统的工作原理。
(2) 安装、调试压力机下液压缸液压控制系统。

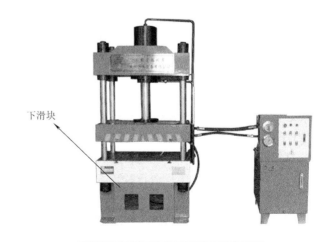

图 1-40 四柱式压力机外形及下滑块

(3)分析、检修通用压力机液压系统的常见故障。

1.3.3 任务实施与评价

一、任务准备

(一)知识与技能准备

液压设备的安装、精度检验合格之后,必须进行调整试车,使其在正常运转状态下能够满足生产工艺对设备提出的各项要求,并达到设备设计时的最大生产能力。当液压设备经过修理、保养或重新装配之后,也必须进行调试才能使用。

1. 液压系统调试前的准备

1)确定调试项目

调试前,应根据设备使用说明书及有关技术资料,全面了解被调试液压设备的结构、性能、工作顺序、使用要求和操作方法,以及机械、电气、气动等方面与液压系统的联系,认真研究液压系统各元件的作用,读懂液压原理图,弄清楚液压元件在设备上的安装实际位置及其结构、性能和调整部位,仔细分析液压系统各工作循环的压力、速度变化以及系统的功率利用情况,熟悉液压系统用油的牌号和要求。

在掌握上述情况的基础上,确定调试的内容、方法及步骤,准备好调试工具、测量仪表、补接测量管路,制定安全技术措施,以避免危及人身安全和设备使用事故的发生。

2)外观检查

新设备和经过修理的设备均需进行外观检查,有效的外观检查可以避免许多故障的发生。检查事项如下。

(1)检查各液压元件的安装及其管道的连接是否正确。例如,各液压元件的进油口、出油口及回油口是否正确,液压泵的入口、出口和旋转方向与泵上标明的方向是否相符等。

(2)防止切屑、冷却液、磨粒、灰尘及其他杂质落入油箱,检查各个液压部件的防护装置是否具备,是否完好可靠。

(3)检查油箱中的油液牌号和过滤精度是否符合要求,液面高度是否合适。

(4)检查系统中各液压元件、管道和管接头位置是否便于安装、调节和修理。检查观察用的压力表等仪表是否安装在便于观察的位置。

(5)检查液压泵电动机的转动是否轻松、均匀。

改正外观检查发现的问题后才能进行调整试车。

2. 液压系统的调试

液压系统的调试和试车一般是交替进行的。调试的主要内容有空载试车、负载试车、单项调整等。在安装现场对某些液压设备仅能进行空载试车。

1)空载试车

空载试车是指在不带负载运转的条件下,全面检查液压系统的各液压元件、各种辅助装置和系统内各回路的工作是否正常,工作循环或各种动作的自动换接是否符合要求。具体步骤如下。

(1)间歇启动液压泵,使整个系统的滑动部分得到充分的润滑,使液压系统在卸荷状况下运转(如将溢流阀拧松或使换向阀处于中位等),检查液压泵卸荷压力是否在允许的数值内,观察其运转是否正常，有无刺耳的噪声；检查油箱中液面是否有过多的泡沫，液位高度是否在规定范围内。

(2) 使系统在无负载状况下运转，先使液压缸活塞顶盖或运动部件顶死在挡铁上(若为液压马达，则固定输出轴)，将溢流阀逐渐调节到规定压力值，检查溢流阀在调节过程中有无异常现象。然后，使液压缸以最大行程多次往复运动或使液压马达转动，打开系统的排气阀排出积存的空气。检查安全防护装置(如安全阀、压力继电器等)工作的正确性和可靠性，从压力表上观察各油路的压力，并调整安全防护装置的压力值到规定范围内。检查各液压元件及管道的外泄漏、内泄漏是否在允许的范围内。空载运转一段时间后，检查油箱的液面下降是否在规定高度范围内。油液进入管道和液压缸中，使油箱液面下降，甚至使吸油管上的过滤网露出液面，或使液压系统和机械传动润滑不充分而发出噪声，所以必须及时给油箱补充油液。对于液压机构和管道容量较大而油箱偏小的机械设备，必须重视这个问题。

(3) 与电气设备配合，调整自动工作循环或动作顺序，检查各动作的协调和顺序是否正确。检查启动、换向和速度换接时运动的平稳性，不应有爬行、跳动和冲击现象。液压系统连续运转一段时间(一般是 30min)后，检查油液的温升应在允许的规定值内(一般工作油温为 35～60℃)。空载试车结束后，才能进行负载试车。

2) 负载试车

负载试车是使液压系统按设计要求在预定的负载下工作。通过负载试车检查系统能否实现预定的工作要求，如工作元件的力、力矩或运动特性等。检查噪声和振动是否在允许范围内。检查工作元件运动换向和速度换接时的平稳性，不应有爬行、跳动和冲击现象。检查功率损耗情况及连续工作一段时间后的温升情况。

负载试车，一般是先在低于最大负载的一两种情况下试车。如果一切正常，则能进行最大负载试车，这样可避免设备的损坏。

3) 单项调整

单项调整要在系统安装、试车过程中进行，在使用过程中也随时进行一些项目的调整。

(1) 液压泵的工作压力：调节泵的安全阀或溢流阀，使液压泵的工作压力比液动机最大负载时的工作压力高 10%～20%。

(2) 快速行程的压力：调节泵的卸荷阀，使其比快速行程所需的实际压力大 15%～20%。

(3) 压力继电器的工作压力：调节压力继电器的弹簧，使其低于液压泵工作压力 0.3～0.5 MPa(在工作部件停止或顶在挡铁上进行)。

(4) 换接顺序：调节行程开关、先导阀、挡块、碰块、检测仪，使换接顺序及其精确程度满足工作元件的要求。

(5) 工作元件的速度及其平衡性：调节溢流阀、调整阀、变量液压泵或变量液压马达、润滑系统及密封装置，使工作元件运动平稳，没有冲击和振动，不允许有外泄漏，在有负载的情况下，速度降低不应超过 20%。

3. 液压系统的试压

液压系统试压的内容是检查系统、回路的漏油和耐压强度。液压系统试压一般采取分级试验，每升一级，检查一次，逐步升到规定的试验压力，这样可避免事故的发生。

中、低压系统的试验压力应为系统常用工作压力的 1.5～2 倍，高压系统的试验压力应为系统最大工作压力的 1.2～1.5 倍。在冲击大或压力变化剧烈的回路中，其试验压力应大于峰值压力。对于橡胶软管，在 1.5～2 倍的常用工作压力下应无异常变形，在 2～3 倍的常用工作压力下不应破坏。试压时，应注意以下事项。

(1) 系统的安全阀应调到所选定的试验压力值。

(2) 在向系统供油时，应将系统放气阀打开，待空气排净后将其关闭，同时将溢流阀打开。

(3) 系统中出现不正常声响时，应立即停止试验，待查出原因并排除后，再进行试验。

(4) 试验时，必须注意安全并采取必要的措施。

要十分注意液压油在运转调试中的温度情况，一般的液压系统最合适温度为 40～50℃，在此温度下工作时，液压元件的效率最高，油液的抗氧化性最佳。如果工作温度超过 80℃，则油液将加速劣化(每升高 10℃，油的劣化速度增加 2 倍)，黏度降低，润滑性能变差，油膜容易破坏，液压元件容易烧伤等。因此，液压油的工作温度不应超过 80℃，当超过这一温度时，应停机冷却或采取强制冷却措施。

在环境温度较低的情况下运转调试时，由于油的黏度增大，压力损失和泵的噪声增加，效率降低，也容易损伤元件。当环境温度在 10℃以下时，属于危险温度，为此要采取预热措施，并降低溢流阀的设定压力，使油泵负荷降低，当油温升到 10℃以上时再进行正常运转。

(二) 设备与材料准备

(1) 设备准备：3150KN 通用压力机 1 台；液压实验台；各种相关附件。

(2) 材料准备：3150KN 通用压力机液压控制系统原理图图纸、白纸等。

(三) 工具与场地准备

液压实训室 1 个，工位 20 个，工具(锤子、梅花扳手、呆扳手、活扳手、旋具等各 1 套)，计算机多媒体教学设备。

二、任务实施

(一) 分析压力机下液压缸液压控制系统的工作原理

3150KN 通用压力机下液压缸(顶出缸)完成的运动为顶出、退回和压边。在拉伸薄板时，为防止周边起皱，则利用下液压缸来压紧坯料，下面分析其工作原理。

1. 顶出、退回回路的工作原理(图 1-25)

3Y 得电，阀 21 处于左位。进油路：泵 1→阀 6 中位→阀 21 左位→下液压缸下腔。回油路：下液压缸上腔→阀 21 左位→油箱。下液压缸活塞上升，顶出。3Y 失电，4Y 得电，阀 21 处于右位，下液压缸活塞下行，退回。

2. 浮动压边回路的工作原理(图 1-25)

下液压缸活塞先上升到一定位置后，阀 21 处于中位，主缸(即上液压缸)滑块下压时下液压缸活塞被迫随之下行，下液压缸下腔油液经节流器 19 和背压阀 20 回油箱，使下液压缸下腔保持所需的压边压力，调整阀 20 即可改变浮动压边压力。下液压缸上腔则经阀 21 中位从油箱补油。溢流阀 18 为下液压缸下腔安全阀。

3. 通用压力机下液压缸液压控制系统电磁铁动作顺序(表1-11)

表1-11 下液压缸液压控制系统电磁铁动作顺序表

动作元件		1Y	2Y	3Y	4Y	5Y	1S	2S	3S	1K
下液压缸	顶出			+						
	退回				+					
	压边	+	±							

(二)安装、调试压力机下液压缸液压控制系统

(1)能看懂压力机下液压缸液压控制回路，并能根据表1-12正确选择元器件。
(2)规范安装元器件，各元件在工作台上合理布置。
(3)用油管正确连接元器件的各油口(后一个回路在前一个回路的基础上增加)。
① 连接顶出、退回回路。
② 连接浮动压边回路。

表1-12 压力机下液压缸液压控制系统元件表

序号	元件名称	类型	数量
1	液压缸	单作用单活塞杆液压缸	1
2	辅助泵	单向定量液压泵	1
3	主泵	单向变量液压泵	1
4	换向阀	三位四通电液换向阀	1
5	溢流阀	先导式溢流阀	1
6	溢流阀	直动式溢流阀	4
7	节流阀	单项可调式节流阀	1
8	压力表	指针式压力表	1
9	过滤器	线隙式过滤器	1
10	油箱	蛇形管水冷闭式油箱	1

(4)检查各油口连接情况后，调试、维护压力机下液压缸液压控制回路。
① 按下顶出按钮，电磁铁3Y通电，下液压缸向上运动顶出工件，电磁铁3Y失电，电磁铁4Y通电，下液压缸退回。
② 让电磁铁3Y通电，下液压缸向上顶出，让电磁铁3Y失电，下液压缸停止，启动上液压缸可实现浮动压边。
(5)填写实训报告(表1-13)。

表 1-13　分析、安装、调试压力机下液压缸控制系统的实训报告

工作项目	压力机液压控制	工作任务	分析、安装、调试压力机下液压缸控制系统	压力机下液压缸控制系统的原理分析	
班级		姓名			
学号		组别			
同组人员		个人承担任务			
压力机下液压缸控制系统的原理图				压力机下液压缸控制系统的安装调试过程	
				安装调试过程中遇到的问题及解决方法	
				对本工作任务的改进与思考	
自我评价		同组人员评价		教师评价	

（三）分析、检修通用压力机液压系统的常见故障

1. 故障现象：压力表指针摆动厉害

原因分析：

(1) 液压机压力表油路内存有空气；

(2) 管路机械振动；

(3) 压力表损坏。

排除方法：

(1) 上压时略拧松管接头，放气；

(2) 将管路卡牢；

(3) 更换压力表。

2. 故障现象：滑块爬行

原因分析：

(1) 系统内积存空气或泵吸空；

(2) 精度调整不当或立柱缺油。

排除方法：

(1) 检查泵吸油管是否进气，然后多次上下运动并加压；

(2) 立柱上加机油，重新调整精度。

3. 故障现象：停车后滑块下滑严重

原因分析：

(1) 缸口密封环渗漏；

(2) 压力阀调整压力太小或闭口不严。

排除方法：

(1) 观察液压缸端口，观察是否漏油；

(2) 调整压力检查阀口。

4. 故障现象：高压行程速度慢，压力提升速度慢

原因分析：
(1) 高压泵流量调得过小；
(2) 泵磨损或烧伤；
(3) 系统内漏严重。

排除方法：
(1) 按泵的液压机说明书进行调整，在 25MPa 时泵偏心可调至 5 格；
(2) 若泵回油口漏损大，则应拆下检查。

5. 故障现象：保压时压降太快

原因分析：
(1) 参与保压的各阀门密封不严或管路漏油；
(2) 缸内密封环损坏。

排除方法：
(1) 检查保压的各阀门的密封研合情况；
(2) 更换密封环。

(三) 任务评价

任务考核评价表如表 1-14 所示。

表 1-14 任务考核评价表

任务名称：分析、安装、调试压力机下液压缸控制系统及压力机液压系统维护								
班级：	姓名：	学号：			指导教师：			
评价项目	评价标准	评价依据（信息、佐证）	评价方式			权重	得分小计	总分
			小组评价	学校评价	企业评价			
			0.1	0.9				
职业素质	(1) 遵守企业管理规定、劳动纪律 (2) 按时完成学习及工作任务 (3) 工作积极主动、勤学好问	实习表现				0.2		
专业能力	(1) 能分析压力机下液压缸液压控制系统的工作原理 (2) 会安装、调试压力机下液压缸液压控制系统 (3) 严格遵守安全生产规范	(1) 书面作业和实训报告 (2) 实训课题完成情况记录				0.7		
创新能力	能够推广、应用国内相关职业的新工艺、新技术、新材料、新设备	"四新"技术的应用情况				0.1		
指导教师综合评价								
		指导教师签名：			日期：			

1.3.4 知识链接：液压控制元件

液压控制元件(简称液压阀)是液压系统中的控制元件，用来控制液压系统中流体的压力、流量及流动方向，从而使之满足各类执行元件不同动作的要求，如图 1-41 所示。不论何种液压系统，都是由一些基本液压回路组成的，而液压回路主要是由各种液压控制阀按一定需要组合而成的。

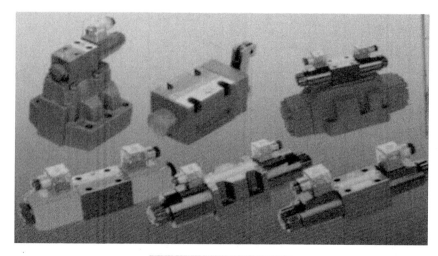

图 1-41　常见液压控制元件

（一）液压控制阀

液压阀的基本结构主要包括阀芯、阀体和驱动阀芯在阀体内做相对运动的装置。阀芯的主要形式有滑阀、锥阀和球阀；阀体上除了与阀芯配合的阀体孔或阀座孔，还有外接油管的进出油口；驱动装置可以是手调机构，也可以是弹簧或电磁铁，有时还作用有液压力。液压阀正是利用阀芯在阀体内的相对运动控制阀口的通断及开口度，来实现压力、流量和方向控制。

1. 液压控制阀的分类

（1）根据结构形式可以分为滑阀、锥阀和球阀，如图 1-42 所示，具体内容如下。

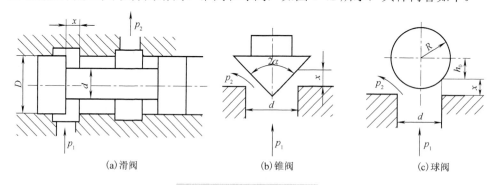

图 1-42　液压阀的结构形式

① 滑阀：因滑阀为间隙密封，阀芯与阀体的间隙小，还需要有一定的密封长度。

② 锥阀：密封性能好，且开启阀口时无"死区"，动作灵敏。因一个锥阀只能有一个进油口和一个出油口，故称为二通锥阀。

③ 球阀：球阀的性能与锥阀相同。

(2) 根据用途不同可以分为方向控制阀、压力控制阀、流量控制阀，如图 1-43 所示，具体内容如下。

① 方向控制阀：用来控制和改变液压系统中液流方向的阀类，如单向阀、液控单向阀、换向阀等。

② 压力控制阀：用来控制或调节液压系统液流压力以及利用压力实现控制的阀类，如溢流阀、减压阀、顺序阀等。

③ 流量控制阀：用来控制或调节液压系统液流流量的阀类，如节流阀、调速阀、溢流阀、二通比例流量阀、三通比例流量阀等。

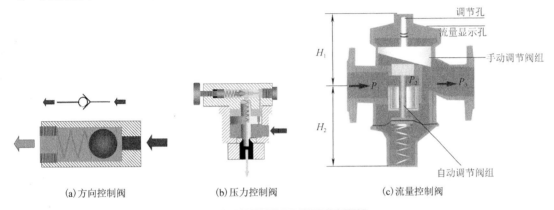

图 1-43 根据用途不同液压阀的分类

2. 液压阀的性能参数

各种液压阀都有自己的性能参数，其中共同的性能参数一般有以下两个。

(1) 公称通径：阀的尺寸规格用公称通径来表示，单位为 mm。公称通径表征阀通流能力，应与阀进出油管的规格一致。公称通径对应于阀的额定流量，阀工作时的实际流量应小于或等于它的额定流量。

(2) 额定压力：额定压力是液压阀长期工作所允许的最高工作压力。它是由阀的结构特点和密封能力来决定的。压力控制阀的实际最高压力有时与阀的调压范围有关。只要系统的工作压力和工作流量小于或等于额定压力和额定流量，控制阀即可正常工作。

3. 对液压阀的基本要求

(1) 液压阀的动作要求准确、灵敏，可靠性要高，工作平稳，冲击振动小。

(2) 密封性能良好，以降低油液经过阀的压力损失。

(3) 阀的泄漏小，对周围的环境污染低。

(4) 液压阀的结构要简单、紧凑，加工工艺性好。

(5) 安装、维护、调整、更换方便，互换性好，使用寿命长等。

(二) 方向控制阀

如图 1-44 所示的平面磨床的工作台，在工作中是由液压传动系统带动进行往复运动的，工作台在工作过程中要求往复运动的速度一致。要想使液压缸的往复速度一致，最简单的方法就是采用双作用双杆液压缸，只要使液压油进入驱动工作台往复运动液压缸的不同工作缸，就能使液压缸带动工作台完成往复运动。

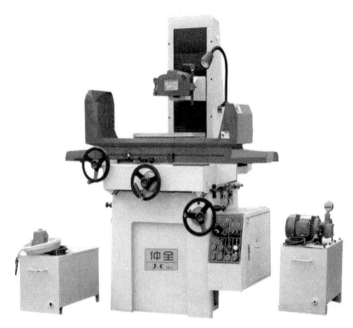

图 1-44　平面磨床的工作台

这种通过改变压力油流通方向，从而控制执行运动的液压元件称为方向控制阀，要想熟练使用平面磨床，必须掌握方向控制阀的结构、原理及回路等。

方向控制阀用在液压系统中控制油液的流动方向，它对系统中各个支路的液流进行通断切换，以满足工作要求。

方向控制阀按用途可分为单向阀和换向阀两大类。单向阀主要用于控制油液的单向流动；换向阀主要用于改变油液的流动方向及接通或切断油路。

1. 单向阀

单向阀包括普通单向阀和液控单向阀两种。其作用是只允许液流沿管道的一个方向通过，另一个方向的流动则被截止。液控单向阀除了具有普通单向阀的作用，在外部控制油压的作用下，允许油液向另一个方向流动。

1) 普通单向阀

普通单向阀只允许液流沿一个方向通过，即由 P_1 口流向 P_2 口；而反向截止，即不允许液流由 P_2 口流向 P_1 口，如图 1-45 所示。根据单向阀的使用特点，要求油液正向通过时阻力要小，液流有反向流动趋势时，关闭动作要灵敏，关闭后密封性要好。因此，弹簧通常很软，主要用于克服摩擦力。单向阀的阀芯分为钢球式(图 1-45(a))和锥式(图 1-45(b)和(c))两种。钢球式阀芯结构简单，价格低，但密封性较差，一般仅用在低压、小流量的液压系统中。锥式阀芯阻力小，密封性好，使用寿命长，所以应用较广，多用于高压、大流量的液压系统中。

单向阀主要用在如下场合：一是起保护作用。将其设置在液压泵的出口处，防止由于系统压力突然升高而损坏液压泵。二是用于背压阀。将其放置在回油路上，换上刚度较大的弹簧，使阀的开启压力达到 0.2～0.6MPa，可形成回油背压，以提高工作部件的运动平稳性。

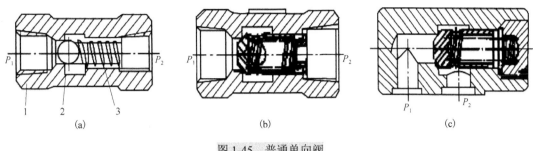

图 1-45　普通单向阀

1-阀芯；2-阀体；3-弹簧

2) 液控单向阀

液控单向阀是可以根据工作需要实现油液反向流动的一种特殊单向阀，其原理如图 1-46 所示。与普通单向阀相比，液控单向阀增加了一个控制活塞，其作用相当于一个微型液压缸。当控制口 K 不通压力油时，其工作原理与普通单向阀完全相同。当控制口 K 通入压力油时，活塞 1 右移顶开阀芯 3，使 P_1、P_2 油口连通，油液可在两个方向自由流动。

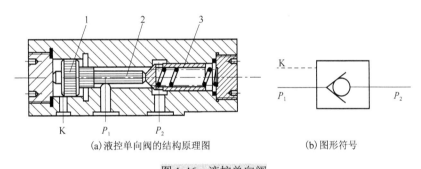

(a) 液控单向阀的结构原理图　　　　(b) 图形符号

图 1-46　液控单向阀

1-活塞；2-顶杆；3-阀芯

液控单向阀的应用场合如下。

(1) 保持压力：当有较长时间的保压要求时，可在油路上加一个液控单向阀，利用锥阀关闭的严密性，使油路长时间保压。

(2) 用于液压缸的"支承"：液控单向阀接于液压缸下腔的油路，可防止立式液压缸的活塞和滑块等活动部分因滑阀泄漏而下滑。

(3) 实现液压缸的锁紧状态：换向阀处于中位时，两个液控单向阀关闭，严密封闭液压缸两腔的油液，这时活塞就不能因外力作用而产生移动。

(4) 实现大流量排油：液压缸两腔的有效工作面积相差很大，在活塞退回时，液压缸右腔排油量骤然增大，加设液控单向阀，控制压力油将液控单向阀打开，便可以顺利地将右腔油液排出。

单向阀和液控单向阀的符号如表 1-15 所示。

表 1-15 单向阀和液控单向阀的符号

名称符号	单向阀		液控单向阀	
	无弹簧	有弹簧	无弹簧	有弹簧
详细符号				
简化符号		弹簧可省略	控制压力关闭阀	弹簧可省略 控制压力打开阀

2. 换向阀

换向阀一般是利用阀芯在阀体中的相对位置的变化，使各流体通路(与该阀体相连接的流体通路)实现接通或断开以改变流动方向，从而控制执行机构的运动。

换向阀的种类很多，应用非常广泛。通常有以下几种分类方式：

(1) 按换向阀的结构形式可分为转阀式、滑阀式、球阀式和锥阀式等；
(2) 按换向阀的操纵方式可分为手动式、机动式、电磁式、液动式以及电液式等；
(3) 按换向阀阀芯可能实现的工作位置可分为二位阀、三位阀等；
(4) 按换向阀的安装方式可分为螺纹式、板式和法兰式等。

下面主要介绍滑阀式换向阀，因为它在液压系统中应用最广。

1) 滑阀式换向阀的工作结构

如图 1-47 所示，滑阀式是换向阀中应用最多的形式。阀芯与阀体孔配合处为台肩，阀体上有一个圆柱形孔，在孔里面加工出若干个环形槽，称为沉割槽；每个沉割槽均与相应的油口相通。当阀芯相对于阀体做轴向运动时，就会使相应的油路接通或断开，从而改变油液的流动方向。阀芯台肩和阀体沉割槽可以是两台肩三沉割槽，也可以是三台肩五沉割槽。当阀芯运动时，通过阀芯台肩开启或封闭阀体沉割槽，接通或关闭与沉割槽相通的油口。

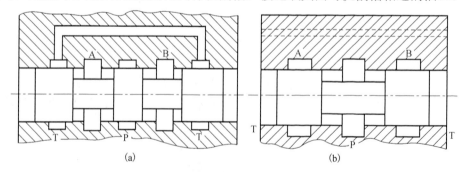

图 1-47 滑阀式换向阀的工作结构图

2) 滑阀式换向阀的主体结构形式

阀体和阀芯是换向阀的主体结构。滑阀式换向阀主体部分的结构形式见表 1-16。

表 1-16 滑阀式换向阀主体部分的结构形式

名称	结构原理图	图形符号	使用场合	
二位二通阀	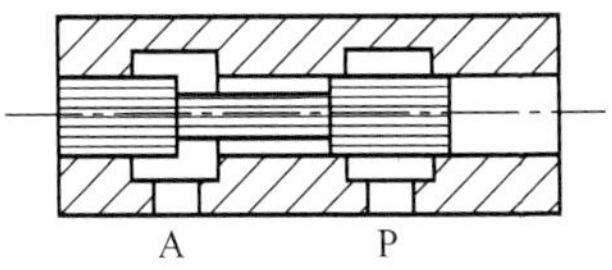	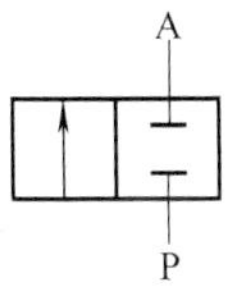	控制油路的接通和切断（相当于一个开关）	
二位三通阀	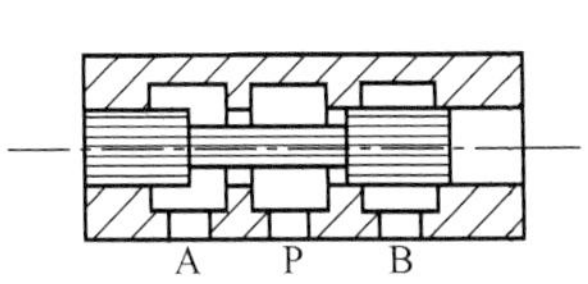	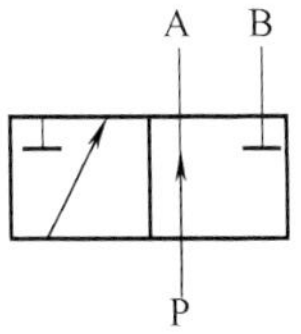	控制液流方向（从一个方向变换成另一个方向）	
二位四通阀	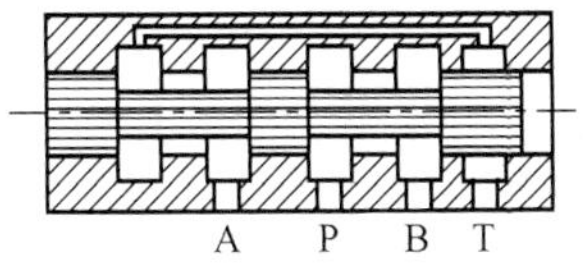	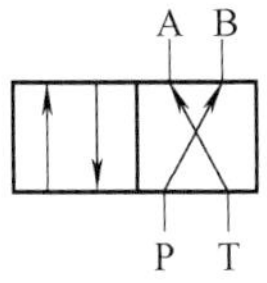	不能使执行元件在任意位置处停止运动	执行元件正反向运动时可得到相同的回油方式
三位四通阀	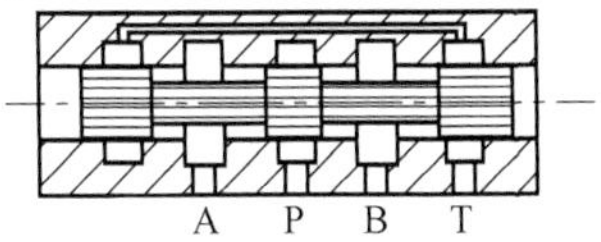	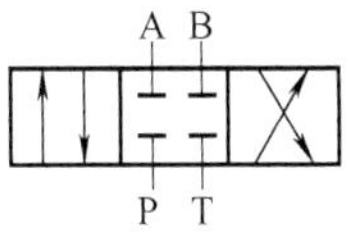	能使执行元件在任意位置处停止运动	
二位五通阀	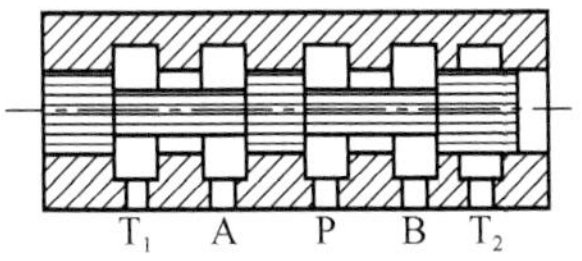	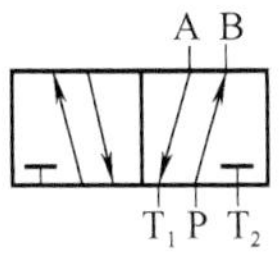	不能使执行元件在任意位置处停止运动	执行元件正反向运动时可得到不同的回油方式
三位五通阀	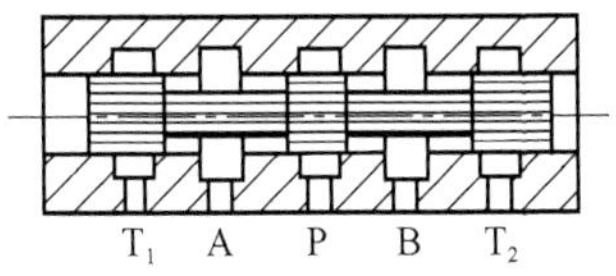	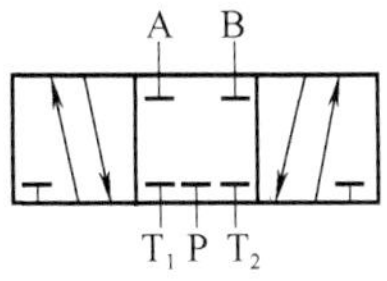	能使执行元件在任意位置处停止运动	

换向阀图形符号的规定和含义如下。

(1) 用框表示阀的工作位置数，有几个框就是几位阀。

(2) 在一个框内，箭头"↑"或堵塞符号"⊤"或"⊥"与框相交的点数就是通路数，有几个交点就是几通阀，箭头"↑"表示阀芯处在这一位置时两油口相通，但不一定是油液的实际流向，"⊤"或"⊥"表示此油口被阀芯封闭（堵塞）不通流。

(3) 三位阀中间的框、二位阀画有复位弹簧的框为常态位置（即未施加控制号的原始位置），在液压系统原理图中，换向阀的图形符号与油路的连接，一般应画在常态位置上。工作位置应按"左位"画在常态位的左面，"右位"画在常态位右面的规定，同时在常态位上应标出油口的代号。

(4) 控制方式和复位弹簧的符号画在框的两侧。

3) 滑阀式换向阀的操纵方式

滑阀式换向阀的阀芯相对于阀体的移动是靠操纵力来实现的。为了使滑阀可靠地工作，必须在实现操纵后使阀芯可靠定位，用定位元件保证阀芯与阀体的相对位置处于给定状态。常见的滑阀式换向阀的操纵方式见表 1-17。

表 1-17 滑阀式换向阀的操纵方式

操纵方式	图形符号	简要说明
手动	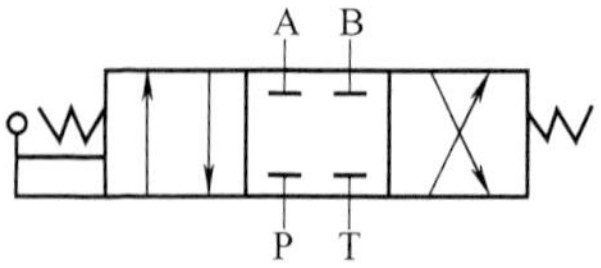	手动操纵，弹簧复位，中间位置时阀口互不相通
机动	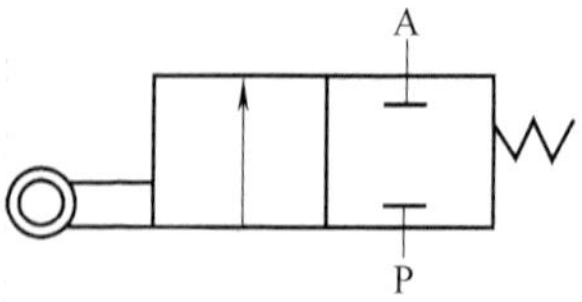	挡块或凸轮操纵，弹簧复位，阀口常闭
电磁	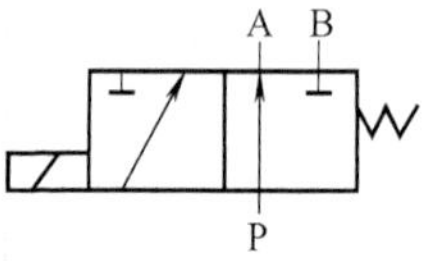	电磁铁操纵，弹簧复位
液动	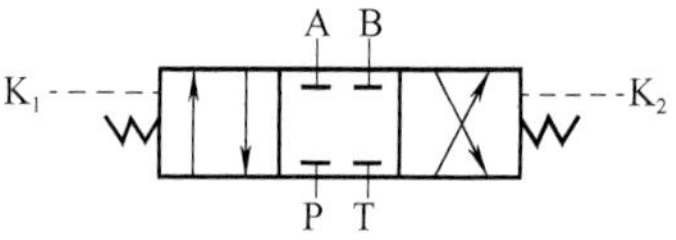	液压操纵，弹簧复位，中间位置时四口(P、A、B、T)互不相通

4)三位换向阀的中位机能

三位换向阀的阀芯在中间位置时，各油口的连通方式称为换向阀的中位机能。通过改变阀芯的台肩结构、轴向尺寸以及阀芯上的径向通孔数目，可以实现不同的中位机能。常用换向阀的中位机能见表 1-18。

表 1-18 三位四通换向阀的中位机能

形式	图形符号	中位油口状况、特点及应用
O 形	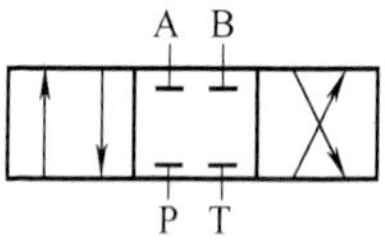	P、A、B、T四口全封闭；液压泵不卸荷，液压缸闭锁，可用于多个换向阀的并联工作
H 形	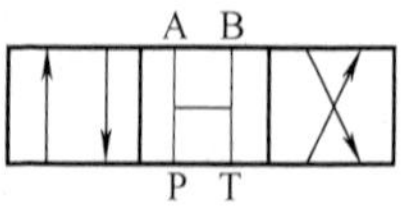	四口全串通；液压缸处于浮动状态，在外力作用下可移动，泵卸荷
Y 形	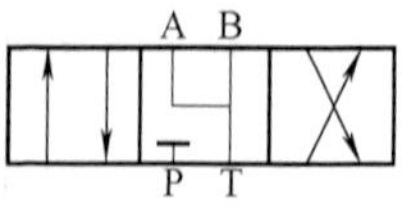	P口封闭，A、B、T三口相通；液压缸浮动，在外力作用下可移动，泵不卸荷
K 形	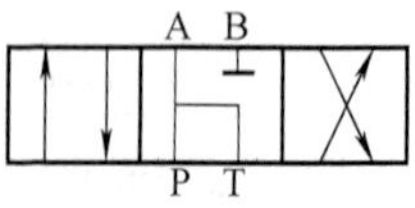	P、A、T口相通，B口封闭；液压缸处于闭锁状态，泵卸荷

续表

形式	图形符号	中位油口状况、特点及应用
M 形		P、T 口相通，A、B 口封闭；液压缸处于闭锁状态，泵卸荷；也可用于多个 M 形换向阀并联工作
X 形		四油口处于半开启状态，泵基本上卸荷，但仍保持一定压力
P 形		P、A、B 口相通，T 口封闭；泵与缸两腔相通，可组成差动回路
J 形		P、A 口封闭，B、T 口相通；活塞停止，但在外力作用下可向一边移动，泵不卸荷
C 形		P、A 口相通，B、口 T 封闭；液压缸处于停止位置
N 形		P、B 口封闭，A、T 口相通；与 J 形机能相似，只是 A、B 互换，功能也相似
U 形		P、T 口封闭，A、B 口相通；液压缸浮动，在外力作用下可移动，泵不卸荷

3. 方向控制阀的常见故障、产生原因及排除方法

方向控制阀的常见故障、产生原因及排除方法见表 1-19。

表 1-19 方向控制阀的常见故障、产生原因及排除方法

故障现象	产生原因	排除方法
阀芯不动或不到位	1. 滑阀卡住 (1) 滑阀与阀体配合间隙过小，阀芯在孔中容易卡住，不能动作或动作不灵 (2) 阀芯碰伤，油液被污染 (3) 阀芯几何形状超差，阀芯与阀孔装配不同心，产生轴向液压卡紧现象 2. 液动换向阀控制油路有故障 (1) 油液控制压力不够，滑阀不动，不能换向或换向不到位 (2) 节流阀关闭或堵塞 (3) 滑阀两端泄油口没有接回油箱或泄油管堵塞 3. 电磁铁的故障 (1) 交流电磁铁因滑阀卡住，铁心吸不到底面而烧毁 (2) 漏磁、吸力不足 (3) 电磁铁接线焊接不良，接触不好 4. 弹簧折断、漏装、太软，不能使滑阀恢复中位，因而不能换向 5. 电磁换向阀的推杆磨损后长度不够，使阀芯移动过大或过小，都会引起换向不灵或不到位	1. 检查滑阀 (1) 检测间隙情况，研修或重配阀芯 (2) 检测、修磨或重配阀芯，换油 (3) 检查、修正偏差及同心度，检查液压卡紧情况 2. 检查控制油路 (1) 提高控制压力，检查弹簧是否过硬，或更换弹簧 (2) 检查、清洗节流口 (3) 检查，并将泄油管接回油箱，清洗回油管，使之畅通 3. 检查电磁铁 (1) 清除滑阀卡住故障，更换电磁铁 (2) 检查漏磁原因，更换电磁铁 (3) 检查并重新焊接 4. 检查、更换或补装弹簧 5. 检查并修复，必要时更换推杆

(三) 压力控制阀

图 1-48(a) 是半自动车床，该车床在加工工件时，工件的夹紧是由如图 1-48(b) 所示的夹

紧装置液压卡盘来完成的。当液压缸右腔输入压力油后,活塞运动,并通过摇臂使卡爪向中心运动,从而夹紧放在卡爪中的工件。为了保护加工安全,液压系统必须能够提供稳定的工作压力以便夹紧工件。由于被加工工件的材质、类型不同,所以液压卡盘的夹紧力要保证工件在切削过程中不松动,同时防止夹紧力过大造成工件被夹变形,这就要求液压卡盘的夹紧力是可控制的。可以通过控制进入液压卡盘液压缸的液压油压力来控制夹紧力。在液压系统中,选用压力控制阀来达到上述压力控制要求。

(a)半自动车床

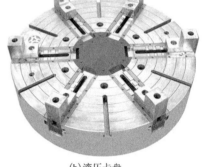
(b)液压卡盘

图 1-48 半自动车床及液压卡盘

压力控制阀简称为压力阀,用在液压系统中,其作用是控制油液压力,或以油液压力作为信号来控制油路通断。按其功能和用途可分为溢流阀、减压阀、顺序阀和压力继电器等。它们的共同特点是利用作用在阀芯上的液压力与弹簧力相平衡的原理来进行工作。

1. 溢流阀

溢流阀在液压系统中的功用主要有两个:一是保持系统或回路的压力恒定,起溢流和稳压作用。例如,在定量泵节流调速系统中作溢流衡压阀,用以保持泵的出口压力恒定。二是在系统中作安全阀使用,在系统正常工作时,溢流阀处于关闭状态,而当系统压力大于或等于其调定压力时,溢流阀才开启溢流,对系统起过载保护作用。根据结构和工作原理不同,溢流阀可分为直动式溢流阀和先导式溢流阀两类。

1) 直动式溢流阀

直动式溢流阀的结构原理和图形符号如图 1-49 所示,阀体上开有进出油口 P 和 T,锥阀阀芯在弹簧的作用下压在阀座上,油液压力从进油口 P 作用在阀芯上。当进油压力较小时,阀芯在弹簧的作用下处于下端位置,将 P 和 T 两油口隔开,溢流口无液体溢出。当油压力升高,在阀芯下端所产生的作用力超过弹簧的压紧力时,阀芯上升,阀口被打开,液体从溢流口流回油箱。弹簧力随着开口量的增大而增大,直至与液压作用力相平衡。调整手轮可以改变弹簧的压紧力,即可调整溢流阀的溢流压力。

直动式溢流阀结构简单,动作灵敏。但如果用在高压、大流量的液压系统中,则要求调压弹簧具有较大的弹簧刚度,当溢流量的变化引起阀口开度(即弹簧的压缩量)发生变化时,弹簧力变化较大,溢流阀进口压力也随着发生较大变化,调压稳定性差。因此,直动式溢流阀常用在低压、小流量的液压系统中。

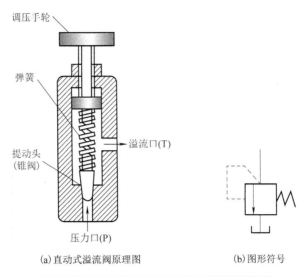

(a) 直动式溢流阀原理图　　(b) 图形符号

图 1-49　直动式溢流阀的结构原理和图形符号

2) 先导式溢流阀

先导式溢流阀的作用是控制和调节溢流压力，主阀的功能则在于溢流。先导式溢流阀阀口直径较小，即使在较高压力的情况下，作用在锥阀芯上的液压推力也不很大。因此调压弹簧的刚度不必很大，压力调整也就比较轻便。主阀芯因两端均受油压作用，主阀弹簧只需很小的刚度，当溢流量变化引起弹簧压缩量变化时，进油口的压力变化不大，故先导式溢流阀恒定压力的性能优于直动式逆流阀。所以，先导式溢流阀可广泛用于高压、大流量场合。但先导式溢流阀是两级阀，其反应不如直动式溢流阀灵敏。

3) 溢流阀的应用

根据溢流阀在液压系统中所起的作用，溢流阀可作溢流、安全、卸荷和远程调压使用，具体说明如下。

(1) 作溢流阀用。在定量泵供油的液压系统中，由流量控制阀调节进入执行元件的流量，定量泵输出的多余油液则从溢流阀流回油箱。在工作过程中，溢流阀口常开，系统的工作压力由溢流阀调整并保持基本恒定，如图 1-50(a) 所示的溢流阀。

(2) 作安全阀用。图 1-50(b) 为一变量泵供油系统，执行元件速度由变量泵自身调节，系统中无多余油液，系统工作压力随负载变化而变化。正常工作时，溢流阀口关闭。一旦过载，溢流阀口立即打开，使油液流回油箱，系统压力不再升高，以保障系统安全。

(3) 作卸荷阀用。如图 1-50(c) 所示，将控制口 K 通过二位二通电磁阀与油箱连接。当电磁铁断电时，远程控制口 K 被堵塞，溢流阀起稳压作用。当电磁铁通电时，远程控制口 K 通油箱，溢流阀的主阀芯上端压力接近于零，此时溢流阀口全开，回油阻力很小，泵输出的油液便在低压下经溢流阀口流回油箱，使液压泵卸荷，而减小功率损失，此时溢流阀起卸荷作用。

(4) 实现远程调压。将先导式溢流阀的远程控制口 K 与直动式溢流阀连接，可实现远程调压，如图 1-50(d) 所示。

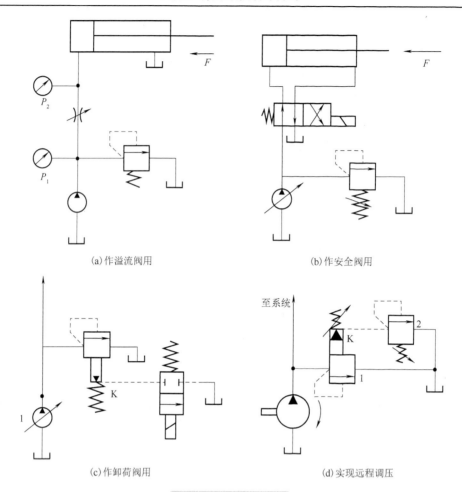

图 1-50 溢流阀的应用

2. 减压阀

在液压系统中,当一个油泵供给多个支路工作时,利用减压阀可以组成不同压力级别的液压回路,如夹紧油路、控制油路和润滑油路等。减压阀是利用油液通过缝隙时产生压力损失的原理,使其出口压力低于进口压力的压力控制阀。在液压系统中减压阀常用于降低或调节系统中某一支路的压力,以满足某些执行元件的需要。减压阀按其工作原理也有直动式和先导式之分。其先导阀与溢流阀的先导阀相似,但弹簧腔的泄漏油单独引回油箱。主阀与溢流阀不同:阀口常开,在安装位置,主阀芯在弹簧力作用下位于最下端,阀的开口最大,不起减压作用。引到先导阀前腔的是阀的出口压力油,保证出口压力为定值。

1) 直动式减压阀

图 1-51 为直动式减压阀的工作原理及图形符号。当阀芯处在原始位置时,它的阀口是打开的,阀的进出口连通。这个阀的阀芯由出口处的压力控制,出口压力未达到调定压力时阀口全开,不起降压作用。当出口压力达到调定压力时,阀芯上移,阀口关小,整个阀处于工作状态。若忽略其他阻力,仅考虑阀芯上的液压力和弹簧力相平衡的条件,则可以认为出口压力基本上维持在某一固定的调定值上。这时若出口压力减小,则阀芯下移,阀口开大,阀口处阻力减小,压降减小,使出口压力回升到调定值上。反之,若出口压力增大,则阀芯上移,阀口关小,阀口处阻力加大,压降增大,使出口压力下降到调定值上。

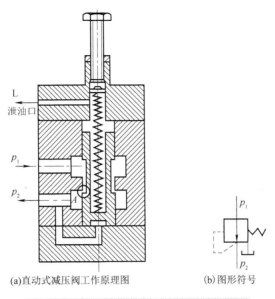

(a) 直动式减压阀工作原理图 (b) 图形符号

图 1-51 直动式减压阀工作原理及图形符号

直动式减压阀的特点如下。
(1) 外漏堵绝，内漏易控，使用安全；
(2) 系统简单，方便接计算机，价格低廉；
(3) 动作快递，功率微小，外形轻巧；
(4) 调节精度受限，适用介质受限；
(5) 型号多样，用途广泛。

2) 先导式减压阀

先导式减压阀的工作原理及图形符号如图 1-52 所示。与先导式溢流阀的结构类似，先导式减压阀也是由先导阀和主阀两部分组成的。其主要区别是：减压阀的先导阀控制出口油液压力，而溢流阀的先导阀控制进口油液压力。由于减压阀的进出口油液均有压力，所以先导阀的泄油不能像溢流阀一样流入回油口，而必须设有单独的泄油口。在正常情况下，减压阀阀口开得很大（常开），而溢流阀阀口则关闭（常闭）。

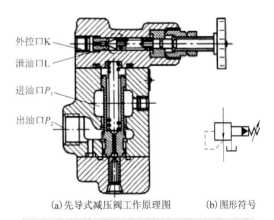

(a) 先导式减压阀工作原理图 (b) 图形符号

图 1-52 先导式减压阀的工作原理及图形符号

液压系统主油路的高压油液从进油口 P_1 进入减压阀，经减压口减压后，低压油液从出油口 P_2 输出。同时低压油液主阀芯下端油腔，又经节流小孔进入主阀芯上端油腔及先导阀锥阀左端油腔，给锥阀一个向右的液压力。该液压力与先导阀调压弹簧的弹簧力相平衡，从而控制低压油 P_2 基本保持调定压力。当出油口的低压油 P_2 低于调定压力时，锥阀关闭，主阀芯上下腔油液压力相等，主阀弹簧的弹簧力主阀芯推向下端，减压口增大，减压阀处于不工作状态。当 P_2 升高超过调定压力时，锥阀打开，少量油液经锥阀口，由泄油口 L 流回油箱。

由于这时有油液流过节流小孔，产生压力降，主阀芯上腔压力低于下腔压力，当此压力差所产生的向上的作用力大于主阀芯重力、摩擦力、主阀弹簧的弹簧力之和时，主阀芯向上移动，使减压口减小，压力损失加剧，P_2 随之下降，直到作用在主阀芯上诸力相平衡，主阀芯便处于新的平衡位置，减压口保持一定的开启量。

3) 减压阀的应用

(1) 减压回路：图 1-53(a)是减压回路，在主系统的支路上串联一个减压阀，用于降低和调节支路液压缸的最大推力。

(2) 稳压回路：图 1-53(b)是稳压回路，当系统压力波动较大，液压缸 2 需要有较稳定的输入压力时，在液压缸 2 进油路上串联一个减压阀，在减压阀处于工作状态下，可使液压缸 2 的压力不受溢流阀压力波动的影响。

(3) 单向减压回路：当需要执行元件正反向压力不同时，可用图 1-53(c)的单向减压回路。图中用双点画线框起的单向减压阀是具有单向阀功能的组合阀。

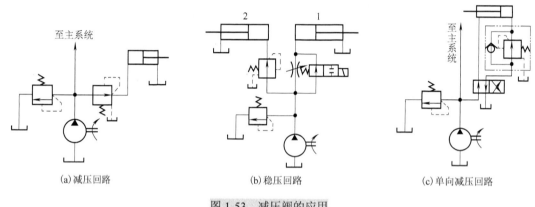

图 1-53　减压阀的应用

1、2-液压缸

3. 顺序阀

顺序阀的主要作用是利用油液压力作为控制信号来控制油路的通断，使执行元件顺序动作。顺序阀的控制形式在结构上完全通用，其构造及其工作原理类似溢流阀。顺序阀与溢流阀不同的是：出口直接接执行元件，另外有专门的泄油口。按控制方式不同，顺序阀可分为内控式和外(液)控式。

1) 顺序阀的结构及工作原理

主阀芯在原始位置进出油口切断，进油口压力油通过两条路，一路经阻尼孔进入主阀上腔并到达先导阀中部环形腔，另一路直接作用在先导滑阀左端。当进口压力小于先导阀弹簧调定压力时，先导滑阀在弹簧力的作用下处于如图 1-54 所示的位置。当进口压力大于先导阀弹簧调定压力时，先导滑阀在左端液压力作用下右移，将先导阀中部环形腔与通顺序阀出口的油路导通。于是顺序阀进口压力油经阻尼孔、主阀上腔、先导阀流往出口。由于阻尼存在，主阀上腔压力低于下端(即进口)压力，主阀芯开启，顺序阀进出油口导通。把外控式顺序阀的出油口接通油箱，且将外泄改为内泄，即可构成卸荷阀。

2）顺序阀的应用

(1) 用于实现顺序动作。
(2) 用于卸荷阀，液控顺序阀也可用于卸荷阀。
(3) 用于平衡阀，顺序阀和单向阀组合成单向顺序阀也可于平衡阀。
(4) 用于背压阀，与溢流阀用于背压阀时的情况一致。

4. 压力继电器

压力继电器是利用油液压力来启闭电气触点的液压电气转换元件。它在油液压力达到调定值时，发出电信号，控制电气元件动作，实现液压系统的自动控制。

柱塞式压力继电器的结构和图形符号见图 1-55。当进油口 P 处油液压力达到压力继电器调定的压力时，作用在柱塞上的液压力通过顶杆合上微动开关，发出电信号。

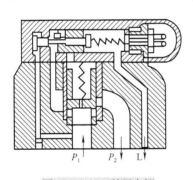

图 1-54　DZ 型顺序阀

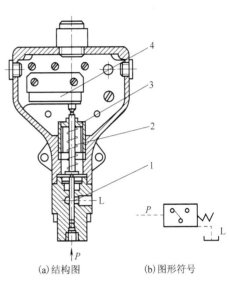

图 1-55　压力继电器

1-柱塞；2-顶杆；3-调节螺钉；4-微动开关

压力继电器的应用如下。

(1) 实现安全控制。压力继电器可实现安全控制，当系统压力达到压力继电器事先调定的压力值时，压力继电器即发出电信号，使由其控制的系统停止工作，对系统起安全保护作用。

(2) 实现执行元件的顺序动作。压力继电器可实现执行元件的顺序动作，当系统压力达到压力继电器事先调定的压力值时，压力继电器即发出电信号，使由其控制的执行元件开始动作。

5. 压力控制阀的常见故障、产生原因及排除方法

压力控制阀的常见故障、产生原因及排除方法见表 1-20。

表 1-20　压力控制阀的常见故障、产生原因及排除方法

故障现象	产生原因	排除方法
溢流阀压力波动	(1) 弹簧弯曲或弹簧刚度太低 (2) 锥阀与锥阀座接触不良或磨损 (3) 压力表不准 (4) 滑阀动作不灵 (5) 油液不清洁，阻尼孔不畅通	(1) 更换弹簧 (2) 更换锥阀 (3) 修理或更换压力表 (4) 调整阀盖螺钉紧固力或更换滑阀 (5) 更换油液，清洗阻尼孔
溢流阀有明显的振动、噪声	(1) 调压弹簧变形、不复原 (2) 回油路有空气进入 (3) 流量超值 (4) 油温过高，回油阻力过大	(1) 检修或更换弹簧 (2) 紧固油路接头 (3) 调整 (4) 控制油温，回油阻力降至 0.5MPa 以下
溢流阀泄漏	(1) 锥阀与阀座接触不良或磨损 (2) 滑阀与阀盖配合间隙过大 (3) 紧固螺钉松动	(1) 更换锥阀 (2) 重配间隙 (3) 拧紧螺钉
溢流阀调压失灵	(1) 调压弹簧折断 (2) 滑阀阻尼孔堵塞 (3) 滑阀卡住 (4) 进出油口接反 (5) 先导阀座小孔堵塞	(1) 更换弹簧 (2) 清洗阻尼孔 (3) 拆检并修正，调整阀盖螺钉紧固力 (4) 重装 (5) 清洗小孔
减压阀二次压力不稳定并与调定压力不符	(1) 油箱液面低于回油管口或滤油器，油中混入空气 (2) 主阀弹簧太软、变形或在滑阀中卡住，使阀移动困难 (3) 泄漏 (4) 锥阀与阀座配合不良	(1) 补油 (2) 更换弹簧 (3) 检查密封，拧紧螺钉 (4) 更换锥阀
减压阀不起作用	(1) 泄油口的螺堵未拧出 (2) 滑阀卡死 (3) 阻尼孔堵塞	(1) 拧出螺堵，接上泄油管 (2) 清洗或重配滑阀 (3) 清洗阻尼孔，检查油液清洁度
顺序阀振动与噪声	(1) 油管不合适，回油阻力过大 (2) 油温过高	(1) 降低回油阻力 (2) 降温至规定温度
顺序阀动作压力与调定压力不符	(1) 调压弹簧不当 (2) 调压弹簧变形，最高压力调不上去 (3) 滑阀卡死	(1) 反动几次，转动手柄，调至规定压力 (2) 更换弹簧 (3) 坚持滑阀配合部分，清除毛刺

(四) 流量控制阀

在实际工作中，因磨削不同的进给速度，故要求磨床工作台的往复运动速度可以调节。如果液压泵输出的压力油经换向阀直接进入工作台液压缸的工作腔，则工作台的运动速度是不变的，要使工作台运动速度可调，只需调节进入工作台液压缸的压力油流量。在液压系统中，通过调节进入液压缸的压力流量，从而改变液压缸运动速度的元器件称为流量控制阀。

流量控制阀的主要性能要求如下：

(1) 当阀前后的压力差发生变化时，通过阀的流量变化要小；

(2) 当油温发生变化时，通过节流阀的流量变化要小；

(3) 要有较大的流量调节范围，在小流量时不易堵塞，这样使节流阀能得到很小的稳定流量，不会在连续工作一段时间后因节流口堵塞而使流量减小，甚至断流；

(4) 液流通过节流阀的压力损失要小。

1. 节流阀

节流阀的结构和图形符号见图 1-56。压力油从进油口 P_1 流入，经节流口从 P_2 流出。调节手轮可使阀芯轴向移动，以改变节流口的通流截面面积，从而达到调节流量的目的。主要零件有阀芯、阀体和螺母。阀体上开有进油口和出油口。阀芯一端开有三角槽，另一端加工有螺纹，旋转阀芯即可轴向移动，改变阀口过流面积。为平衡液压径向力，三角槽需对称布置。

1) 节流阀的应用

(1) 当节流阀前后压力差 Δp 一定时,改变节流口截面积 A 可改变阀的流量,起节流调速作用,如图 1-57 所示的阀 3。

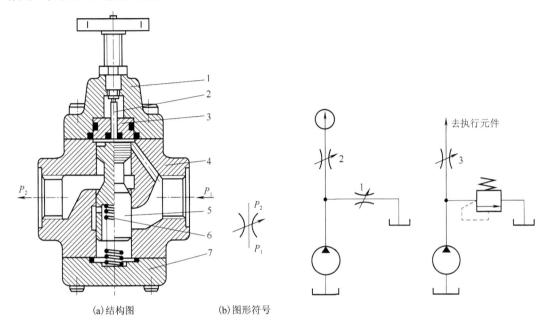

图 1-56 节流阀的结构和图形符号
1-顶盖;2-推杆;3-导套;4-阀体;5-阀芯;6-弹簧;7-底盖

图 1-57 具有定量泵及节流环节的回路
1、2、3-阀

(2) 当流量 q 一定时,改变节流口截面积 A 可改变节流阀前后压力差 Δp,起负载阻尼作用,如图 1-57 所示的阀 1。

(3) 当流量 $q=0$ 时,安装节流元件可延缓压力突变的影响,起压力缓冲作用,如图 1-57 所示的阀 2。

2) 节流阀的压力和温度补偿

补偿的必要性:普通节流阀刚性差,流量受负载变化(压差变化)影响比较大,不能保持速度恒定,只用于速度要求不高的场合。

补偿思路:保持压差不变,可使流量仅取决于开口度的变化。

补偿方法:一种是将定差减压阀与节流阀串联起来,组合成调速阀;另一种是将稳压溢流阀与节流阀并联起来,组成溢流节流阀。

补偿原理:这两种压力补偿方式是利用流量变动引起油路压力的变化,通过阀芯的负反馈动作,来自动调节节流部分的压力差,使其基本保持不变。

温度补偿:油温的变化也必然会引起油液黏度的变化,从而导致通过节流阀的流量发生相应的改变,为此出现了温度补偿调速阀。

2. 调速阀

在节流阀的开口调定后,其工作流量会因负载的变化而变化,造成执行元件的速度不稳定。所以,节流阀主要用在负载变化不大、速度稳定性要求不高的液压系统中。但由于负载的变化不可避免,所以在速度稳定性要求较高的系统中,应采用流量可调节并能稳定的调速阀。

调速阀是由定差减压阀与节流阀串联而成的组合阀。节流阀用来调节通过的流量,定差减压阀则自动补偿负载变化的影响,使节流阀前后的压差为定值,消除了负载变化对流量的影响。节流阀前、后的压力分别引到减压阀阀芯右、左两端,当负载压力增大时,作用在减压阀芯左端的液压力增大,阀芯右移,减压口变大,压降减小,从而使节流阀的压差保持不变;反之亦然。这样就使调速阀的流量恒定不变。

其工作原理和图形符号如图 1-58 所示。图中 1 为定差减压阀,2 为节流阀。调速阀的进油压力 p_1 由溢流阀调定,基本保持不变。油液进入减压阀后,压力变为 p_2,流入节流阀的进油腔,经节流后流出,压力降为 p_3,从出油口流出,最后进入油缸。

调速阀流量稳定性分析。调速阀用于调节执行元件的运动速度,并保证其速度的稳定。这是因为节流阀既是调节元件,又是检测元件。当阀口面积调定后,它一方面控制流量,另一方面检测流量信号并转换为阀口前后压力差反馈作用到定差减压阀阀芯的两端面,与弹簧力相比,当检测的压力差偏离预定值时,定差减压阀阀芯产生相应位移,改变减压缝隙进行压力补偿,保证节流阀前后的压力差基本不变。但是阀芯位移势必引起弹簧力和液动力波动,因此流经调速阀的流量只能基本稳定。调速阀的速度刚性可近似为∞。

旁通型调速阀又称为溢流节流阀,其原理如图 1-59 所示。它由节流阀与差压式溢流阀并联而成,阀体上有一个进油口、一个出油口、一个回油口。这里,节流阀既是调节元件,又是检测元件;差压式溢流阀是压力补偿元件,它保证了节流阀前后压力差 Δp 基本不变。旁通型调速阀用于调节执行元件的运动速度,只能安装在执行元件的进油路上,其速度刚性较调速阀小,与调速阀调速回路相比,回路效率较高。溢流节流阀的流量大,阀芯阻力大,因此弹簧较硬,稳定性稍差。

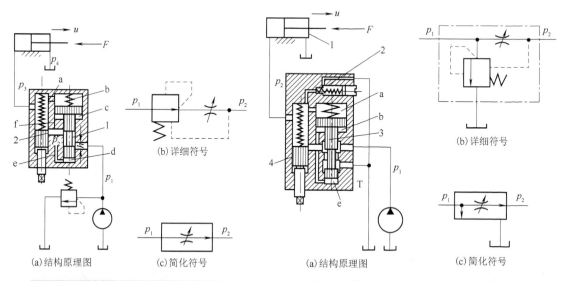

图 1-58　调速阀的工作原理和结构符号

1-定差减压阀;2-节流阀

图 1-59　旁通型调速阀的工作原理和结构符号

1-液压缸;2-安全阀;3-溢流阀;4-节流阀

分流集流阀是用来保证多个执行元件速度同步的流量控制阀,又称为同步阀。它包括分流阀、集流阀和分流集流阀三种控制类型。分流阀结构原理如图 1-60 所示,它由两个固定节流口 1 与 2、阀体、阀芯和两个对中弹簧等组成。阀芯两端台肩与阀体沉割槽组成两个可变节流口 3 和 4。固定节流口起检测流量的作用,可变节流口起压力补偿作用,其过流面积通

过压力 p_1 和 p_2 的反馈作用进行控制。无论负载压力 p_3 和 p_4 如何变化，都能保证 $q_1 \approx q_2$。

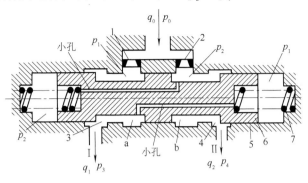

图 1-60 分流阀

1、2—固定节流口；3、4—减压阀的可变节流口；5—阀体；6—阀芯；7—弹簧

3. 流量控制阀的常见故障、产生原因及其排除方法

流量控制阀的常见故障、产生原因及排除方法见表 1-21。

表 1-21 流量控制阀的常见故障、产生原因及排除方法

故障现象	产生原因	排除方法
无流量通过或流量极少	(1) 节流口堵塞，阀芯卡住 (2) 阀芯和阀孔配合间隙过大，泄漏大	(1) 检查、清洗更换油液，提高清洁度 (2) 检查磨损、密封情况，修换阀芯
流量不稳定	(1) 油中杂质黏附在节流口边缘上，通流面积减小，速度减慢 (2) 系统温升，油液黏度下降，流量增加，速度上升 (3) 节流阀内、外泄漏大，流量损失大，不能保证所需的流量	(1) 拆洗节流阀，清除污物，更换滤油器或更换油液 (2) 采取散热、降温措施，必要时换带温度补偿的调速阀 (3) 检查阀芯与阀体之间的间隙及加工精度，检查密封情况

 项目总结

1. 整理项目工作资料

检查项目工作中的工艺文件是否齐全，装订成册后是否有遗漏，液控系统原理图和安装与调试报告是否正确。

2. 撰写项目工作报告

(1) 项目名称。

(2) 项目概况，包括项目任务、项目用途及使用范围。

(3) 项目实施情况，包括准备情况、项目实施。其中，项目实施如下：

① 方案；

② 技术；

③ 安装、运行与调试等，视具体情况而定；

④ 关键问题(技术)的解决办法。

(4) 小结。

(5) 参考文献。

3. 项目考核

学习情境 1 过程考核评价表如表 1-22 所示。

表 1-22　学习情境 1 过程考核评价表

任务名称：压力机液压系统的安装与调试

班级：　　　　　姓名：　　　　　学号：　　　　　指导教师：

评价项目	评价标准	评价依据 (信息、佐证)	评价方式			权重	得分 小计	总分
			小组 评价	学校 评价	企业 评价			
			0.1	0.9				
职业素质	(1)遵守企业管理规定、劳动纪律 (2)按时完成学习及工作任务 (3)工作积极主动、勤学好问	实习表现				0.2		
专业能力	(1)能分析压力机液压系统的工作原理 (2)会安装、调试压力机液压系统 (3)严格遵守安全生产规范	(1)书面作业和实训报告 (2)实训课题完成情况记录				0.7		
创新能力	能够推广、应用国内相关职业的新工艺、新技术、新材料、新设备	"四新"技术的应用情况				0.1		
指导教师 综合评价								
		指导教师签名：　　　　　日期：						

注：(1)此表一式两份，一份由院校存档，另一份入预备技师学籍档案；
　　(2)考核成绩均为百分制。

 教学策略

本学习情境按照行动导向教学法的教学理念实施教学过程，包括咨询、计划、决策、执行、检查、评估六个步骤，同时贯彻手把手、放开手、育巧手、手脑并用；学中做、做中学、学会做，做学结合的职教理念。

1. 咨询

(1)教师首先播放一段有关压力机在生产中应用的视频，使学生对压力机有一个感性的认识，以提高学生的学习兴趣。

(2)教师布置任务：

① 采用板书或电子课件展示任务 1.1 的任务内容和具体要求；

② 通过引导文问题让学生在规定时间内查阅资料，包括工具书、计算机或手机网络、电话咨询或学生讨论等多种方式，以获得问题的答案，目的是培养学生检索资料的能力。

③ 教师认真评阅学生的答案，重点和难点问题，教师要加以解释。

对于任务 1.1，教师可播放与任务 1.1 有关的视频，包含任务 1.1 的整个执行过程；或教师进行示范操作，以达到手把手、学中做，教会学生实际操作的目的。

对于任务 1.2，由于学生有了任务 1.1 的操作经验，教师可只播放与任务 1.2 有关的视频，不再进行示范操作，以达到放开手、做中学的教学目的。

对于任务 1.3，由于学生有了任务 1.1 和任务 1.2 的操作经验，教师既不播放视频，又不再进行示范操作，让学生独立思考，完成任务，以达到育巧手、学会做的教学目的。

2. 计划

1) 学生分组

根据班级人数和设备的台套数，由班长或学习委员进行分组。分组可采取多种形式，如随机分组、搭配分组、团队分组等，小组一般以4~6人为宜，目的是培养学生的社会能力，与各类人员的交往能力，同时每个小组指定一个小组的负责人。

2) 拟定方案

学生可以通过头脑风暴或集体讨论的方式拟定任务的实施计划，包括材料、工具的准备，具体的操作步骤等。

3. 决策

由学生和教师一起研讨，决定任务的实施方案，包括详细的过程实施步骤和检查方法。

4. 执行

学生根据实施方案按部就班地进行任务的实施。

5. 检查

学生在实施任务的过程中要不断检查操作过程和结果，以最终达到满意的操作效果。

6. 评估

学生在完成任务后，要写出整个学习过程的总结，并做电子课件汇报。教师要制定各种评价表格，如专业能力评价表格、方法能力评价表格和社会能力评价表格，如表1-22所示，根据评价结果对学生进行点评，同时布置课下作业，作业一般选取同类知识迁移的类型。

学习情境 2　平面磨床液压系统的安装与调试

学习目标

1. 项目引入

M7120A 型平面磨床是卧轴矩台式平面磨床，它利用砂轮的外圆面对零件进行磨削。磨削时，砂轮做旋转运动，砂轮架带动砂轮做断续或连续(修整砂轮时用)的横向进给运动，工作台带动工件做纵向往复运动。当零件的整个表面磨完后，砂轮架可做垂直方向的进给运动等。本机床工作台的往复运动、砂轮架的横向进给运动(连续或断续进给)及其润滑等是由液压系统完成的。

平面磨床的应用范围较广，要求工作台的运动速度能在较大范围内进行调节，该机床的调速范围为 1~18m/min。砂轮架横向连续进给速度可在 0.3~3m/min 无级调节，断续进给是在工作台换向时实现的，每次进给量可在 2~12mm 无级调节。平面磨床工作台的换向频率较高，换向时间较短，要求有较好的换向平稳性。

2. 项目要求

(1)理解平面磨床液压系统的组成和工作原理。
(2)会安装、调试和检修平面磨床液压系统。

3. 项目内容

(1)平面磨床液压系统的组成和工作原理。
(2)安装和检修平面磨床液压系统。

4. 项目实施

本项目要完成 M7120A 型平面磨床的安装、调试与维护液压系统。主要通过以下 3 个任务来组织实施。

任务 2.1：分析、安装、调试工作台往复运动系统。
任务 2.2：分析、安装、调试砂轮架进刀运动系统。
任务 2.3：分析、安装、调试润滑系统及平面磨床液压系统维护。

学习任务

任务 2.1　分析、安装、调试工作台往复运动系统

2.1.1　任务目标

(1)理解平面磨床工作台运动液压控制系统的工作原理。
(2)掌握安装、调试平面磨床工作台运动液压控制系统的方法。

2.1.2 任务引入与分析

M7120A 型平面磨床(图 2-1)在磨削加工时,工件固定在工作台上做往复运动。在更换工件时工作台需要停止,这时让系统卸荷,减少功率损失和发热量。根据平面磨床工作台运动液压控制系统的特点,本教学任务分以下子任务来完成。

(1) 分析 M7120A 型平面磨床工作台运动液压控制系统的工作原理。

(2) 安装、调试 M7120A 型平面磨床工作台运动液压控制系统。

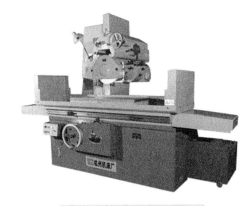

图 2-1 M7120A 型平面磨床

2.1.3 任务实施与评价

一、任务准备

1. 知识与技能准备

图 2-2 为 M7120A 型平面磨床液压系统原理图,齿轮泵 2 供给整个系统所需要的压力油。工作台液压缸 13 的活塞杆与工作台连接,带着它做往复运动。砂轮架液压缸 19 的活塞杆与砂轮架连接,带动它做进给运动。液压系统完成工作台往复运动、砂轮架连续进给和断续进给运动。机床的主要性能参数如下。

(1) 工作台运动速度为 1.18m/min(无级)。

(2) 砂轮架横向连续进给速度为 0.3~3m/min(无级)。

(3) 砂轮架横向断续进给量为 2~12mm/次。

(4) 齿轮泵工作压力为 0.8~1.2MPa。

(5) 主泵电动机功率为 $P=1.1$kW,转速为 $n=1420$r/min。

(6) 砂轮架润滑泵流量为 4L/min。

(7) 砂轮架电动机功率为 $P=0.25$kW,转速为 $n=1450$r/min。

2. 设备与材料准备

(1) 设备准备:M7120A 型平面磨床 1 台;液压实验台;各种相关附件。

(2) 材料准备:M7120A 型平面磨床液压控制系统原理图图纸、白纸等。

3. 工具与场地准备

液压实训室 1 个,工位 20 个,工具(锤子、梅花扳手、呆扳手、活扳手、旋具等各 1 套),计算机多媒体教学设备。

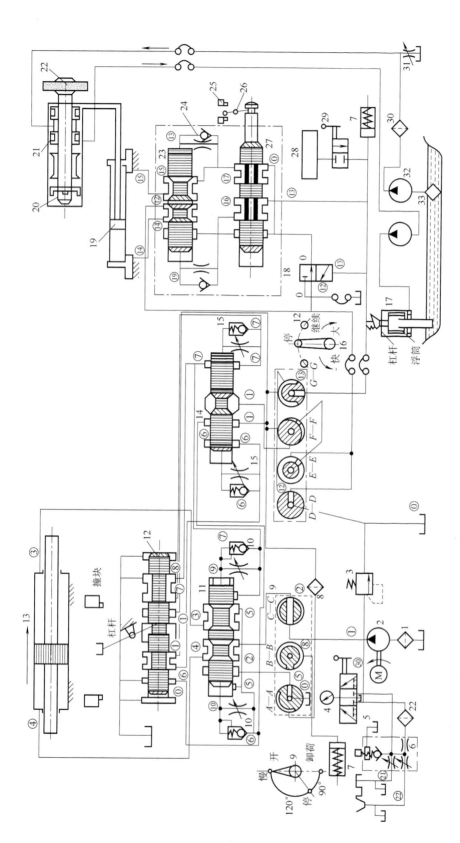

图 2-2 M7120A 型平面磨床液压系统原理图

1、8、30、33-过滤器；2-齿轮泵；3-溢流阀；4-压力表开关；5-润滑油稳定器；6-跳动阻尼阀；7-砂轮架手摇机构液压缸；9-工作台液压缸；10、15-单向节流阀；11-工作台液动换向阀；12-先导阀；13-工作台液压缸；14-砂轮架进给阀；16-砂轮架进刀开停节流与选择阀；17-水流开头流择阀；18-互通阀；19-手柄式操纵阀；20-砂轮架液压缸；21-轴承；22-砂轮；23-砂轮架液动换向阀；24-单向节流阀；25-砂轮架撞块；26-换向杠杆；27-砂轮架先导阀；28-砂轮架导轨润滑；29-手柄式导轨润滑；31-节流阀；32-双联齿轮泵

二、任务实施

(一)分析 M7120A 型平面磨床工作台运动液压控制系统的工作原理

M7120A 型平面磨床工作台往复运动的液压系统包括工作台纵向移动速度调节回路、工作台自动换向回路、工作台停止回路、系统卸荷回路。下面分析其工作原理。

1. 分析工作台纵向移动速度调节回路的工作原理

平面磨床工作台一般以较高速度工作,以提高磨削效率,但有时要磨 T 形槽、台阶等。若速度过高,则因冷却不充分容易烧伤工件,故要求在 1~18m/min 无级调节。下面对其工作原理进行分析。

(1)速度调节。液压系统采用进出口双重节流,但出口节流三角槽(截面 $A—A$)比进口节流三角槽(截面 $C—C$)短,即以出口节流为主,使得运动平稳。进口节流三角槽的作用是在工作台开停时,即使操纵太快,也不致引起液压缸中的压力突然变化造成开车冲击。

(2)进油油路分析。压力油经油路①→工作台开停节流阀 9(截面 $C—C$)的节流三角槽→油路②→工作台液动换向阀 11→油路④→工作台液压缸 13 左腔,使工作台向右运动。

(3)回油油路分析。由工作台液压缸 13 右腔→油路③→工作台液动换向阀 11→油路⑤→工作台开停节流阀 9(截面 $A—A$)的节流三角槽→回油箱。

2. 分析工作台自动换向回路的工作原理

液压系统采用了二位四通液动换向阀 11 换向,中位置为 H 形,换向过程的制动是时间控制制动。用先导阀 12 防止换向死点,并采用单向节流阀 10 和 15 以及在换向阀的 4 个控制边上增加 4 个制动锥来防止换向冲击。当工作台右行,撞块碰上先导阀杠杆后,先导阀 12 向左运动,控制油换向。下面对其工作原理进行分析。

(1)进油油路分析。压力油由油路①→过滤器→先导阀 12→油路⑦→单向节流阀 15→砂轮架进给阀 14→油路⑦→单向节流阀 10→油路⑤→工作台液动换向阀 11 右端。

(2)回油油路分析。从换向阀左端→油路⑥→先导阀 12→回油箱。换向阀到达中间位置后,因为换向阀是 H 形,所以液压缸两腔与进回油都相通,工作台仅靠惯性运动。换向阀再向左移动逐步关闭油路②、油路④和油路③、油路⑤,同时逐渐打开油路②、油路③和油路④、油路⑤,使工作台换向。

由于平面磨床换向精度高,所以在换向过程中,阀芯由单向节流阀调定的慢速移动时间可以长些,这样制动行程较长,不易产生换向冲击。工作台的反向升速过程较快,所以也不必采用阀芯"第二次快跳"来调整反向升速的时间。

3. 分析工作台停止回路的工作原理

工作台停止时,液压泵还有压力油输出,其他动作仍可进行,如砂轮架可移动,润滑系统也在工作,同时要求工作台停止时可以手摇移动工作台,并要求工作台手动与液动互锁。将工作台开停节流阀 9 逆时针转到 120°。关闭回油路⑤,便可使工作台停止运动。工作台液动时要求手摇工作台的齿轮脱开,以免手轮回转妨碍操作。液动切断时,要求手摇机构齿轮啮合,同时工作台液压缸两腔都通压力油,以便手摇工作台。液动与手动的互锁是在工作台开停节流阀 9 上增加一个截面 $B—B$ 实现"液压联锁"。

手摇工作台的油路为:工作台开停节流阀 9 逆时针转动 120°(即工作台"停止"位置),截面 $B—B$ 油路⑧通过工作台开停节流阀 9 中心孔接通油箱,工作台手摇机构的齿轮在弹簧作用下啮合,同时工作台液压缸两腔互通压力油,液压缸右腔通油路③→工作台液动换向阀 11→油路⑤→工作台开停节流阀 9 截面 $A—A$→工作台开停节流阀 9 纵向槽至截面 $C—C$→油路②→工作台液动换向阀 11→油路④→液压缸左腔,使液压缸两腔互通,同时通压力油可以手摇工作台以及避免开车时工作台冲击。

4. 分析系统卸荷回路的工作原理

因平稳速度高,故液压系统流量较大,为减少发热,不工作时希望液压系统卸荷。该机床的卸荷是在开停节流阀上解决的,将该阀逆时针转 180°,液压泵出口压力油经工作台开停节流阀 9 截面 $A—A$ 的中心孔到油箱,此时液压泵压力仅由这段回油路的背压构成,不超过 0.2MPa,此时液压缸两腔互通卸荷的压力油,手摇机构仍通回油,可以手摇工作台移动。

(二)安装、调试 M7120A 型平面磨床工作台运动液压控制系统

(1)能看懂 M7120A 型平面磨床工作台运动液压控制回路,并按表 2-1 正确选择元器件。

表 2-1　平面磨床工作台运动液压控制系统元件表

序号	元件名称	类型	数量
1	工作台液压缸	双作用双活塞杆液压缸	1
2	换向阀	二位四通液动换向阀	1
3	工作台开停节流阀	可调节流阀	1
4	溢流阀	YF 型先导式溢流阀	1
5	齿轮泵	单向定量液压泵	1
6	过滤器	线隙式过滤器	1
7	油箱	蛇形管水冷闭式油箱	1
8	先导阀	二位四通拨杆操纵换向阀	1
9	砂轮架进给阀	二位三通液动换向阀	1
10	手摇机构	齿轮机构	1(套)
11	工作台手摇机构液压缸	单作用弹簧复位液压缸	1

(2)规范安装元件,各元件在工作台上合理布置。
(3)用油管正确连接元器件的各油口(后一个回路在前一个回路的基础上增加):
① 连接工作台纵向移动速度调节回路;
② 连接工作台自动换向回路;
③ 连接工作台停止回路;
④ 连接系统卸荷回路。
(4)检查各油口连接情况后,调试 M7120A 型平面磨床工作台运动液压控制系统:
① 启动液压泵 2,工作台开停节流阀打到"开"的位置,工作台液压缸向右运动;
② 调节开停节流阀的操纵手柄,工作台液压缸运动速度发生变化;
③ 工作台液压缸向右运动,当左撞块撞击杠杆时,工作台液压缸向左运动;当右撞块撞击杠杆时,工作台液压缸又向右运动,如此实现工作台自动换向,循环运动;
④ 将工作台开停节流阀打到"停"的位置,工作台液压缸停止;

⑤ 将工作台开停节流阀打到"卸荷"位置，工作台液压缸可手动调节。

(5) 填写实训报告（表 2-2）。

表 2-2 分析、安装、调试平面磨床工作台往复运动系统的实训报告

工作项目	平面磨床液压控制	工作任务	分析、安装、调试平面磨床工作台往复运动系统	平面磨床工作台往复运动系统的原理分析	
班级		姓名			
学号		组别			
同组人员		个人承担任务			
平面磨床工作台往复运动系统的原理图				平面磨床工作台往复运动系统的安装调试过程	
				安装调试过程中遇到的问题及解决方法	
				对本工作任务的改进与思考	
自我评价		同组人评价		教师评价	

三、任务评价

任务考核评价表，如表 2-3 所示。

表 2-3 任务考核评价表

任务名称：分析、安装、调试平面磨床工作台往复运动系统								
班级：		姓名：	学号：			指导教师：		
评价项目	评价标准	评价依据（信息、佐证）	评价方式			权重	得分小计	总分
			小组评价	学校评价	企业评价			
			0.1	0.9				
职业素质	(1) 遵守企业管理规定、劳动纪律 (2) 按时完成学习及工作任务 (3) 工作积极主动、勤学好问	实习表现				0.2		
专业能力	(1) 能分析工作台往复运动系统的工作原理 (2) 会安装、调试工作台往复运动系统 (3) 严格遵守安全生产规范	(1) 书面作业和实训报告 (2) 实训课题完成情况记录				0.7		
创新能力	能够推广、应用国内相关职业的新工艺、新技术、新材料、新设备	"四新"技术的应用情况				0.1		
指导教师综合评价					指导教师签名：		日期：	

2.1.4 知识链接：液压系统的日常检查

1. 工作前的外观检查

大量的泄漏是很容易被发觉的，但在油管接头处少量的泄漏往往不易被发现，然而这种少量的泄漏现象往往是系统发生故障的先兆，所以对于密封件必须经常检查和清理。如果发现软管和管道的接头因松动而产生少量泄漏应立即将接头旋紧。例如，检查液压缸活塞杆与机械部件连接处的螺纹松紧情况。

2. 泵启动前的检查

液压泵启动前要注意油箱是否按规定加油，加油量以液位计上限为标准。用温度计测量油温，如果油温低于10℃应使系统在无负载状态下（使溢流阀处于卸荷状态）运行20min以上。

3. 泵启动和启动后的检查

启动液压泵时用开停转换的方法，重复几次使油温上升，各执行装置运转灵活后再进入正常运转。在启动过程中如泵无油液输出应立即停止运转并检查原因。当泵启动后，还需做如下检查。

(1) 气蚀检查。液压系统在进行工作时，必须观察油缸的活塞杆在运动时是否有异常现象，在油缸全部外伸时有无泄漏，在重载时油泵和溢流阀有无异常噪声。如果有噪声且很大则为检查气蚀的最佳时机。

液压系统产生气蚀的主要原因是在吸油部位有空气吸入。为了杜绝气蚀现象，必须把油泵吸油管处所有的接头都旋紧，确保吸油管路的密封。如果在这些接头都旋紧的情况下仍不能清除噪声，就需要立即停机检查。

(2) 过热的检查。油泵发生故障的另一个症状是过热，气蚀会产生过热。因为油泵热到某一温度时，会压缩油液空穴中的气体而产生过热。如果发现因气蚀造成过热，应立即停机检查。

(3) 气泡的检查。如果油泵的吸油侧漏入空气，这些空气就会进入系统并在油箱内形成气泡。液压系统内存在气泡将产生三个问题：一是造成执行元件运动不平稳，影响液压油的体积弹性模量；二是加速液压油的氧化；三是产生气蚀现象。所以，要经常检查油箱，防止空气进入液压系统。有时空气也可能从油箱渗入，所以要经常检查油箱中液压油的油面高度是否符合规定要求，吸油管的管口是否浸没在油面以下，并保持足够的浸没深度。实践经验证明，回油管的油口应保证低于油箱中最低油面高度以下10cm左右。

在系统稳定工作时，除随时注意油量、油温、压力等情况外，还要检查执行元件、控制元件的工作情况，注意整个系统漏油和振动。系统经过使用一段时间后，如出现不良情况或产生异常，用外部调整的办法不能排除时，应进行分解修理或更换配件。

任务2.2 分析、安装、调试砂轮架进刀运动系统

2.2.1 任务目标

(1) 能正确分析平面磨床砂轮架进刀液压系统的工作原理。
(2) 掌握安装、调试平面磨床砂轮架进刀液压系统的方法。

2.2.2 任务引入与分析

M7120A 型平面磨床在磨削加工时,砂轮做旋转运动。为了保证磨削工作的连续性,工作台纵向往复运动每次换向瞬间,砂轮架需要调整横向进给量。在调整机床和修整砂轮时,需要砂轮架能连续横向进给。根据平面磨床砂轮架进刀液压回路的特点,本教学任务分以下两个子任务来完成。

(1) 分析 M7120A 型平面磨床砂轮架进刀液压系统的工作原理。
(2) 安装、调试 M7120A 型平面磨床砂轮架进刀液压系统。

2.2.3 任务实施与评价

一、任务准备

1. 设备与材料准备

(1) 设备准备:M7120A 型平面磨床 1 台;液压实验台;各种相关附件。
(2) 材料准备:M7120A 型平面磨床液压控制系统原理图图纸、白纸等。

2. 工具与场地准备

液压实训室 1 个,工位 20 个,工具(锤子、梅花扳手、呆扳手、活扳手、旋具等各 1 套),计算机多媒体教学设备。

二、任务实施

1. 分析 M7120A 型平面磨床砂轮架进刀液压系统的工作原理

M7120A 型平面磨床砂轮架进刀液压系统包括砂轮架的横向连续进刀回路和砂轮架的横向断续进刀回路。下面将分析其工作原理。

1) 分析砂轮架的横向连续进刀回路的工作原理

在修整砂轮和调整机床的过程中,要求砂轮架做横向连续运动。具体分析如下。

(1) 调速分析。液压系统是一个进口节流调速回路,可保证连续进刀速度在 0.3~3m/min 无级调节。其中砂轮架先导阀 27 可防止砂轮架的换向死点,而单向节流阀可防止砂轮架的换向冲击。当连续进刀时,砂轮架进刀开停节流与选择阀 16 逆时针转动 45°。

(2) 进油油路分析。油路①→砂轮架进刀开停节流与选择阀 16 截面 F—F→油路⑫→砂轮架进刀开停节流与选择阀 16 截面 E—E→油路⑫(实线表示)→砂轮架液动换向阀 23→油路⑭→砂轮架液压缸 19 左腔。

(3) 回油油路分析。液压缸右腔→油路⑮→砂轮架液动换向阀 23→砂轮架先导阀 27→油路⑩→互通阀 18→油箱。由于砂轮架进刀开停节流与选择阀 16 逆时针转 45°,压力油由油路①经砂轮架进刀开停节流与选择阀 16 截面 G—G 到油路⑬,打开互通阀 18。而当撞块碰换向杠杆 26 时,砂轮架先导阀 27 换向,砂轮架液动换向阀 23 换向,切换砂轮架进到主油路,使砂轮架反向连续进刀。连续进刀动作除了修整砂轮,还可用于调整砂轮与工件的位置。

2) 分析砂轮架的横向断续进刀回路的工作原理

砂轮架断续进刀采用定时进给控制,砂轮架进给阀 14 在中间位置的过渡时间(由单向节流阀 15 调节)决定砂轮架断续进刀量,并可在 2~12mm/次无级调节。虽然定时进给的进给量受单向节流阀的堵塞和流量稳定性的影响,但是定时进给方法简单。

如果断续进刀在工作台换向完毕、反向起动以后，就会影响磨削效率和工件的表面粗糙度。为此，要求砂轮架进给阀先动作，工作台换向阀后动作，液压系统内采用两个阀串联的方法保证这个顺序动作。从工作台先导阀 12 经油路⑦的压力油，先推动砂轮架进给阀 14，直到接通油路⑦时，工作台换向阀才动作。每当先导阀动作一次，进给阀便动作一次，实现断续进刀。如果两个阀并联，即使两个阀同时动作，但工作台液压缸近，砂轮架液压缸远，仍会造成工作台先换向，砂轮架后进刀的交叉进刀情况。

(1) 断续进刀时进油路和回油路。进油路：油路①→砂轮架进给阀 14→油路⑪（在工作台换向瞬间接通）→砂轮架进刀开停节流与选择阀 16→油路⑫（此时砂轮架进刀开停节流与选择阀 16 处在断续进刀位置）→砂轮架液动换向阀 23→油路⑭→砂轮架液压缸 19 左腔。回油路：由此砂轮架液压缸 19 右腔→油路⑮→砂轮架液动换向阀 23→砂轮架先导阀 27 的油路⓪→互通阀 18→油箱。

(2) 进刀停止时油路。油路⑬→砂轮架进刀开停节流与选择阀 16 通油箱。砂轮架手摇机构液压缸在弹簧作用下合上齿轮，同时互通阀 18 在弹簧作用下使液压缸两腔互通，再通过砂轮架进刀开停节流与选择阀 16 接回油，砂轮架就可以手摇移动。在液压系统中，为防止液压缸停止时油液向下流出、空气侵入，造成开车冲击，将液压缸两腔的回油与溢流阀的回油连起来，利用管路的背压保持液压缸内充满油。同时，节流阀置于进口上也可以防止开车冲击。

2. 安装、调试 M7120A 型平面磨床砂轮架进刀液压系统

(1) 能看懂 M7120A 型平面磨床砂轮架进刀液压回路，并能根据表 2-4 正确选择元件。

表 2-4　平面磨床砂轮架进刀液压系统元件表

序号	元件名称	类型	数量
1	液压泵	单向定量齿轮泵	1
2	滤清器	线隙式过滤器	1
3	滤清器	精滤器	1
4	溢流阀	YF 型先导式溢流阀	1
5	先导阀	二位四通拨杆操纵换向阀	1
6	砂轮架进给阀	二位二通液动换向阀	1
7	砂轮架液动换向阀	二位五通液动换向阀	1
8	砂轮架先导阀	二位七通拨杆换向阀	1
9	砂轮架液压缸	双作用单活塞杆液压缸	1
10	磨头手摇机构液压缸	单作用弹簧复位液压缸	1
11	磨头手摇机构	蜗轮蜗杆齿轮齿条机构	1
12	选择阀		1
13	互通阀	二位三通液动换向阀	1
14	油箱	蛇形管水冷闭式油箱	1

(2) 能规范安装元件，各元件在工作台上合理布置。

(3) 用油管正确连接元器件的各油口(后一个回路在前一个回路的基础上增加)：

① 连接砂轮架的横向连续进刀液压回路；

② 连接砂轮架的横向断续进刀回路。

(4)检查各油口连接情况后,调试砂轮架进刀液压回路:
① 将阀 16 打到"连续"位置,砂轮架液压缸横向连续运动;
② 将阀 16 打到"断续"位置,砂轮架液压缸横向断续运动。
(5)填写实训报告(表 2-5)。

表 2-5 分析、安装、调试平面磨床砂轮架进刀运动系统的实训报告

工作项目	平面磨床液压控制	工作任务	分析、安装、调试平面磨床砂轮架进刀运动系统	
班级		姓名		平面磨床砂轮架进刀运动系统原理分析
学号		组别		
同组人员		个人承担任务		
平面磨床砂轮架进刀运动系统的原理图				平面磨床砂轮架进刀运动系统的安装调试过程
				安装调试过程中遇到的问题及解决方法
				对本工作任务的改进与思考
自我评价		同组人评价		教师评价

三、任务评价

任务考核评价表,如表 2-6 所示。

表 2-6 任务考核评价表

任务名称:分析、安装、调试砂轮架进刀运动系统

班级: 姓名: 学号: 指导教师:

评价项目	评价标准	评价依据(信息、佐证)	评价方式			权重	得分小计	总分
			小组评价	学校评价	企业评价			
			0.1	0.9				
职业素质	(1)遵守企业管理规定、劳动纪律 (2)按时完成学习及工作任务 (3)工作积极主动、勤学好问	实习表现				0.2		
专业能力	(1)能分析平面磨床砂轮架进刀运动系统的工作原理 (2)会安装、调试平面磨床砂轮架进刀运动系统 (3)严格遵守安全生产规范	(1)书面作业和实训报告 (2)实训课题完成情况记录				0.7		
创新能力	能够推广、应用国内相关职业的新工艺、新技术、新材料、新设备	"四新"技术的应用情况				0.1		
指导教师综合评价								

指导教师签名: 日期:

2.2.4 知识链接：速度控制回路简介

速度控制回路是调节和变换执行元件运动速度的回路。液压传动系统中的速度控制回路包括调速回路、快速运动回路及速度换接回路。图 2-3 为两种速度控制回路。

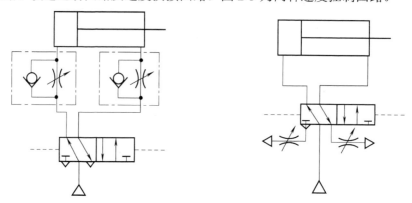

图 2-3 速度控制回路

（一）调速回路

调速回路是用来调节执行元件工作行程速度的回路。改变输入液压执行元件的流量 Q 或改变液压缸的有效面积 A(或液压马达的排量 V)可以达到改变执行元件运动速度的目的。

液压系统的调速方法有以下三种。

(1)节流调速回路：用定量泵供油，由流量控制阀调节流量实现调节速度。

(2)容积调速回路：改变变量泵的流量或改变变量马达的排量以实现调节速度。

(3)容积节流调速回路：采用变量泵和流量控制阀相配合的调速方法，又称为联合调速。

1. 节流调速回路

节流调速回路的工作原理是通过改变回路中流量阀通流截面积来控制流入或流出执行元件的流量，以调节其运动速度。节流调速回路由定量泵、流量阀(节流阀、调速阀等)、溢流阀、执行元件组成。其中流量阀起流量调节作用，溢流阀起调定压力作用。节流调速回路结构简单，成本低，使用维修方便，在机床液压系统中广泛应用。但其能量损失大、效率低、发热大，一般只用于小功率的场合。

按流量阀安放位置的不同可以把节流调速回路分为以下三种。

(1)进油节流调速回路：将流量阀串联在液压泵与液压缸之间。

(2)回油节流调速回路：将流量阀串联在液压缸与油箱之间。

(3)旁路节流调速回路：将流量阀安装在与液压缸并联的支路上。

下面来介绍这三种节流调速回路。

1）进油节流调速回路

如图 2-4 所示，节流阀串联在液压泵和液压缸之间。液压泵输出的油液一部分经节流阀进入液压缸工作腔，推动活塞运动，液压泵多余的油液经溢流阀排回油箱，这是这种调速回路能够正常工作的必要条件。由于溢流阀有溢流，泵出口压力 p_p 就是溢流阀的调整压力并基本保持恒定(定压)。调节节流阀的流通面积，即可调节通过节流阀的流量，从而调节液压缸的运动速度。节流阀串联在液压泵和执行元件之间，节流阀控制进入液压缸的流量，以达到调速的目的。定量泵多余的油液通过溢流阀流回油箱，泵的出口压力 p_P 为溢流阀的调整压力并基本保持恒定。在这种调速回路中，节流阀和溢流阀联合使用才能起调速作用。

2) 回油节流调速回路

如图 2-5 所示，节流阀串联在液压缸与油箱之间，借助于节流阀控制液压缸的排油量 q_2 来实现速度调节。由于进入液压缸的流量 q_1 受到回油路上排流量 q_2 的限制，所以节流阀调节液压缸的排油量 q_2 也就调节了进油量 q_1，定量泵多余的油液仍经溢流阀流回油箱，溢流阀调整压力（p_P）基本稳定。

3) 旁路节流调速回路

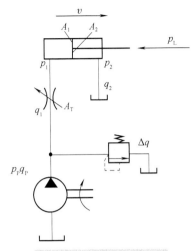

图 2-4 进油节流调速回路

如图 2-6 所示，节流阀装在与液压缸并联的支路上，节流阀调节了液压泵溢流回油箱的流量，从而控制了进入液压缸的流量，调节节流阀的通流面积，即可实现调速，由于溢流已由节流阀承担，所以溢流阀实际上是安全阀，常态时关闭，过载时打开，其调定压力为最大工作压力的 1.1～1.2 倍，液压泵工作过程中的压力完全取决于负载而不恒定，所以这种调速方式又称变压式节流调速。

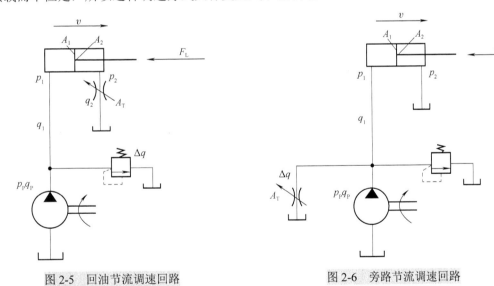

图 2-5 回油节流调速回路　　　　　　　图 2-6 旁路节流调速回路

2. 容积调速回路

节流调速回路的主要缺点是效率低、发热大，故只适用于小功率液压系统，而采用变量泵或变量马达的容积调速回路，因无溢流损失和节流损失，所以效率高、发热少。容积调速回路的应用得到较大的重视。

根据油路的循环方式不同，容积调速回路分为开式回路和闭式回路两种。

开式回路即通过油箱进行油液循环的油路。泵从油箱吸油，执行元件的回油仍返回油箱。开式回路的优点是油液在油箱中便于沉淀杂质、析出气体，并得到良好的冷却。主要缺点是空气易侵入油液，致使运动不平稳，并产生噪声。

闭式油路无油箱，泵吸油口与执行元件回油口直接连接，油液在系统内封闭循环。这样，油气隔绝，结构紧凑，运动平稳，噪声小；缺点是散热条件差。容积调速回路无溢流，这是构成闭式回路的必要条件。为了补偿泄漏以及由于执行元件进回油腔面积不等所引起的流量之差，闭式回路需要设辅助补油泵，与之配套还设一个溢流阀和一个小油箱。

根据液压泵和液压马达(或液压缸)组合方式不同，容积调速回路有三种形式：
(1)变量泵和定量液压马达组成的调速回路；
(2)定量泵和变量液压马达组成的调速回路；
(3)变量泵和变量液压马达组成的调速回路。

1)变量泵和定量液压马达组成的容积调速回路

图 2-7(a)为变量泵和定量液压马达组成的开式容积调速回路，图 2-7(b)为变量泵和定量液压马达组成的闭式容积调速回路。这两种调速回路都是采用改变变量泵的输出流量来调速的。工作时，溢流阀关闭，作安全阀用。在图 2-7(b)的回路中，泵 4 是补油辅助泵。辅助泵供油压力由溢流阀 5 调定。在回路中，泵的输出流量全部进入液压马达。

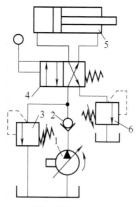
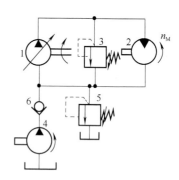

(a)开式容积调速回路
1-变量泵；2-单向阀；3-安全阀；
4-换向阀；5-液压缸；6-背压阀

(b)闭式容积调速回路
1-变量泵；2-液压马达；3-安全阀；
4-辅助泵；5-溢流阀；6-单向阀

图 2-7 变量泵和定量液压马达组成的容积调速回路

2)定量泵和变量液压马达组成的容积调速回路

定量泵和变量液压马达组成的调速回路如图 2-8 所示。定量泵的输出流量不变，调节变量液压马达的排量 V_M，便可改变其转速。图中液压马达的旋转方向是由换向阀 3 来改变的。

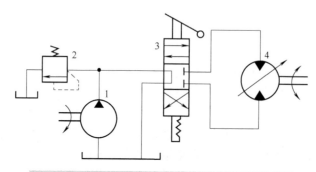

图 2-8 定量泵和变量液压马达组成的容积调速回路

1-定量泵；2-溢流阀；3-换向阀；4-变量液压马达

3) 变量泵和变量液压马达组成的容积调速回路

图 2-9 为变量泵和变量液压马达组成的容积调速回路。变量泵 1 正向和反向供油,马达即正向或反向旋转。单向阀 6 和 7 用于使辅助泵 4 双向补油,单向阀 8 和 9 使安全阀 3 在两个方向都能起过载保护作用。这种调速回路是上述两种调速回路的组合,由于液压泵和液压马达的排量均可改变,所以扩大调速范围,并扩大液压马达转矩和功率输出的选择余地。

3. 容积节流调速回路

容积调速回路虽然具有效率高、发热小的优点,但随着负载增加,容积效率将下降,速度发生变化,尤其低速时稳定性更差,因此有些机床的进给系统,为了减少发热并满足速度稳定性的要求,常采用容积节流调速回路。这种回路的特点是效率高、发热小,速度刚性比容积调速回路好。

容积节流调速回路采用压力补偿泵供油,用调速阀或节流阀调节进入或流出液压缸的流量,以调节液压缸的速度;并使变量泵的供油量始终随流量控制阀调定流量作相应地变化。

容积节流调速回路的特点为只有节流损失,无溢流损失,效率较高,速度稳定性比容积调速回路好。

常用的限压式变量泵与调速阀组成的容积节流调速回路如图 2-10 所示。

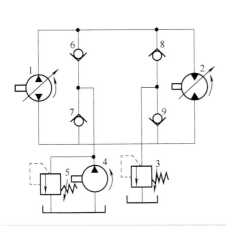

图 2-9 变量泵和变量液压马达组成的容积调速回路

1-双向变量泵;2-双向变量液压马达;3-安全阀;
4-辅助泵;5-溢流阀;6、7、8、9-单向阀

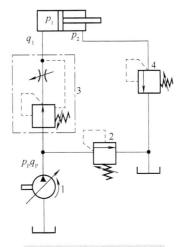

图 2-10 容积节流调速回路

1-变量泵;2-安全阀;3-调速阀;4-背压阀

(二) 快速运动回路

快速运动回路的作用在于使执行元件获得必要的高速,以提高系统的工作效率或充分利用功率。

1. 液压缸差动连接快速运动回路

图 2-11 将液压缸进油腔、回油腔合在一起,活塞将快速向右运动,在差动回路中,阀和管道应按合成流量来选择规格,否则会导致压力损失过大,泵空载时压力过高。

液压缸差动连接快速运动回路的结构简单,应用较多,但液压缸的速度加快有限,有时仍不能满足快速运动的要求,常需要和其他方法联合使用。值得注意的是:在差动回路中,阀和管道规格应按差动时的较大流量选用,否则压力损失过大,严重时使溢流阀在快进时也开启,系统无法正常工作。

2. 双泵供油快速运动回路

在如图 2-12 所示的回路中,高压小流量泵 1 和低压大流量泵 2 组成的双联泵作为动力源。外控顺序阀 3(卸荷阀)和溢流阀 7 分别调定双泵供油和小流量泵 1 单独供油时系统的最高工作压力。当主换向阀 4 在左位或右位工作时,换向阀 6 通电,这时系统压力低于卸荷阀 3 的调定压力,两个泵同时向液压缸供油,油缸快速向左(或向右)运动。当快进完成后,阀 6 断电,缸的回油经过节流阀 5,因流动阻力增大而引起系统压力升高。当卸荷阀的外控油路压力达到或超过卸荷阀的调定压力时,大流量泵 2 通过阀 3 卸荷,单向阀 8 自动关闭,只有小流量泵 1 向系统供油,液压缸慢速运动。卸荷阀的调定压力至少应比溢流阀的调定压力低 10%~20%。

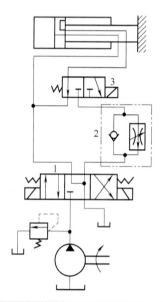 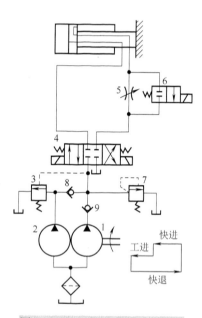

图 2-11 液压缸差动连接快速运动回路
1-三位四通换向阀;2-调速阀;3-二位三通换向阀

图 2-12 双泵供油快速运动回路
1-高压小流量泵;2-低压大流量泵;3-顺序阀;4-主换向阀;5-节流阀;6-二位两通换向阀;7-溢流阀;8、9-单向阀

3. 增速缸的增速回路

如图 2-13 所示,增速缸由活塞缸与柱塞缸复合而成。当换向阀处于左位时,压力油经柱塞孔进入增速缸小腔 1,推动活塞快速向右移动,大腔 2 产生部分真空,所需油液由充液阀 3 从油箱吸取,活塞缸右腔油液经换向阀回油箱。当执行元件接触工件后,工作压力升高,顺序阀 4 开启,高压油关闭充液阀 3,同时进入增速缸的大小腔 2、1,活塞转换成慢速运动,且推力增大。当换向阀处于右位时,压力油进入活塞缸右腔,同时打开充液阀 3,大腔回油排回油箱,活塞快速向左退回。

(三)速度换接回路

速度换接回路的作用是使液压执行元件在一个工作循环中从一种运动速度变换到另一种运动速度。实现这种功能的回路应该具有较高的速度换接平稳性。速度换接回路是使液压执行元件在一个工作循环中由一种速度变换为另一种速度的回路。要求的主要性能是速度变换的平稳性。实现这些功能的回路应该具有较高的速度换接平稳性。

1. 快速与慢速的换接回路

在如图 2-14 所示状态下，液压缸快进，当活塞所连接的挡块压下行程阀 4 时，行程阀关闭，液压缸右腔的油液必须通过节流阀 6 才能流回油箱，活塞运动速度转变为慢速工进；当换向阀左位接入回路时，压力油经单向阀 5 进入液压缸右腔，活塞快速向右返回。

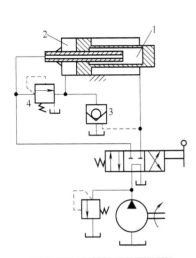

图 2-13　增速缸的增速回路

1-小腔；2-大腔；3-充液阀；4-顺序阀

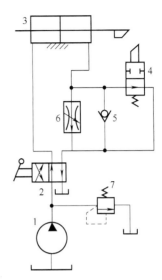

图 2-14　快速与慢速的换接回路

1-定量泵；2-换向阀；3-液压缸；4-行程阀；
5-单向阀；6-节流阀；7-溢流阀

2. 慢速与慢速的换接回路

图 2-15(a) 为两个调速阀并联，由换向阀实现换接。两个调速阀可以独立地调节各自的流量，互不影响；但是一个调速阀工作时，另一个调速阀内无油通过，它的减压阀不起作用而处于最大开口状态，因而速度换接时大量油液通过该处将使机床工作部件产生突然前冲现象。

图 2-15(b) 为两个调速阀串联，当主换向阀 D 左位接入系统时，调速阀 B 被换向阀 C 短接；输入液压缸的流量由调速阀 A 控制。当阀 C 右位接入回路时，由于通过调速阀 B 的流量调得比 A 小，所以输入液压缸的流量由调速阀 B 控制。在这种回路中，调速阀 A

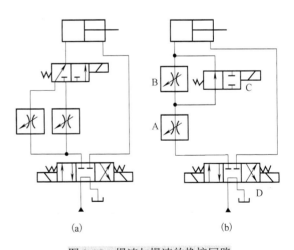

图 2-15　慢速与慢速的换接回路

一直处于工作状态，它在速度换接时限制着进入调速阀 B 的流量，因此它的速度换接平稳性比较好，但由于油液经过两个调速阀，所以能量损失比较大。

任务 2.3　分析、安装、调试润滑系统及平面磨床液压系统维护

2.3.1　任务目标

(1) 能正确分析平面磨床润滑系统的工作原理。
(2) 掌握安装、调试平面磨床润滑系统的方法。
(3) 了解平面磨床液压系统常见故障的检修方法。

2.3.2　任务引入与分析

M7120A 型平面磨床在使用过程中,各运动部件会产生高温、磨损,影响其正常使用,所以对机床导轨、磨头、主轴承、砂轮架导轨要设计专门的润滑系统。对这些部位进行润滑,以减慢导轨的磨损速度,防止轴承高温烧损,延长其使用寿命。根据平面磨床润滑系统的特点,本教学任务分为以下子任务来完成。

(1) 分析 M7120A 型平面磨床润滑系统的工作原理。
(2) 安装、调试 M7120A 型平面磨床润滑系统。
(3) 分析、检修平面磨床液压系统的常见故障。

2.3.3　任务实施与评价

一、任务准备

(1) 设备准备:M7120A 型平面磨床 1 台;液压实验台;各种相关附件。
(2) 材料准备:M7120A 型平面磨床液压控制系统原理图图纸、白纸等。
(3) 工具与场地准备:液压实训室 1 个,工位 20 个,工具(锤子、梅花扳手、呆扳手、活扳手、旋具等各 1 套),计算机多媒体教学设备。

二、任务实施

1. 分析 M7120A 型平面磨床润滑系统的工作原理

M7120A 型平面磨床润滑系统包括床身导轨润滑系统、砂轮架轴承润滑系统、砂轮架导轨润滑系统。下面分析其工作原理。

1) 分析床身导轨润滑系统的工作原理

床身导轨润滑采用润滑油稳定器 5,压力为 0.08~0.15MPa,由调压螺钉调节,流量由带节流槽的螺钉调节。内部阻尼孔起减压作用,压力过高时,油可从单向球阀溢流回油箱。

2) 分析砂轮架轴承润滑系统的工作原理

砂轮架轴承润滑由双联泵完成,带动齿轮泵 2 的电动机的另一端输出轴,经 V 带,拖动双联齿轮泵 32,其中一个泵将油送入轴承内,另一个泵将油抽到水银开关装置的底部,使其浮筒上升,通过杠杆使开关接通,为砂轮架主轴的启动做好准备。若浮筒不能使水银开关接

通,证明轴承无油或润滑油不足,则主轴无法启动;若送入砂轮架轴承润滑系统轴承的油太多,则可由旁路节流阀 31 流回油箱。

3) 分析砂轮架导轨润滑系统的工作原理

采用手柄式操纵阀 29 在开车前手动实现导轨润滑。

2. 安装、调试 M7120A 型平面磨床润滑系统

(1) 能看懂平面磨床润滑系统,并能根据表 2-7 正确选择元件。

表 2-7 平面磨床润滑系统元件表

序号	元件名称	类型	数量
1	液压泵	单向定量齿轮泵(主系统用)	1
2	液压泵	双联齿轮泵(润滑系统用)	1
3	换向阀	二位四通按钮换向阀	1
4	换向阀	二位二通手动换向阀	1
5	节流阀	可调节流阀	2
6	节流阀	不可调节流阀	1
7	溢流阀	YF 型先导式溢流阀	1
8	水银开关装置		1
9	压力表	指针式压力表	1
10	润滑油稳定器		1
11	跳动阻尼阀		1
12	滤清器	精滤器	1
13	滤清器	线隙式粗滤器	1
14	砂轮架		1
15	油箱	蛇形管水冷闭式油箱	1

(2) 能规范安装元件,各元件在工作台上合理布置。

(3) 用油管正确连接元件的各油口(后一个回路在前一个回路的基础上增加):

① 连接床身导轨润滑系统;

② 连接砂轮架轴承润滑系统;

③ 连接砂轮架导轨润滑系统。

(4) 检查各油口连接情况后,调试与维护平面磨床润滑系统。

① 调节润滑油稳定器 5 的调压螺钉,来改变床身导轨润滑系统的出油压力;调节跳动阻尼阀 6 的流量调节螺钉,来改变床身导轨润滑系统的出油量。

② 启动双联齿轮泵,润滑油进入砂轮架轴承腔,水银开关装置的浮筒上升。调节节流阀 31,改变进入轴承腔的油量。

③ 扳动若干下手柄式操纵阀 29,砂轮架导轨即得到润滑。

(5) 填写实训报告(表 2-8)。

表 2-8 分析、安装、调试平面磨床润滑系统的实训报告

工作项目	平面磨床液压控制	工作任务	分析、安装、调试平面磨床润滑系统	平面磨床润滑系统原理分析	
班级		姓名			
学号		组别			
同组人员		个人承担任务			
平面磨床润滑系统原理图				平面磨床润滑系统的安装调试过程	
				安装调试过程中遇到的问题及解决方法	
				对本工作任务的改进与思考	
自我评价		同组人评价		教师评价	

3. 分析、检修平面磨床液压系统的常见故障

1) 液压系统压力提不高或压力突然升高

原因分析：

(1) 溢流阀的主阀芯卡死在开口或关闭位置，导致压力无法建立，或压力突然升高且降不下来，这种情况一般是溢流阀进入污物或阀内零件毛刺脱落挤到主阀芯与阀孔间隙造成的；

(2) 弹簧无弹性，扭曲或断裂，失去对主阀芯和锥阀的控制作用；

(3) 溢流阀进出油口接反，使溢流阀无法正常工作。

排除方法：

(1) 拆开溢流阀，进行清洗，检查主阀芯和阀孔处有无飞边、毛刺，在清除零件飞边、毛刺及其他污物时，切勿损伤零件；

(2) 更换新件；

(3) 重新连接溢流阀进出油口，使溢流阀正常工作。

2) 磨头进给不稳定甚至不进给

原因分析：

(1) 安装在辅助油路中的线隙式过滤器堵塞，或砂轮架导轨润滑不良；

(2) 砂轮架互通阀失灵；

(3) 砂轮架操纵箱两端盖板中的阻尼小孔堵塞；

(4) 砂轮架进给调节螺栓未调整好，或锁紧螺母松动，造成调节螺栓未在原来位置；

(5) 砂轮架燕尾导轨楔铁未配刮好，致使进给量变化；

(6) 进给分配阀两端的单向阀封油不严。

排除方法：
(1)清洗过滤器，定期扳动砂轮架导轨润滑用的二位二通阀，使之润滑良好；
(2)拆检、清洗并修复互通阀；
(3)拆卸操纵箱两端盖板并清洗，再用洁净的压缩空气吹阻尼孔，使之畅通；
(4)仔细调整进给螺栓，使之移动灵活，且速度一致，调好后拧紧锁紧螺母；
(5)重新配刮楔铁，使导轨移动灵活；
(6)更换钢球，修研阀座。

3)磨头漏油

原因分析：
(1)进油量太多；
(2)空气混入砂轮架润滑供油系统；
(3)砂轮架前后盖内孔与主轴间隙过大。

排除方法：
(1)适当调整进油管道上的节流阀，使进油量减小，进油量不能调节过小，否则砂轮架主轴润滑不良，容易产生发热及抱轴；
(2)检查并拧紧各连接处；
(3)按主轴实际尺寸配前后盖，使间隙控制在 0.08~0.12mm。

4)工作台换向时冲击

原因分析：
(1)控制换向阀的节流阀未调整好；
(2)换向阀两端单向换封油不良；
(3)工作台液压缸活塞杆两端拼紧螺栓松动；
(4)系统内存在大量空气；
(5)换向阀阀芯与阀体孔配合间隙太大。

排除方法：
(1)仔细调整操纵箱换向阀两端的节流阀；
(2)更换钢球，修研阀座；
(3)适当拧紧活塞杆两端的螺栓；
(4)排除系统中的空气；
(5)研磨阀体孔，重配阀芯。

三、任务评价

任务考核评价表，如表 2-9 所示。

表 2-9 任务考核评价表

任务名称：分析、安装、调试润滑系统及平面磨床液压系统维护							
班级：	姓名：		学号：		指导教师：		
评价项目	评价标准	评价依据（信息、佐证）	评价方式			权重	得分小计	总分
^	^	^	小组评价	学校评价	企业评价	^	^	^
^	^	^	0.1	0.9		^	^	^
职业素质	(1)遵守企业管理规定、劳动纪律 (2)按时完成学习及工作任务 (3)工作积极主动、勤学好问	实习表现			0.2		
专业能力	(1)能分析平面磨床润滑系统的工作原理 (2)会安装、调试平面磨床润滑系统 (3)严格遵守安全生产规范	(1)书面作业和实训报告 (2)实训课题完成情况记录			0.7		
创新能力	能够推广、应用国内相关职业的新工艺、新技术、新材料、新设备	"四新"技术的应用情况			0.1		
指导教师综合评价			指导教师签名：		日期：		

2.2.4 知识链接：多缸动作回路简介

在液压系统中，由一个油源向多个液压缸供油时，可节省液压元件和电机，合理利用功率。但各执行元件间会因回路中的压力、流量的相互影响在动作上受到牵制。此时，可通过压力、流量和行程控制来实现多个执行元件预定动作的要求。

（一）顺序动作回路

顺序动作回路的作用在于使多个执行元件严格按照预定顺序依次动作。按控制方式的不同，分为行程控制和压力控制两种。

1. 行程控制的顺序动作回路

行程控制利用执行元件到达一定位置时发出控制信号，控制执行元件的先后动作顺序。

1）用行程开关控制的顺序动作回路

图 2-16 是采用行程开关控制电磁换向阀的顺序回路。按启动按钮，电磁铁 1YA 得电，缸 1 活塞先向右运动，当挡块压下行程开关 2S 后，使电磁铁 2YA 得电，缸 2 活塞油运动，直到压下 3S，使 1YA 失电，缸 1 活塞向左退回，而后压下行程开关，使 2YA 失电，缸 2 活塞再退回。在这种回路中，调整挡块位置可调整液压缸的行程，通过电气系统可任意地改变动作顺序，方便灵活，应用广泛。

2）采用行程阀控制的顺序动作回路

图 2-17 是采用行程阀控制的顺序回路。如图 2-17 所示位置的两液压缸活塞均退至左端点。电磁阀 3 作为接入回路后，液压缸 1 活塞先向右运动，当挡块压下行程阀 4 后，液压缸 2 活塞才向右运动；电磁阀 3 接入回路，液压缸 1 活塞先退回，其挡块离开行程阀 4 后，液压缸 2 活塞才退回。这种回路动作可靠，但要改变动作顺序较困难。

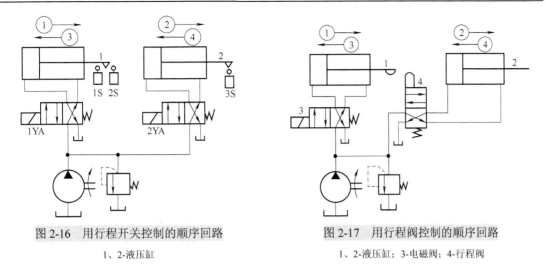

图 2-16 用行程开关控制的顺序回路

1、2-液压缸

图 2-17 用行程阀控制的顺序回路

1、2-液压缸；3-电磁阀；4-行程阀

2. 压力控制的顺序动作回路

压力控制是利用液压系统工作过程中的压力变化使执行机构按顺序先后动作。

1) 用顺序阀控制的顺序动作回路

图 2-18 是一定位夹紧回路，其工作过程为：液压油经减压阀、单向阀和二位四通换向阀的交叉回路后，油路分为两支。因为将顺序阀的压力调到比液压缸 A 定位所需的压力高，所以液压油首先进入液压缸的上腔，向下推动活塞完成定位动作。定位动作完成以后，油的压力升高，顺序阀打开，压力油进入液压缸 B（夹紧缸）的上腔，推动其活塞下行，完成其夹紧动作。加工完毕后，电磁换向阀换向，两个液压缸同时返回。该回路的优点是结构简单，动作可靠，便于调整。

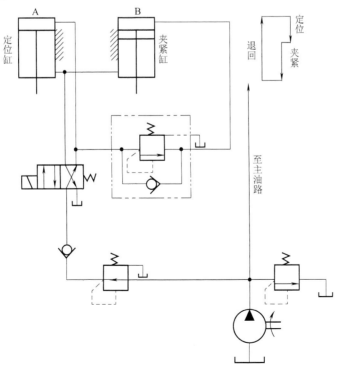

图 2-18 用顺序阀控制的顺序回路

2）用压力继电器控制的顺序动作回路

图 2-19 是利用压力继电器实现顺序动作的顺序回路。按启动按钮，使电磁铁 1YA 得电，换向阀 1 左位工作，液压缸 7 的活塞向右移动，实现动作顺序①；到右端后，液压缸 7 的左腔压力上升，达到压力继电器 3 的调定压力时发信号，使电磁铁 1YA 断电，电磁铁 3YA 得电，换向阀 2 左位工作，压力油进入液压缸 8 的左腔，其活塞右移，实现动作顺序②；到行程端点后，液压缸 8 左腔压力上升，达到压力继电器 5 的调定压力时发信号，使电磁铁 3YA 断电，电磁铁 4YA 得电，换向阀 2 右位工作，压力油进入液压缸 8 的右腔，其活塞左移，实现动作顺序③；到行程端点后，液压缸 8 的右腔压力上升，达到压力继电器 6 的调定压力时发信号，使电磁铁 4YA 断电，电磁铁 2YA 得电，换向阀 1 右位工作，液压缸 7 的活塞向左退回，实现动作顺序④。到左端后，液压缸 7 的右端压力上升，达到压力继电器 4 的调定压力时发信号，使电磁铁 2YA 断电，电磁铁 1YA 得电，换向阀 1 左位工作，压力油进入液压缸 7 的左腔，自动重复上述动作循环，直到按下停止按钮。

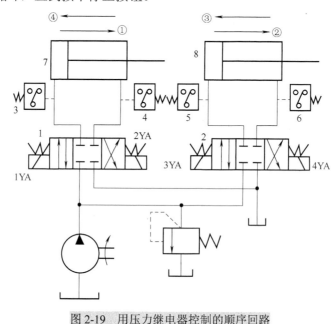

图 2-19 用压力继电器控制的顺序回路

1、2-换向阀；3、4、5、6-压力继电器；7、8-液压缸

（二）同步回路

在多缸工作的液压系统中，常会遇到要求两个或两个以上的执行元件同时动作的情况，并要求它们在运动过程中克服负载、摩擦阻力、泄漏、制造精度和结构变形上的差异，维持相同的速度或相同的位移，即做同步运动。使两个或两个以上液压缸在运动中保持相同位移或相同速度的回路，称为同步回路。

1. 串联液压缸的同步回路

图 2-20 为带有补偿装置的两个液压缸串联的同步回路。当两缸同时下行时，若液压缸 5 的活塞先到达行程端点，则挡块压下行程开关 1S，电磁铁 3YA 得电，换向阀 3 左位投入工作，压力油经换向阀 3 和液控单向阀 4 进入液压缸 6 的上腔，进行补油，使其活塞继续下行到达行程端点。如果液压缸 6 的活塞先到达端点，行程开关 2S 使电磁铁 4YA 得电，换向阀 3 右

位投入工作，压力油进入液控单向阀控制腔，打开阀 4，液压缸 5 的下腔与油箱接通，使其活塞继续下行到达行程端点，从而消除累积误差。这种回路允许较大偏载，偏载所造成的压差不影响流量的改变，只会导致微小的压缩和泄漏，因此同步精度较高，回路效率也较高。应注意的是，这种回路中泵的供油压力至少是两个液压缸工作压力之和。

2. 采用调速阀的同步回路

图 2-21 是两个并联的液压缸，两个调速阀 2 和 4 分别调节两液压缸 5 和 6 活塞的运动速度。由于调速阀具有当外负载变化时仍然能够保持流量稳定这一特点，所以只要仔细调整两个调速阀开口度，就能使两个液压缸保持同步。这种回路结构简单，但调整比较麻烦，同步精度不高，不宜用于偏载或负载变化比较频繁的场合。采用分流集流阀（同步阀）代替调速阀来控制两液压缸的进入或流出的流量，可使两液压缸在承受不同负载时仍能实现速度同步。由于同步作用靠分流阀自动调整，使用较为方便，但效率低，压力损失大。

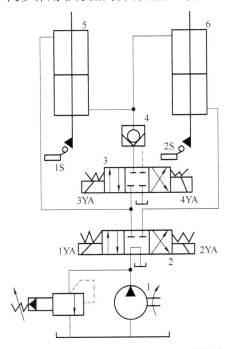

图 2-20　带补偿装置的串联缸的同步回路

1-液压泵；2、3-换向阀；4-液控单向阀；5、6-液压缸

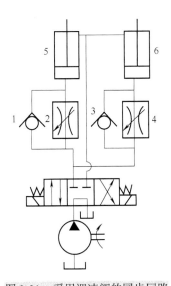

图 2-21　采用调速阀的同步回路

1、3-单向阀；2、4-调速阀；5、6-液压缸

3. 采用电液比例调速阀控制的调速回路

图 2-22 是用电液比例调速阀实现同步的回路。回路中使用了一个普通调速阀 1 和一个电液比例调速阀 2，它们分别装在由 4 个单向阀组成的桥式回路中。调速阀 1 控制液压缸 3 运动，电液比例调速阀 2 控制液压缸 4 的运动。如图 2-22 所示接法可以使调速阀和电液比例调速阀在两个方向上使两液压缸保持同步。当两活塞出现位置误差时，检测装置就会发出电信号，调节比例调速阀的开度，使两缸继续保持同步。

（三）互不干扰回路

这种回路的作用是使系统中若干个执行元件在完成各自工作循环时彼此互不影响。图 2-23 是通过双泵供油系统供油来实现多缸快慢速互不干扰回路。液压缸 1 和 2 各自要完成"快进

—慢进—快退"的自动工作循环。当电磁铁 1YA、2YA 得电时,两缸均由大流量泵 10 供油,并做差动连接实现快进。如果缸 1 先完成快进,则挡块和行程开关使电磁铁 3YA 得电,电磁铁 1YA 失电,大泵进入缸 1 的油路被切断,而改为小流量泵 9 供油,由调速阀 7 获得慢速工进,不受缸 2 快进的影响。当两缸均转为工进,都由小泵 9 供油后,若缸 1 先完成了工进,电磁铁 1YA、3YA 都得电,缸 1 改由大泵 10 供油,使活塞快速返回,这时缸 2 仍由泵 9 供油继续完成工进,不受缸 1 的影响。当所有电磁铁都失电时,两缸都停止运动。此回路采用快慢速运动各由一个泵供油的方式。

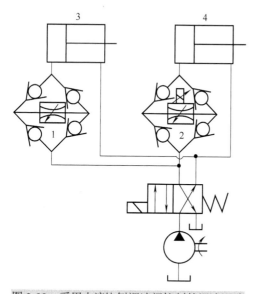

图 2-22 采用电液比例调速阀控制的调速回路

1-普通调速阀;2-电液比例调速阀;3、4-液压缸

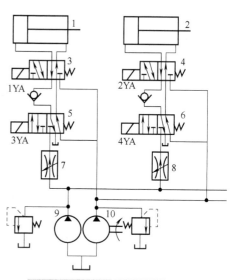

图 2-23 多缸快慢速互不干扰回路

1、2-液压缸;3、4、5、6-换向阀;7、8-调速阀;
9-小流量泵;10-大流量泵

 项目总结

1. 理整项目工作资料

整理项目工作中的工艺文件是否齐全,装订成册后是否有遗漏,液控系统原理图和安装与调试报告是否正确。

2. 撰写项目工作报告

(1) 项目名称。

(2) 项目概况,包括项目任务、项目用途及使用范围。

(3) 项目实施情况,包括准备情况、项目实施。其中,项目实施如下:

① 方案;

② 技术;

③ 安装、运行与调试等视具体情况而定;

④ 关键问题(技术)的解决办法。

(4) 小结。

(5) 参考文献。

3. 项目考核

学习情境 2 过程考核评价表如表 2-10 所示。

表 2-10　学习情境 2 过程考核评价表

项目名称：平面磨床液压系统的安装与调试

班级：		姓名：		学号：			指导教师：		
评价项目	评价标准	评价依据（信息、佐证）	评价方式			权重	得分小计	总分
			小组评价	学校评价	企业评价			
			0.1	0.3	0.6			
职业素质	(1)遵守企业管理规定、劳动纪律 (2)按时完成学习及工作任务 (3)工作积极主动、勤学好问	实习表现				0.2		
专业能力	(1)会分析平面磨床液压系统的组成和工作原理 (2)会安装、调试平面磨床液压系统 (3)严格遵守安全生产规范	(1)书面作业和实训报告 (2)实训课题完成情况记录				0.7		
创新能力	能够推广、应用国内相关职业的新工艺、新技术、新材料、新设备	"四新"技术的应用情况				0.1		
指导教师综合评价			指导教师签名：				日期：	

注：(1)此表一式两份，一份由院校存档，另一份入预备技师学籍档案；
　　(2)考核成绩均为百分制。

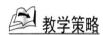
教学策略

本学习情境按照行动导向教学法的教学理念实施教学过程，包括咨询、计划、决策、执行、检查、评估六个步骤，同时贯彻手把手、放开手、育巧手，手脑并用；学中做、做中学、学会做，做学结合的职教理念。

1. 咨询

(1)教师首先播放一段有关平面磨床在生产中应用的视频，使学生对平面磨床有一个感性的认识，以提高学生的学习兴趣。

(2)教师布置任务。

① 采用板书或电子课件展示任务 2.1 的任务内容和具体要求。

② 通过引导文问题让学生在规定时间内查阅资料，包括工具书、计算机或手机网络、电话咨询或学生讨论等多种方式，以获得问题的答案，目的是培养学生检索资料的能力。

③ 教师认真评阅学生的答案，重点和难点问题，教师要加以解释。

对于任务 2.1，教师可播放与任务 2.1 有关的视频，包含任务 2.1 的整个执行过程；或教师进行示范操作，以达到手把手、学中做，教会学生实际操作的目的。

对于任务 2.2，由于学生有了任务 2.1 的操作经验，教师可只播放与任务 2.2 有关的视频，不再进行示范操作，以达到放开手、做中学的教学目的。

对于任务 2.3，由于学生有了任务 2.1 和任务 2.2 的操作经验，教师既不播放视频，又不再进行示范操作，让学生独立思考，完成任务，以达到育巧手、学会做的教学目的。

2. 计划

1) 学生分组

根据班级人数和设备的台套数，由班长或学习委员进行分组。分组可采取多种形式，如随机分组、搭配分组、团队分组等，小组一般以 4～6 人为宜，目的是培养学生的社会能力，与各类人员的交往能力，同时每个小组指定一个小组的负责人。

2) 拟定方案

学生可以通过头脑风暴或集体讨论的方式拟定任务的实施计划，包括材料、工具的准备，具体的操作步骤等。

3. 决策

由学生和教师一起研讨，决定任务的实施方案，包括详细的过程实施步骤和检查方法。

4. 执行

学生根据实施方案按部就班地进行任务的实施。

5. 检查

学生在实施任务的过程中要不断检查操作过程和结果，以最终达到满意的操作效果。

6. 评估

学生在完成任务后，要写出整个学习过程的总结，并做电子课件汇报。教师要制定各种评价表格，如专业能力评价表格、方法能力评价表格和社会能力评价表格，如表 2-10 所示，根据评价结果对学生进行点评，同时布置课下作业，作业一般选取同类知识迁移的类型。

学习情境 3 注塑机液压系统的安装与调试

学习目标

1. 项目引入

塑料注射成形机简称注塑机。它将颗粒状的塑料加热熔化到流动状态，用注射装置快速高压注入模腔，保压一定时间，冷却后成形为塑料制品。注塑机能一次成形外形复杂、尺寸精确或带有金属嵌件的质地密致的塑料制品，广泛应用于交通运输、建材、包装、农业、文教卫生及人们日常生活的各个领域。注塑机在数量上和品种上都占有重要地位，其生产总数占整个塑料成形设备的 20%～30%，从而成为目前塑料机械中增长最快、生产数量最多的机种之一。

2. 项目要求

(1) 理解注塑机液压系统的组成和工作原理。
(2) 会安装、调试和维护注塑机液压系统。

3. 项目内容

(1) 注塑机液压系统的组成和工作原理。
(2) 安装、调试和维护注塑机液压系统。

4. 项目实施

本项目要完成注塑机液压系统的安装、调试和维护，主要通过以下 5 个教学任务来组织实施。

任务 3.1：分析、安装、调试合模、开模控制回路。
任务 3.2：分析、安装、调试注射座移动控制回路。
任务 3.3：分析、安装、调试注射控制回路。
任务 3.4：分析、安装、调试预塑控制回路。
任务 3.5：分析、安装、调试顶出控制回路及注塑机液压系统维护。

学习任务

任务 3.1 分析、安装、调试合模、开模控制回路

3.1.1 任务目标

(1) 能正确分析 SZ-250A 型注塑机合模、开模液压控制回路的工作原理。
(2) 掌握安装、调试 SZ-250A 型注塑机合模、开模液压控制回路的方法。

3.1.2 任务引入与分析

SZ-250A 型注塑机(图 3-1)液压系统要求有足够的合模力,以消除高压注射时模具离缝、塑料制品产生溢边的现象。为了既提高工作效率,又防止因速度太快而损坏模具和制品,致使机器产生振动和撞击,其合模、开模过程需要有多种速度。根据注塑机合模、开模液压回路的特点,本教学任务分成以下两个子任务来完成。

(1)分析注塑机合模、开模液压控制回路的工作原理。

(2)安装、调试注塑机合模、开模液压控制回路。

图 3-1 注塑机实物图

3.1.3 任务实施与评价

一、任务准备

1. 知识与技能准备

SZ-250A 型注塑机属于中小型注塑机,每次最大注射容量为 $250cm^3$,图 3-2 为其液压系统图。注塑机的工作循环示意图如图 3-3 所示。

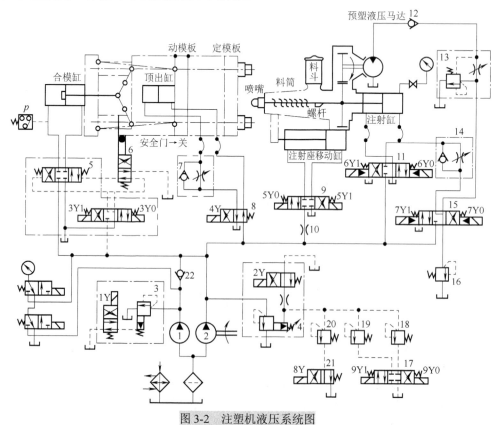

图 3-2 注塑机液压系统图

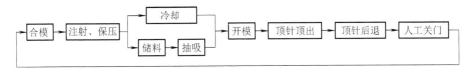

图 3-3 注塑机的工作循环示意图

SZ-250A 型注塑机液压系统具有以下特点。

(1) 因注射缸液压力直接作用在螺杆上,所以注射压力 p_z 与注射缸的油压 p 的比值为 D^2/d^2(D 为注射缸活塞直径,d 为螺杆直径)。为满足加工不同塑料对注射压力的要求,一般注塑机都配备 3 种不同直径的螺杆,在系统压力为 14MPa 时,获得的注射压力为 40~150MPa。

(2) 为保证足够的合模力,防止高压注射时模具开缝产生塑料溢边,该注塑机采用了液压-机械五连杆增力合模机构。

(3) 根据塑料注射成形工艺,模具的启闭过程与塑料注射的各阶段的速度不一样,而且快慢速之比可达 50~100。为此,该注塑机采用了双泵供油系统,快速时双泵合流,慢速时泵 2(流量为 48L/min)供油,泵 1(流量为 194L/min)卸载,系统功率利用比较合理。

(4) 系统所需多级压力由多个并联的远程调压阀控制。采用电液比例压力阀来实现多级压力调节,再加上电液比例流量阀调速,不仅减少了元件,降低了压力及速度变换过程中的冲击和噪声,而且为实现计算机控制创造了条件。

(5) 注塑机的多执行元件的循环动作主要依靠行程开关按事先编程确定的顺序完成。这种方式灵活、方便。

2. 设备与材料准备

(1) 设备准备:SZ-250A 型注塑机 1 台;液压实验台;各种相关附件。

(2) 材料准备:SZ-250A 型注塑机液压控制系统原理图图纸、白纸等。

3. 工具与场地准备

液压实训室 1 个,工位 20 个,工具(锤子、梅花扳手、呆扳手、活扳手、旋具等各 1 套),计算机多媒体教学设备。

二、任务实施

(一) 分析注塑机合模、开模液压控制回路的工作原理

SZ-250A 型注塑机的合模、开模动作分别由合模液压回路和开模液压回路完成。下面分析其工作原理。

1. 分析合模回路的工作原理

(1) 关安全门:为保证操作安全,注塑机都装有安全门。关安全门,行程阀 6 恢复常位,合模缸才能动作,开始整个动作循环。

(2) 合模:动模板慢速启动、快速前移,接近定模板时,液压系统转为低压、慢速控制。在确认模具内没有异物存在时,系统转为高压使模具闭合。这里采用了液压-机械式合模机构,合模缸通过对称五连杆机构推动模板进行开模和合模,连杆机构具有增力和自锁作用。

① 慢速合模($2Y^+$、$3Y^+$):大流量泵 1 通过电磁溢流阀 3 卸载,小流量泵 2 的压力由溢流阀 4 调定,泵 2 压力油经电液换向阀 5 右位进入合模缸左腔,推动活塞带动连杆慢速合模,合模缸右腔油液经阀 5 和冷却器回油箱。

② 快速合模(1Y⁺、2Y⁺、3Y⁺)：慢速合模转快速合模时，由行程开关发令使 1Y 得电，泵 1 不再卸载，其压力油经单向阀 22 与泵 2 的供油汇合，同时向合模缸供油，实现快速合模，最高压力由阀 4 限定。

③ 低压合模(2Y⁺、3Y⁺、13Y⁺)：泵 1 卸载，泵 2 的压力由远程调压阀 18 控制。因阀 18 所调压力较低，合模缸推力较小，即使两个模板间有硬质异物，也不至于损坏模具表面。

④ 高压合模(2Y⁺、3Y⁺)：泵 1 卸载，泵 2 供油，系统压力由高压溢流阀 4 控制，高压合模，并使连杆产生弹性变形，牢固地锁紧模具。

(3) 各执行元件的动作循环主要靠行程开关切换电磁换向阀来实现，电磁铁动作顺序见表 3-1。

表 3-1　SZ-250A 型注塑机合模液压控制系统电磁铁动作顺序

动作元件		1Y	2Y	3Y	4Y	5Y	6Y	7Y	8Y	9Y	10Y	11Y	12Y	13Y	14Y
合模	慢速			+	+										
	快速	+		+	+										
	低压慢速			+	+									+	
	高压慢速			+	+										

2. 分析开模回路的工作原理

开模回路如图 3-2 所示，开模速度一般为"慢—快—慢"。

(1) 慢速开模(2Y⁺或1Y⁺、4Y⁺)：泵 1(或泵 2)卸载，泵 2(或泵 1)压力油经电液换向阀 5 左位进入合模缸右腔，左腔油液经阀 5 回油箱。

(2) 快速开模(1Y⁺、2Y⁺、4Y⁺)：泵 1 和泵 2 流向合模缸右腔供油，开模速度加快。

(3) 注塑机开模电磁铁动作顺序表见表 3-2。

表 3-2　SZ-250A 型注塑机开模液压控制系统电磁铁动作顺序表

动作元件		1Y	2Y	3Y	4Y	5Y	6Y	7Y	8Y	9Y	10Y	11Y	12Y	13Y	14Y
开模	慢速 1		+		+										
	快速	+	+		+										
	慢速 2	+			+										

(二) 安装、调试注塑机合模、开模液压控制回路

(1) 能看懂注塑机合模液压控制回路，并能根据表 3-3 正确选择元件。

表 3-3　注塑机合模液压控制回路元件表

序号	元件名称	类型	数量
1	合模缸	单作用单活塞杆液压缸	1
2	液压泵	大流量单向定量泵	1
3	液压泵	小流量单向定量泵	1
4	换向阀	二位四通滚轮式机械换向阀	1
5	换向阀	三位四通电液先导控制换向阀	1

续表

序号	元件名称	类型	数量
6	换向阀	三位四通电磁控制换向阀	1
7	换向阀	二位四通电磁控制换向阀	1
8	叠加阀	先导式溢流阀与二位四通电磁换向阀组合	2
9	调压阀	直动式溢流阀	2
10	冷却器	蛇形管式冷却器	1
11	过滤器	线隙式过滤器	1
12	油箱	蛇形管水冷闭式油箱	1

(2)能规范安装元件，各元件在工作台上合理布置。

(3)用油管正确连接元器件的各油口(后一个路口在前一个路口的基础上增加)：

① 连接合模回路；

② 连接开模回路。

(4)检查各油口连接情况后，调试与维修合模液压控制回路：

① 让电磁铁2Y、3Y通电，合模缸慢速向右移动，再让电磁铁1Y通电，合模缸快速前进；

② 让电磁铁2Y、3Y、13Y通电，合模缸低压慢速向右移动，让13Y失电，合模缸高压慢速向右移动；

③ 让电磁铁2Y、4Y通电，合模缸慢速退回(让电磁铁1Y、4Y通电，合模缸也慢速退回)；

④ 让电磁铁1Y、2Y和4Y通电，合模缸快速退回。

(5)填写实训报告(表3-4)。

表3-4 分析、安装、调试注塑机合模、开模控制回路的实训报告

工作项目	注塑机液压控制	工作任务	分析、安装、调试注塑机合模、开模控制回路	注塑机合模、开模控制回路分析	
班级		姓名			
学号		组别			
同组人员		个人承担任务			
注塑机合模、开模控制回路的原理图				注塑机合模、开模控制回路的调试过程	
				安装调试过程中遇到的问题及解决方法	
				对本工作任务的改进与思考	
自我评价		同组人评价		教师评价	

三、任务评价

任务考核评价表如表3-5所示。

表 3-5　任务考核评价表

任务名称：分析、安装、调试合模、开模控制回路

班级：　　　　　姓名：　　　　　学号：　　　　　指导教师：

评价项目	评价标准	评价依据（信息、佐证）	评价方式			权重	得分小计	总分
			小组评价	学校评价	企业评价			
			0.1	0.9				
职业素质	(1)遵守企业管理规定、劳动纪律 (2)按时完成学习及工作任务 (3)工作积极主动、勤学好问	实习表现				0.2		
专业能力	(1)能分析注塑机合模、开模控制回路的工作原理 (2)会安装、调试注塑机合模、开模控制回路 (3)严格遵守安全生产规范	(1)书面作业和实训报告 (2)实训课题完成情况记录				0.7		
创新能力	能够推广、应用国内相关职业的新工艺、新技术、新材料、新设备	"四新"技术的应用情况				0.1		
指导教师综合评价			指导教师签名：　　　　　　　　　　日期：					

3.1.4　知识链接：液压辅助元件简介

液压系统的辅助元件包括蓄能器、过滤器、油箱、热交换器、密封装置、管件与管接头、压力计等。这些元件从液压传动的工作原理来看起辅助作用，但可以保证液压系统有效地传递力和运动，提高液压系统的工作性能。

(一) 蓄能器

1. 蓄能器的作用

蓄能器的作用是将液压系统中的能量储存起来，在需要时重新释放出来。
(1) 作辅助动力源；
(2) 补充泄漏和保持恒压；
(3) 吸收液压冲击；
(4) 作为紧急动力源；
(5) 消除脉动、降低噪声；
(6) 作液体补充装置用。

2. 蓄能器的分类

(1) 活塞式蓄能器。如图 3-4 所示，气体和油液由活塞 1 隔开，活塞的上部为压缩空气，气体由充气阀 3 充入，其下部经油口 4 通向液压系统，活塞随下部压力油的储存和释放而在壳体 2 内来回滑动。为防止活塞上、下两腔相通而使气液混合，在活塞上装有 O 形密封圈。这种蓄能器结构简单、寿命长，它主要用于大体积和大流量。但因活塞有一定的惯性和 O 形密封圈存在较大的摩擦力，所以反应不够灵敏，适用于储存能量，或在中高压系统中吸收压力脉动；另外，密封件磨损后，会使气液混合，影响系统的稳定性。

(2) 皮囊式蓄能器。皮囊式蓄能器气体和油液由皮囊 2 隔开，其结构如图 3-5 所示。皮囊

由耐油橡胶制成,固定在耐高压的壳体的上部,皮囊内充入惰性气体,壳体 3 下端的提升阀 4 是一个用弹簧复位的菌形阀,压力油由此通入,并能在油液全部排出时,防止皮囊膨胀挤出油口。这种结构使气液密封更可靠,并且因皮囊惯性小而克服了活塞式蓄能器响应慢的弱点。因此,它的应用范围非常广泛,其缺点是工艺性差。

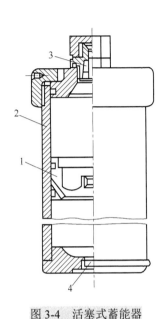 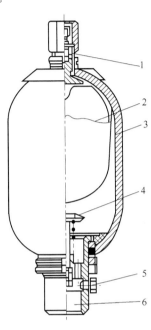

图 3-4 活塞式蓄能器　　　　　　　　　　图 3-5 皮囊式蓄能器

1-活塞;2-壳体;3-充气阀;4-油口　　　　1-充气阀;2-皮囊;3-壳体;4-提升阀;5-放气螺塞;6-油口

(3)重力式蓄能器。重力式蓄能器主要用于冶金等大型液压系统的恒压供油,其缺点是反应慢,结构庞大,现在已很少使用。

(4)弹簧式蓄能器。弹簧式蓄能器利用弹簧的弹性来储存、释放压力能,它的结构简单,反应灵敏,但容量小,可用于小容量、低压回路起缓冲作用,不适用于高压或高频的工作场合。

(二)过滤器

液体介质在液压系统中除传递动力外,还对液压元件中的运动件起润滑作用。此外,为了保证元件的密封性能,组成工作腔的运动件之间的配合间隙很小,而液压件内部的控制又常常通过阻尼小孔来实现。因此,液压介质的清洁度对液压元件和系统的工作可靠性与使用寿命有着很大的影响。统计资料表明:液压系统的故障 75%以上是对液压介质的污染造成的,液压介质中的杂质会使液压元件运动副的结合面磨损、阀口堵塞、阀芯卡死,使系统工作可靠性大为降低。因此,在系统中安装过滤器,是保证液压系统正常工作必要手段。

按滤芯的结构分类,过滤器可分为网式过滤器、线隙式过滤器、纸质过滤器和烧结式过滤器四种。

(1)网式过滤器。如图 3-6 所示,网式滤芯是在周围开有很多孔的金属骨架 1 上,包着一层或两层铜丝网 2,过滤精度由网孔大小和层数决定。网式滤芯结构简单,清洗方便,通油能力大,过滤精度低,常作为吸滤器。

(2)线隙式过滤器。如图3-7所示,由铜线或铝线密绕在筒形骨架的外部来组成滤芯,油液经线间间隙和筒形骨架槽孔汇入滤芯内,再从上部孔道流出。这种过滤器结构简单,通油能力大,过滤效果好,多作为回油过滤器。

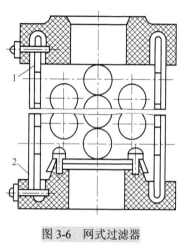

图3-6 网式过滤器

1-金属骨架;2-铜丝网

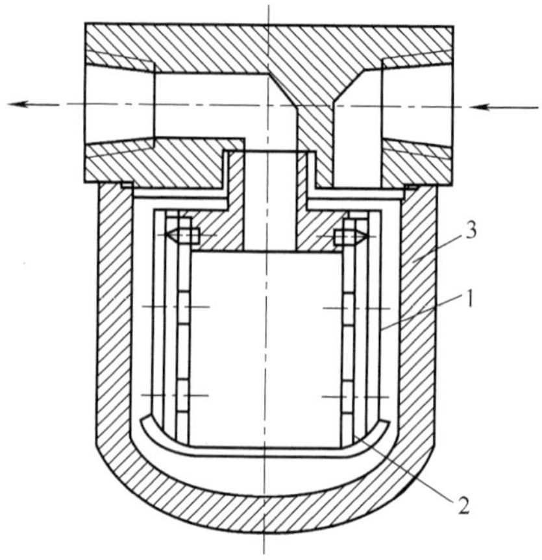

图3-7 线隙式过滤器

1-滤网;2-骨架;3-外壳

(3)纸质过滤器。纸质滤芯,结构同于线隙式。它结构紧凑,通油能力大,在配备壳体后用作压力油的过滤;其缺点是无法清洗,需经常更换滤芯。图3-8为纸质过滤器的结构,滤芯由三层组成,外层为粗眼钢板网2,中层为折叠成星状的滤纸3,里层由金属丝网4与滤纸折叠而成。为了保证过滤器能正常工作,不致因杂质逐渐聚集在滤芯上引起压差增大而损坏滤芯,过滤器顶部装有阻塞状态发信装置1,当滤芯逐渐阻塞时,压差增大,感应活塞推动电气开关并接通电路,发出阻塞报警信号,提醒操作人更换滤芯。

(4)烧结式过滤器。图3-9为烧结式过滤器,滤芯可按需要制成不同的形状,选择不同粒度的粉末烧结成不同厚度的滤芯,可以获得不同的过滤精度。烧结式过滤器的过滤精度较高,滤芯的强度高,抗冲击性能好,能在较高温度下工作,有良好的抗腐蚀性,且制造简单,可以安装在不同的位置。

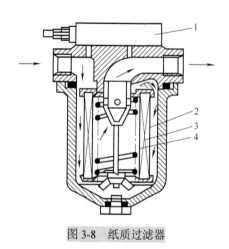

图3-8 纸质过滤器

1-阻塞状态发信装置;2-粗眼钢板网;3-滤纸;4-金属丝网

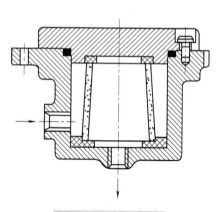

图3-9 烧结式过滤器

根据液压系统对过滤器的基本要求，选择过滤器时应考虑以下性能。

(1) 要有足够的过滤精度。过滤精度是指油液通过过滤器时滤芯能够滤除的杂质的最小颗粒的公称尺寸。这里需要补充的是，此最小颗粒的过滤效率应大于 95%。不同结构形式的过滤器的过滤精度不同，选择过滤器时应根据液压系统的实际需要进行。

(2) 有足够的通油能力。通油能力是指在一定压降和过滤精度下允许通过过滤器的最大流量。不同类型的过滤器可通过的流量有一定的限制，需要时可查阅相关样本和手册。

(3) 工作压力和允许压力降。不同结构形式的过滤器允许的工作压力不同，因此选择过滤器时应考虑它的最高工作压力。由于过滤器是利用滤芯上的无数小孔和微小间隙来滤除混在液压油中的杂质的，因此液压油通过滤芯时必然有压力降产生。

(4) 滤芯便于清洗和更换。

(三) 油箱

油箱的基本功能有：储存工作介质(通常为液压油)；散发系统工作中产生的热量；分离油液中混入的空气；沉淀污染物及杂质；油箱外表面还可用以安装其他系统元件等。油箱设计的好坏直接影响液压系统的工作可靠性，尤其对液压泵的寿命有重要影响。因此，合理设计油箱是一个不可忽视的问题。

1. 液压系统的温升

液压系统的各种能量损失，包括容积损失和机械损失，都转变为热能。热能除一部分通过液压元件和管路的外壁向空气散发外，大部分将使油温升高。升至某一温度后，散热量和发热量相等，系统油温不再升高，达到热平衡，此时的温度称为热平衡温度。事实上，在开式液压系统中主要用来散热的是油箱的四壁，因此合理选择油箱的容积可以降低系统的热平衡温度，使油液在正常温度下工作。

2. 油箱容积

一般用油箱的温度表示液压系统的温度，而不计系统的局部高温。由于油箱的容积必须保证在设备停止运转时，液压系统的油液在自重作用下能全部返回油箱；为了很好地沉淀杂质和分离空气；油箱的有效容积(液面高度只占油箱高度 80%的油箱容积)一般取为液压泵每分钟排出的油液体积的 2～7 倍；当系统为低压系统时取 2～4 倍；当系统为高压系统时取 5～7 倍；对行走机械一般取 2 倍。

3. 油箱的结构

按油面是否与大气相通，油箱可分为开式油箱和闭式油箱。开式油箱广泛用于一般的液压系统；闭式油箱则用于水下和高空无稳定气压的场合。为了在相同的容量下得到最大的散热面积，油箱外形以立方体或长立方体为宜，油箱的顶盖上有时要安装泵和电机，阀的集成装置有时也安装在箱盖上，油箱一般用钢板焊接而成，顶盖可以是整体的，也可分为若干块，油箱底座应在 150mm 以上，以便散热、搬移和放油；油箱四周要有吊耳，以便起吊装运。

任务 3.2　分析、安装、调试注射座移动控制回路

3.2.1　任务目标

(1) 能正确分析 SZ-250A 型注塑机注射座移动控制回路的工作原理。

(2) 掌握安装、调试 SZ-250A 型注塑机注射座移动控制回路的方法。

3.2.2 任务引入与分析

注塑机注射座要能整体前移和后退,并保证维持足够的向前推力,以使注射时喷嘴与模具浇口紧密接触。根据注塑机注射座移动控制回路的特点,本教学任务分以下子任务来完成。

(1) 分析注塑机注射座移动控制回路的工作原理。

(2) 安装、调试注塑机注射座移动控制回路。

3.2.3 任务实施与评价

一、任务准备

(1) 设备准备:SZ-250A 型注塑机 1 台;液压实验台;各种相关附件。

(2) 材料准备:SZ-250A 型注塑机液压控制系统原理图图纸、白纸等。

(3) 工具与场地准备:液压实训室 1 个,工位 20 个,工具(锤子、梅花扳手、呆扳手、活扳手、旋具等各 1 套),计算机多媒体教学设备。

二、任务实施

(一)分析注塑机注射座移动控制回路的工作原理

SZ-250A 型注塑机注射座移动控制回路的控制动作主要有注射座前移、注射座后退。下面分析其工作原理。

1. 分析注射座前移($2Y^+$、$7Y^+$)的工作原理

泵 2 的压力油经电磁换向阀 9 左位进入注射座移动缸右腔,注射座前移使喷嘴与模具接触,注射座移动缸左腔油液经 9 回油箱。

2. 分析注射座后退($2Y^+$、$6Y^+$)的工作原理

保压结束,注射座后退。泵 1 卸载,泵 2 压力油经阀 9 右位使注射座后退。

3. 注塑机注射座移动液压控制系统电磁铁动作顺序(表 3-6)

表 3-6 注塑机注射座移动液压控制系统电磁铁动作顺序表

动作元件	1Y	2Y	3Y	4Y	5Y	6Y	7Y	8Y	9Y	10Y	11Y	12Y	13Y	14Y
注射座前移		+					+							
注射座后退		+				+								

(二)安装、调试注塑机注射座移动控制回路

(1) 能看懂 SZ-250A 型注塑机注射座移动液压控制回路,并能根据表 3-7 正确选择元器件。

表 3-7 注塑机注射座移动液压控制回路元件表

序号	元件名称	类型	数量
1	注射座移动缸	双作用液压缸	1
2	换向阀	三位四通电磁控制换向阀	1
3	液压泵	小流量单向定量泵	1
4	节流阀	不可调节流阀	1
5	叠加阀	先导式溢流阀与二位四通电磁换向阀组合	1
6	冷却器	蛇形管式冷却器	1
7	过滤器	线隙式过滤器	1
8	油箱	蛇形管水冷闭式油箱	1

(2) 能规范安装元件,各元件在工作台上合理布置。
(3) 用油管正确连接元器件的各油口,连接注射座移动控制回路。
(4) 检查各油口连接情况后,调试注塑机注射座移动液压控制回路:
① 让电磁铁 2Y、7Y 通电,注射座移动缸慢速前移;
② 让电磁铁 2Y、6Y 通电,注射座移动缸慢速后退。
(5) 填写实训报告(表 3-8)。

表 3-8 分析、安装、调试注塑机注射座移动控制回路的实训报告

工作项目	注塑机液压控制	工作任务	分析、安装、调试注塑机注射座移动控制回路	注塑机注射座移动控制回路的原理分析	
班级		姓名			
学号		组别			
同组人员		个人承担任务			
注塑机注射座移动控制回路原理图				注塑机注射座移动控制回路的安装调试过程	
				安装调试过程中遇到的问题及解决方法	
				对本工作任务的改进与思考	
自我评价		同组人评价		教师评价	

三、任务评价

任务考核评价表如表 3-9 所示。

表 3-9 任务考核评价表

任务名称：分析、安装、调试注射座移动控制回路

班级：　　　　　　姓名：　　　　　　学号：　　　　　　指导教师：

评价项目	评价标准	评价依据 (信息、佐证)	评价方式			权重	得分小计	总分
			小组评价	学校评价	企业评价			
			0.1	0.9				
职业素质	(1) 遵守企业管理规定、劳动纪律 (2) 按时完成学习及工作任务 (3) 工作积极主动、勤学好问	实习表现				0.2		
专业能力	(1) 能分析注塑机注射座移动控制回路的工作原理 (2) 会安装、调试注射座移动控制回路 (3) 严格遵守安全生产规范	(1) 书面作业和实训报告 (2) 实训课题完成情况记录				0.7		
创新能力	能够推广、应用国内相关职业的新工艺、新技术、新材料、新设备	"四新"技术的应用情况				0.1		
指导教师综合评价								

指导教师签名：　　　　　　　　　　　　日期：

3.2.4　知识链接：液压系统维护与保养

（一）液压系统的使用和维护

液压系统工作性能的保养在很大程度上取决于正确的使用与及时的维护，必须建立使用和维护方面的规章制度，严格执行。

1. 油液清洁度的控制

油液的污染是液压系统出现故障的主要原因。油液的污染造成元件故障占系统总故障率的 70%～80%。它给设备造成的危害是严重的。因此，液压系统的污染控制越来越受到人们的关注和重视。实践证明：提高系统油液清洁度是提高系统工作可靠性的重要途径，必须认真做好。

2. 污染物的来源与危害

液压系统中的污染物是指在油液中对系统可靠性和元件寿命有害的各种物质，主要有固体颗粒、水、空气、化学物质、微生物和能量污染物等。不同的污染物会给系统造成不同程度的危害（表 3-10）。

表 3-10　污染物的种类、来源与危害

种类		来源	危害
固体	切屑、焊渣、型砂	制造过程残留	加速磨损、降低性能、缩短寿命，堵塞阀内阻尼孔，卡住运动件引起失效，划伤表面引起漏油甚至使系统压力大幅下降，或形成漆状沉积膜使动作不灵活
	尘埃和机械杂质	从外界侵入	
	磨屑、铁锈、油液氧化和分解产生的沉淀物	工作中生成	

续表

种类		来源	危害
	水	通过凝结从油箱侵入，冷却器漏水	腐蚀金属表面，加速油液氧化变质，与添加剂作用产生胶质引起阀芯黏滞和过滤器堵塞
	空气	经油箱或低压区泄漏部位侵入	降低油液体积弹性模量，使系统响应缓慢和失去刚度，引起气蚀，促使油液氧化变质，降低润滑性
化学污染物	溶剂、表面活性化合物、油液气化和分解产物	制造过程残留，维修时侵入，工作中生成	与水反应形成酸类物质腐蚀金属表面，并将附着于金属表面的污染物洗涤到油液中
	微生物	易在含水液压油中生存并繁殖	引起油液变质劣化，降低油液润滑性，加速腐蚀
能量污染	热能、静电、磁场、放射性物质	由系统或环境引起	黏度降低、泄漏增加，加速油液分解变质，引起火灾

3. 控制污染物的措施

对系统残留的污染物以预防为主。生成的污染物主要靠滤油过程加以清除。详细控制污染的措施见表 3-11。

表 3-11 控制污染的措施

污染来源	控制措施
残留污染物	(1) 液压元件制造过程中要加强各工序之间的清洗、去毛刺，装配液压元件前要认真清洗零件。加强出厂试验和包装环节的污染控制，保证元件出厂时的清洁度并防止在运输和储存中被污染 (2) 装配液压系统之前要对油箱、油路、接头等彻底清洗，未能及时装配的管子要加护盖密封 (3) 在清洁的环境中用清洁的方法装配系统 (4) 在试车之前要冲洗系统
侵入污染物	(1) 从油桶向油箱注油或从中放油时都要经过过滤装置过滤 (2) 保证油桶或油箱的有效密封 (3) 从油桶取油之前先清除桶盖周围的污染物 (4) 加入油箱的油液要按规定过滤。加油所用器具要先行清洗 (5) 系统漏油未经过滤不得返回油箱。与大气相通的油箱必须装有空气过滤器，通气量要与机器的工作环境和系统流量相适应。要保证过滤器安装正确和固定紧密。污染严重的环境可考虑采用加压式油箱或呼吸袋 (6) 防止空气进入系统，尤其是经泵吸油管进入系统。在负压区或泵吸油管的接口处应保证气密性。所有管端必须低于油最低液面。泵吸油管应该足够低，以防止在低液面时空气经旋涡进入泵 (7) 防止冷却器或其他水源的水漏进系统 (8) 维修时应严格执行清洁操作规程
生成污染物	(1) 要在系统的适当部位设置具有一定过滤精度和一定纳污容量的过滤器，并在使用中经常检查与维护，及时清洗或更换滤芯 (2) 使液压系统远离或隔绝高温热源。设计时应使油温保持在最佳值，需要时设置冷却器 (3) 发现系统污染度超过规定时，要查明原因，及时消除 (4) 单靠系统在线过滤器无法净化污染严重的油液时，可使用便携过滤装置进行系统外循环过滤 (5) 定期取油样分析，以确定污染物的种类，针对污染物确定需要加强控制的因素 (6) 定期清洗油箱，要彻底清理掉油箱中所有残留的污染物

(二) 液压系统的维护

液压系统维护保养分为日常维护、定期维护和综合维护三种方式。

1. 日常维护

日常维护是减少故障的最主要环节，是指液压设备的操作人员每天在设备使用前、使用中及使用后对设备的例行检查。通常用目视、耳听及手触感觉等比较简单的方法，检查油量、油温、漏油、噪声、压力、速度以及振动等情况。一旦出现异常现象应检查原因并及时排除，避免一些重大事故的发生。对重要的设备应填写"日常维护点检卡"。

2. 定期维护

分析日常维护中发现不正常现象的原因并进行排除；对需要维修的部位，必要时安排局部检修。定期维护的时间间隔，一般与滤油器的检查清洗周期相同(2～3 个月)。

3. 综合维护

综合维护大约一年一次。综合维护的方法主要是分解检查，要重点排除一年内可能产生的故障因素。其主要内容是检查液压装置的各元件和部件，判断其性能和寿命，并检修产生故障的部位，对经常发生故障的部位提出改进意见。

液压系统的故障是各种各样的，产生的原因也是多种多样的。有的是由系统中某一元件或多个元件综合作用引起的，有的是由液压油污染、变质等其他原因引起的。即使是同一故障，产生故障的原因也可能不同。当液压系统出现故障时，绝不能毫无根据地乱拆，更不能将系统中的元件全部拆卸下来检查。对设备可能出现的故障要进行早期诊断，采取必要措施以消除各种隐患。

任务 3.3　分析、安装、调试注射控制回路

3.3.1　任务目标

(1)能正确分析 SZ-250A 型注塑机注射液压控制回路的工作原理。
(2)掌握安装、调试 SZ-250A 型注塑机注射液压控制回路的方法。

3.3.2　任务引入与分析

由于塑料的品种、制品的几何形状及模具系统不同，为保证制品质量，注射成形过程中要求注射压力和注射速度可调节。注射动作完成后，需要保压。保压的目的是使塑料紧贴模腔而获得精确的形状。根据注塑机注射控制回路的特点，本教学任务分以下两个子任务来完成。

(1)分析注塑机注射、保压液压控制回路的工作原理。
(2)安装、调试注塑机注射、保压液压控制回路。

3.3.3　任务实施与评价

一、任务准备

(1)设备准备：SZ-250A 型注塑机 1 台；液压实验台；各种相关附件。
(2)材料准备：SZ-250A 型注塑机液压控制系统原理图图纸、白纸等。
(3)工具与场地准备：液压实训室 1 个，工位 20 个，工具(锤子、梅花扳手、呆扳手、活扳手、旋具等各 1 套)，计算机多媒体教学设备。

二、任务实施

1. 分析注塑机注射、保压液压控制回路的工作原理

注射螺杆以一定的压力和速度将料筒前端的熔料经喷嘴注入模腔。注射分慢速注射和快速注射两种。

1)分析慢速注射回路的工作原理

慢速注射($2Y^+$、$7Y^+$、$10Y^+$、$12Y^+$)：泵 2 的压力油经电液换向阀 15 右位和单向节流

阀 14 进入注射缸右腔，左腔油液经电液换向阀 11 中位回油箱，注射缸活塞带动注射螺杆慢速注射，注射速度由单向节流阀 14 调节，远程调压阀 20 起定压作用。

2) 分析快速注射回路的工作原理

快速注射（$1Y^+$、$2Y^+$、$7Y^+$、$8Y^+$、$10Y^+$、$12Y^+$）：泵 1 和泵 2 的压力油经电液换向阀 11 右位进入注射缸右腔，左腔油液经阀 11 回油箱。由于两个泵同时供油，且不经过单向节流阀 14，注射速度加快。此时，远程调压阀 20 起安全作用。

3) 分析保压回路的工作原理

保压（$2Y^+$、$7Y^+$、$10Y^+$、$14Y^+$）：由于注射缸对模腔内的熔料实行保压并补塑，只需少量油液，所以泵 1 卸载，泵 2 单独供油，多余的油液经溢流阀 4 溢回油箱，保压压力由远程调压阀 19 调节。

4) SZ-250A 型注塑机注射液压控制系统电磁铁动作顺序(表 3-12)

表 3-12　SZ-250A 型注塑机注射液压控制系统电磁铁动作顺序

动作元件		1Y	2Y	3Y	4Y	5Y	6Y	7Y	8Y	9Y	10Y	11Y	12Y	13Y	14Y
注射	慢速		+					+			+		+		
	快速	+	+					+	+		+		+		
保压			+					+			+				+

2. 安装、调试注塑机注射、保压液压控制回路

(1) 能看懂 SZ-250A 型注塑机注射、保压液压控制回路，并根据表 3-13 正确选择元件。

表 3-13　注塑机注射液压控制回路元件

序号	元件名称	类型	数量
1	注射缸	双作用单活塞杆液压缸	1
2	可调单向节流阀	—	1
3	液压泵	小流量单向定量泵	1
4	液压泵	大流量单向定量泵	1
5	溢流阀	直动式溢流阀	3
6	叠加阀	先导式溢流阀与二位四通电磁换向阀组合	2
7	换向阀	三位四通电液换向阀	2
8	换向阀	二位四通电磁控制换向阀	1
9	过滤器	线隙式过滤器	1
10	油箱	蛇形管水冷闭式油箱	1

(2) 能规范安装元件，各元件在工作台上合理布置。

(3) 用油管正确连接元件的各油口(后一个回路在前一个回路的基础上增加)：

① 连接注射控制回路；

② 连接保压回路。

(4) 检查各油口连接情况后，调试与维护注塑机注射液压控制回路：

① 让电磁铁 2Y、7Y、10Y、12Y 通电，注射缸活塞杆慢速前移；

② 让电磁铁 1Y、2Y、7Y、8Y、10Y、12Y 通电，注射缸活塞杆快速前移；

③ 让电磁铁 2Y、7Y、10Y、14Y 通电，注射缸保持一定的压力不动。

(5) 填写实训报告(表 3-14)。

表 3-14 分析、安装、调试注塑机注射控制回路的实训报告

工作项目	注塑机液压控制	工作任务	分析、安装、调试注塑机注射控制回路	注塑机注射控制回路的原理分析	
班级		姓名			
学号		组别			
同组人员		个人承担任务			
注塑机注射控制回路的原理图				注塑机注射控制回路的安装调试过程	
				安装调试过程中遇到的问题及解决方法	
				对本工作任务的改进与思考	
自我评价		同组人评价		教师评价	

三、任务评价

任务考核评价表如表 3-15 所示。

表 3-15 任务考核评价表

任务名称：分析、安装、调试注射控制回路

班级：	姓名：	学号：	指导教师：					
评价项目	评价标准	评价依据（信息、佐证）	评价方式			权重	得分小计	总分
			小组评价	学校评价	企业评价			
			0.1	0.9				
职业素质	(1) 遵守企业管理规定、劳动纪律 (2) 按时完成学习及工作任务 (3) 工作积极主动、勤学好问	实习表现				0.2		
专业能力	(1) 能分析注塑机注射控制回路的工作原理 (2) 会安装、调试注塑机注射控制回路 (3) 严格遵守安全生产规范	(1) 书面作业和实训报告 (2) 实训课题完成情况记录				0.7		
创新能力	能够推广、应用国内相关职业的新工艺、新技术、新材料、新设备	"四新"技术的应用情况				0.1		
指导教师综合评价		指导教师签名：				日期：		

3.3.4 知识链接：液压系统的常见故障诊断及排除

（一）液压系统故障诊断的一般步骤

诊断液压系统故障时，要掌握液压传动的基本知识及处理液压故障的初步经验，深入现场，熟悉系统性能和相关资料，全面了解故障状态。具体步骤如下。

(1) 认真查阅使用说明书及与设备使用有关的档案资料。

(2) 进行现场观察，仔细观察故障现象及各参数状态的变化，并与操作者提供的情况相联

系、比较、分析。分析判断时，一定要综合机械、电气、液压多方面的联系，首先应注意外界因素（如设备在运输或安装中引起的损坏、使用环境恶劣、电压异常或调试、操作与维护不当等）对系统的影响，在排除外界因素引起的故障情况下，再集中查找系统内部因素（如设计参数确定不合适、系统结构设计不合理、选用元件质量不符合要求、系统安装没有达到规定标准、零件加工质量不合格及有关零件的正常磨损等）。

(3) 列出可能的故障原因表，对照故障现象查阅设备技术档案是否有相似的历史记载（利于准确判断），根据工作原理，将所获得的资料进行综合、比较、归纳、分析，从而确定故障的准确部位或元件。

(4) 结合实际，本着先外后内、先调后拆、先洗后修、先易后难的原则，制定修理工作的具体措施。

(5) 排除故障并认真地进行定性、定量总结分析，从而提高处理故障的能力，找出防止故障发生的改进措施，总结经验，记载归档。

(二) 液压系统故障诊断的方法

液压系统故障的诊断方法一般有感官检测法、对比替换法、专用仪器检测法、逻辑分析法和状态检测法等。

1. 感官检测法

感官检测法是一种最为简单且方便易行的简易诊断，它根据"四觉诊断法"分析故障产生的部位和原因，从而决定排除故障的措施。它既可在液压系统工作状态下进行，又可在其不工作状态下进行。"四觉诊断法"即指检修人员运用触觉、视觉、听觉和嗅觉来分析判断液压系统的故障，具体说明如下。

(1) 触觉：用手触摸允许摸的部件。根据触觉来判断油温的高低和振动的位置，若接触2s感觉烫手，则应检查温升过高的原因，有高频振动就应检查产生的原因。

(2) 视觉：用眼看。观察执行部件运动是否平稳，系统中各压力监测点的压力值与变化情况，系统是否存在泄漏和油位是否在规定范围内、油液黏度是否合适及油液变色的现象。

(3) 听觉：用耳听。根据液压泵和液压马达的异常响声、液压缸及换向阀换向时的冲击声、溢流阀及顺序阀等压力阀尖叫声和油管的振动声等来判断噪声与振动。

(4) 嗅觉：用鼻嗅。通过嗅觉判断油液变质、橡胶件因过热发出的特殊气味和液压泵发热烧结等故障。

2. 对比替换法

常用于在缺乏测试仪器的场合检查液压系统故障。

3. 专用仪器检测法

有些重要的液压设备必须进行定量专项检测，即精密诊断，检测故障发生的根源性参数，为故障的判断提供可靠依据。

4. 逻辑分析法

对于较复杂的液压系统故障，一般采用综合诊断，即根据故障产生的现象，采取逻辑分析与推理的方法，减少怀疑对象，逐渐逼近，提高故障诊断的效率及准确性。

5. 状态检测法

很多液压设备本身配有重要参数的检测仪表，或系统中预留了测量接口，不用拆下元件就能观察或从接口检测出元件的性能参数，为初步诊断提供定量依据。

(三)液压系统的常见故障及其排除方法

液压系统的常见故障产生原因及其排除方法见表 3-16。

表 3-16 液压系统的常见故障产生原因及其排除方法

故障现象	产生原因	排除方法
系统无压力或压力不足	(1)溢流阀开启，由于阀芯被卡住，不能关闭，阻尼孔堵塞，阀芯与阀座配合不好或弹簧失效 (2)其他控制阀阀芯由于故障卡住，引起卸荷 (3)液压元件磨损严重，或密封损坏，造成内外泄漏 (4)液位过低，吸油管堵塞或油温过高 (5)泵转向错误，转速过低或动力不足	(1)修研阀芯与壳体，清洗阻尼孔，更换弹簧 (2)找出故障部位，清洗或修理，使阀芯在阀体内运动灵活 (3)检查泵、阀及管路各连接处的密封性，修理或更换零件和密封 (4)加油，清洗吸油管或冷却系统 (5)检查动力源
流量不足	(1)油箱液位过低，油液黏度大，滤油器堵塞引起吸油阻力大 (2)液压泵转向错误，转速过低或空转，磨损严重，性能下降 (3)回油管在液位以上，空气进入 (4)蓄能器漏气，压力及流量供应不足 (5)其他液压元件及密封件损坏引起泄漏 (6)控制阀动作不灵活	(1)检查液位，补油，更换黏度适宜的液压油，保证吸油管直径 (2)检查电动机、液压泵及液压泵变量机构，必要时换泵 (3)检查管路连接及密封是否正确可靠 (4)检查蓄能器性能与压力 (5)修理或更换相应的液压元件 (6)修理或更换控制阀
泄漏	(1)接头松动，密封损坏 (2)板式连接或法兰连接接合面螺钉预紧力不够或密封损坏 (3)系统压力长时间大于液压元件或辅件额定工作压力 (4)油箱内安装水冷式冷却器，若油位高，则水漏入油中；若油位低，则油漏入水中	(1)拧紧接头，更换密封 (2)预紧力应大于液压力，更换密封 (3)元件壳体内压力不应大于油许用压力，更换密封 (4)拆修水冷式冷却器
过热	(1)冷却器通过能力小或出现故障 (2)液位过低或黏度不适合 (3)油箱容量小或散热性差 (4)压力调整不当，长期在高压下工作 (5)油管过细过长，弯曲太多造成压力损失增大，引起发热 (6)系统中由于泄漏、机械摩擦造成压力损失过大 (7)环境温度高	(1)排除故障或更换冷却器 (2)加油或更换黏度合适的油液 (3)增大油箱容量，增设冷却装置 (4)调整溢流阀压力至规定值，必要时改进回路 (5)改变油管规格及油路 (6)检查泄漏，改善密封，提高运动部件加工精度、装配精度及润滑条件 (7)尽量减少环境温度对系统的影响
冲击	(1)蓄能器充气压力不够 (2)工作压力过高 (3)先导阀、换向阀制动不灵活及节流缓冲慢 (4)液压缸端部没有缓冲装置 (5)溢流阀故障使压力突然升高 (6)系统中有大量空气	(1)给蓄能器充气 (2)调整压力至规定值 (3)减小制动锥斜角或增加制动锥长度，修复节流缓冲装置 (4)增设缓冲装置或背压阀 (5)修理或更换溢流阀 (6)排除空气
振动	(1)液压泵：吸入空气，安装位置过高，吸油阻力大，齿轮齿形精度不够，叶片卡死断裂，柱塞卡死移动不灵活，零件磨损使间隙增大 (2)液压油：液位太低，吸油管插入液面深度不够，油液黏度太大，滤油器堵塞 (3)溢流阀：阻尼孔堵塞，阀芯与阀座配合间隙过大，弹簧失效 (4)其他阀芯移动不灵活 (5)管道细长，没有固定装置，互相碰击，吸油管与回油管太近 (6)电磁铁焊接不良，弹簧过硬或损坏，阀芯在阀体内卡住 (7)机械：液压泵与电机联轴器不同轴或松动，运动部件停止时有冲击，换向缺少阻尼，电动机振动	(1)更换进油口密封，吸油管口至泵吸油口高度要小于规定值，保证吸油管直径，修复或更换损坏的零件 (2)加油，吸油管加长浸到规定深度，更换合适黏度的液压油，清洗滤油器 (3)清洗阻尼孔，修配阀芯与阀座间隙，更换弹簧 (4)清洗，去毛刺 (5)增设固定装置，扩大管道距离及吸油管和回油管间距 (6)重新焊接，更换弹簧，清洗及修配阀芯和阀体 (7)保持泵与电机轴间同轴度不大于 0.1mm，采用弹性联轴器，紧固螺钉，设阻尼或缓冲装置，电动机作平衡处理

任务 3.4　分析、安装、调试预塑控制回路

3.4.1　任务目标

(1) 能正确分析 SZ-250A 型注塑机预塑液压控制回路的工作原理。
(2) 掌握安装、调试 SZ-250A 型注塑机预塑液压控制回路的方法。

3.4.2　任务引入与分析

保压完毕后要让料斗里的塑料颗粒进入料桶并至料桶前段,加热塑化,并建立起一定压力,等待下次注射。与此同时,模腔内的制品冷却成形。这一任务要靠预塑控制回路来实现。根据注塑机预塑控制回路的特点,本教学任务分为以下两个子任务来完成。
(1) 分析注塑机预塑、防流涎液压控制回路的工作原理。
(2) 安装、调试注塑机预塑、防流涎液压控制回路。

3.4.3　任务实施与评价

一、任务准备

(1) 设备准备:SZ-250A 型注塑机 1 台;液压实验台;各种相关附件。
(2) 材料准备:SZ-250A 型注塑机液压控制系统原理图图纸、白纸等。
(3) 工具与场地准备:液压实训室 1 个,工位 20 个,工具(锤子、梅花扳手、呆扳手、活扳手、旋具等各 1 套),计算机多媒体教学设备。

二、任务实施

1. 分析注塑机预塑、防流涎液压控制回路的工作原理

1) 分析预塑回路的工作原理

预塑($1Y^+$、$2Y^+$、$7Y^+$、$11Y^+$):保压完毕,从料斗加入的物料随着螺杆的转动被带至料桶前段,进行加热塑化,并建立一定的压力。当螺杆头部熔料压力达到能克服注射缸活塞退回的阻力时,螺杆开始后退。后退到预定位置,即螺杆头部熔料达到所需注射量时,螺杆停止转动和后退,准备下一次注射。与此同时,在模腔内的制品冷却成形。

螺杆转动由预塑液压马达通过齿轮机构驱动。泵 1 和泵 2 的压力油经电液换向阀 15 左位、旁通型调速阀 13 和单向阀 12 进入液压马达,液压马达的转速由旁通型调速阀 13 控制,溢流阀 3 为安全阀。螺杆头部熔料压力迫使注射缸后退时注射缸右腔油液经单向阀向节流阀 14、电液换向阀 15 左位和背压阀 16 回油箱,其背压力由阀 16 控制。同时,注射缸左腔产生局部真空,油箱的油液在大气压作用下经阀 11 中位进入其内。

2) 分析防流涎回路的工作原理

防流涎($2Y^+$、$7Y^+$、$9Y^+$):采用直通开敞式喷嘴时,预塑加料结束,这时要使螺杆后退一小段距离,减小料筒前端压力,防止喷嘴端部无耕流出。

泵 1 卸载，泵 2 压力油一方面经阀 9 左位进入注射座移动缸右腔，使喷嘴与模具保持接触，另一方面经阀 11 左位进入注射缸左腔，使螺杆强制后退。注射座移动缸左腔和注射缸右腔油液分别经阀 9 和阀 11 回油箱。

3) SZ-250A 型注塑机预塑液压控制系统电磁铁动作顺序(表 3-17)

表 3-17　SZ-250A 型注塑机预塑液压控制系统电磁铁动作顺序

动作元件	1Y	2Y	3Y	4Y	5Y	6Y	7Y	8Y	9Y	10Y	11Y	12Y	13Y	14Y
预塑	+	+					+				+			
防流涎		+					+		+					

2. 安装、调试注塑机预塑、防流涎液压控制回路

(1) 能看懂 SZ-250A 型注塑机预塑液压控制回路，并能根据表 3-18 正确选择元件。

表 3-18　注塑机预塑液压控制回路元件

序号	元件名称	类型	数量
1	预塑液压马达	单向定量马达	1
2	单向阀	普通单向阀	1
3	调速阀	可调式旁通型调速阀	1
4	单向节流阀	可调式单向节流阀	1
5	换向阀	三位四通电液换向阀	2
6	注射缸	双作用单活塞杆液压缸	1
7	背压阀	直动式溢流阀	1
8	叠加阀	先导式溢流阀与二位四通电磁阀组合	1
9	泵	小流量单向定量泵	1
10	泵	大流量单向定量泵	1
11	滤清器	线隙式过滤器	1
12	注射座移动缸	双作用单活塞杆液压缸	1
13	节流阀	不可调节流阀	1
14	换向阀	三位四通电磁换向阀	1
15	油箱	蛇形管水冷闭式油箱	1

(2) 能规范安装元件，各元件在工作台上合理布置。

(3) 用油管正确连接元件的各油口(后一个回路在前一个回路的基础上增加)：

① 连接预塑回路；

② 连接防流涎回路。

(4) 检查各油口连接情况后，调试注塑机预塑液压控制回路：

① 让电磁铁 1Y、2Y、7Y、11Y 通电，预塑液压马达运转，注射缸的活塞杆退回。

② 让电磁铁 2Y、7Y、9Y 通电，注射座移动缸压紧不动，注射缸的活塞杆后退。

(5) 填写实训报告(表 3-19)。

表 3-19 分析、安装、调试注塑机预塑控制回路的实训报告

工作项目	注塑机液压控制	工作任务	分析、安装、调试注塑机预塑控制回路		
班级		姓名		注塑机预塑控制回路的原理分析	
学号		组别			
同组人员		个人承担任务			
注塑机预塑控制回路的原理图				注塑机预塑控制回路的安装调试过程	
				安装调试过程中遇到的问题及解决方法	
				对本工作任务的改进与思考	
自我评价		同组人评价		教师评价	

三、任务评价

任务考核评价表如表 3-20 所示。

表 3-20 任务考核评价表

任务名称：分析、安装、调试预塑控制回路

班级：　　　姓名：　　　学号：　　　指导教师：

评价项目	评价标准	评价依据（信息、佐证）	评价方式			权重	得分小计	总分
			小组评价	学校评价	企业评价			
			0.1	0.9				
职业素质	(1)遵守企业管理规定、劳动纪律 (2)按时完成学习及工作任务 (3)工作积极主动、勤学好问	实习表现				0.2		
专业能力	(1)能分析注塑机预塑控制回路的工作原理 (2)会安装、调试注塑机预塑控制回路 (3)严格遵守安全生产规范	(1)书面作业和实训报告 (2)实训课题完成情况记录				0.7		
创新能力	能够推广、应用国内相关职业的新工艺、新技术、新材料、新设备	"四新"技术的应用情况				0.1		
指导教师综合评价			指导教师签名：　　　　　　　　日期：					

3.4.4 知识链接：组合机床动力滑台液压系统

以液压传动为主要技术之一的机器设备在国民经济许多部门和诸多行业应用广泛。但是，不同行业的液压机械，在工作要求、工况特点、动作循环、控制方式等方面差别很大。液压动力滑台是组合机床上用于实现进给运动的一种通用部件，其运动由液压缸驱动，动力滑台液压系统是一种以速度变化为主的典型液压系统。图3-10为组合机床的主要组成。

(一)组合机床的工作原理

组合机床是一种在制造领域中用途广泛的半自动专用机床，这种机床既可以单机使用，又可以多机配套组成加工自动线。组合机床由通用部件(如动力头、动力滑台、床身、立柱等)和专用部件(如专用动力箱、专用夹具等)两大类部件组成，有卧式、立式、倾斜式、多面组合式多种结构形式。组合机床具有加工精度较高、生产效率高、自动化程度高、设计制造周期短、制造成本低、通用部件能够重复使用等诸多优点，因而，广泛应用于大批量生产的机械加工流水线或自动线中，如汽车零部件制造中的许多生产线。组合机床的主运动由动力头或动力箱实现，进给运动由动力滑台的运动实现，动力滑台与动力头或动力箱配套使用，可以对工件完成钻孔、扩孔、铰孔、镗孔、铣平面、拉平面或圆弧、攻丝等孔和平面的多种机械加工工序。动力滑台按驱动方式的不同，分为液压滑台和机械滑台两种形式。由于动力滑台在驱动动力头进行机械加工的过程中有多种运动和负载变化要求，因此，控制动力滑台运动的机械或液压系统必须具备换向、速度换接、调速、压力控制、自动循环、功率自动匹配等多种功能。

如图3-11所示，液压动力滑台台面上可安装各种用途的切削头或工件，用于完成钻、扩、铰、镗、铣、车、刮端面、攻螺纹等工序的机械加工，并能按多种进给方式实现自动工作循环。图3-12是YT4543型组合机床动力滑台液压系统，该液压动力滑台能完成的典型工作循环为：快进→Ⅰ工进→Ⅱ工进→止挡块停留→快退→原位停止。其电磁铁动作顺序如表3-21所示。

图3-10 组合机床

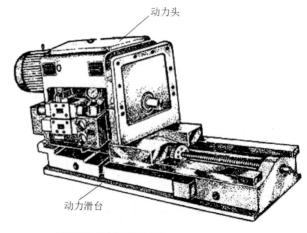

图3-11 组合机床的动力滑台及动力头

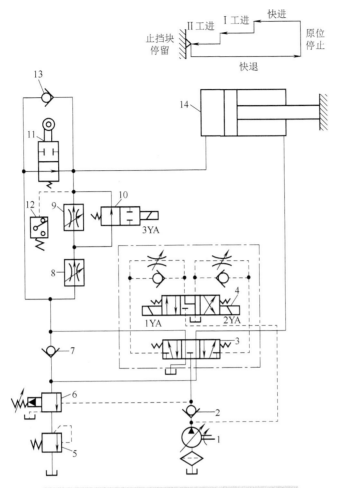

图 3-12　YT4543 型组合机床动力滑台液压系统图

1-变量泵；2、7-单向阀；3-液控换向阀；4、10-电磁换向阀；5-溢流阀；
6-液控顺序阀；8、9-调速阀；11-行程阀；12-压力继电器；13-单向阀；14-液压缸

表 3-21　电磁铁、行程阀和压力继电器动作顺序表

工作循环	电磁铁			行程阀	压力继电器
	1YA	2YA	3YA		
快进	+	−	−	−	−
Ⅰ工进	+	−	−	+	−
Ⅱ工进	+	−	+	+	−
止挡块停留	+	−	+	+	+
快退	−	+	−	±	±
原位停止	−	−	−	−	−

(二)组合机床的工作过程

组合机床的工作过程可用图 3-12 来进行分析。

1. 快进

快进时系统压力低,液控顺序阀 6 关闭,变量泵 1 输出最大流量。按下启动按钮,电磁

铁 1YA 通电。电液换向阀的先导阀 4 处于左位，从而使主阀 3 也处于左位工作，其主油路如下。

进油路：1→2→3(左位)→11(下位)→缸(左腔)。

回油路：缸(右腔)→3(左位)→7→11(下位)→缸(左腔)。

这时液压缸两腔连通，滑台差动快进。

2. 第一次工作进给

在快进终了时，滑台上的挡块压下行程阀 11，切断了快速运动的进油路。压力油只能通过调速阀 8 和二位二通电磁阀 10(左位)进入液压缸左腔，系统压力升高，液控顺序阀 6 开启，且泵的流量也自动减小。其主油路如下。

进油路：1→2→3(左位)→8→10(左位)→缸(左腔)。

回油路：缸(右腔)→3(左位)→6→5→油箱。

滑台实现由调速阀 8 调速的第一次工作进给，回油路上由顺序阀 6 作背压阀。

3. 第二次工作进给

当第一次工作进给终了时，挡块压下行程开关，使电磁铁 3YA 通电，阀右位工作，压力油必须通过调速阀 8 和 9 进入液压缸左腔。其主油路的进油路如下。

进油路：1→2→3(左位)→8→9→缸(左腔)。

回油路：缸(右腔)→3(左位)→6→5→油箱。

由于调速阀 9 的通流截面积比调速阀 8 的通流截面积小，所以滑台实现由阀 9 调速的第二次工作进给。

4. 止挡块停留

滑台以第二次工作进给速度前进，当液压缸碰到滑台座前端的止挡块后停止运动。这时液压缸左腔压力升高，当压力升高到压力继电器 12 的开启压力时，压力继电器发信号给时间继电器，由时间继电器延时控制滑台停留时间。这时的油路与第二次工作进给的油路相同，但系统内油液已停止流动，液压泵的流量已减至很小，仅用于补充泄漏油。

5. 快退

时间继电器经延时后发出信号，使电磁铁 2YA 通电，1YA、3YA 断电。这时电磁换向阀 4 右位工作，液动换向阀 3 也换为右位工作，其主油路如下。

进油路：1→2→3(右位)→缸(右腔)。

回油路：缸(左腔)→13→3(右位)→油箱。

因滑台返回时为空载，系统压力低，变量泵的流量又自动恢复到最大值，故滑台快速退回到第一次工作进给起点时，行程阀 11 复位。

6. 原位停止

当滑台快速退回到其原始位置时，挡块压下原行程开关，使电磁铁 2YA 断电，电磁换向阀 4 恢复至中位，液动换向阀 3 也恢复至中位，液压缸两腔油路被封闭，滑台被锁紧在起始位置上。变量泵输出的油液压力升高，直到输出流量为零，变量泵卸荷。

(三)动力滑台的液压系统的特点

动力滑台的液压系统是能完成较复杂工作循环的典型的单缸中压系统，其特点如下。

(1) 系统采用了限压式变量叶片泵和调速阀组成的容积节流调速回路，且在回油路上设置背压阀，能获得较好的速度刚性和运动平稳性，并减少系统的发热。

(2) 采用电液动换向阀的换向回路，发挥了电液联合控制的优点，而且主油路换向平稳、无冲击。

(3) 采用液压缸差动连接的快速回路，简单可靠，能源利用合理。

(4) 采用行程阀和液控顺序阀，实现快进与工进速度的转换，使速度转换平稳、可靠、且位置准确，采用两个串联的调速阀及用行程开关控制的电磁换向阀实现两种工进速度的转换，进给速度较低，故也能满足换接精度和平稳性的要求。

(5) 采用压力继电器发信号，控制滑台反向退回，方便可靠。止挡块还能提高滑台工进结束时的位置精度。

任务 3.5 分析、安装、调试顶出控制回路及注塑机液压系统维护

3.5.1 任务目标

(1) 能正确分析 SZ-250A 型注塑机顶出控制回路的原理。
(2) 掌握安装、调试 SZ-250A 型注塑机顶出控制回路的方法。
(3) 了解 SZ-250A 型注塑机液压系统常见故障及检修方法。

3.5.2 任务引入与分析

冷却成形后的塑料制品要靠顶出缸将其从模腔中顶出，顶出制品速度要平稳。根据注塑机顶出控制回路的特点，本教学任务分以下三个子任务来完成。

(1) 分析注塑机顶出控制回路的工作原理。
(2) 安装、调试注塑机顶出控制回路。
(3) 分析、检修注塑机液压系统的常见故障。

3.5.3 任务实施与评价

一、任务准备

1. 设备与材料准备

(1) 设备准备：SZ-250A 型注塑机 1 台；液压实验台；各种相关附件。
(2) 材料准备：SZ-250A 型注塑机液压控制系统原理图图纸、白纸等。

2. 工具与场地准备

液压实训室 1 个，工位 20 个，工具(锤子、梅花扳手、呆扳手、活扳手、旋具等各 1 套)，计算机多媒体教学设备。

二、任务实施

(一) 分析注塑机顶出控制回路的工作原理

1. 分析顶出缸前进回路的工作原理

顶出缸前进($2Y^+$、$5Y^+$)：泵 1 卸载，泵 2 压力油经电磁换向阀 8 左位、单向节流阀 7

进入顶出缸左腔,推动顶出杆顶出制品,其运动速度由单向节流阀 7 调节,溢流阀 4 为定压阀。

2. 顶出缸后退回路

顶出缸后退(2Y$^+$):泵 2 的压力油经阀 8 常位使顶出缸后退。

3. SZ-250A 型注塑机顶出液压控制系统电磁铁动作顺序(表 3-22)

表 3-22　SZ-250A 型注塑机顶出液压控制系统电磁铁动作顺序

动作元件		1Y	2Y	3Y	4Y	5Y	6Y	7Y	8Y	9Y	10Y	11Y	12Y	13Y	14Y
顶出	前进			+			+								
	后退			+											

(二)安装、调试注塑机顶出控制回路

(1)能看懂注塑机顶出液压控制回路,并根据表 3-23 正确选择元件。

表 3-23　注塑机顶出液压控制回路

序号	元件名称	类型	数量
1	顶出缸	双作用单活塞杆液压缸	1
2	泵	小流量单向定量泵	1
3	换向阀	二位四通电磁换向阀	1
4	叠加阀	先导式溢流阀与二位四通电磁换向阀组合	1
5	滤清器	线隙式过滤器	2
6	油箱	蛇形管水冷闭式油箱	1

(2)能规范安装元件,各元件在工作台上合理布置。
(3)用油管正确连接元器件的各油口,连接顶出回路。
(4)检查各油口连接情况后,调试与检修注塑机顶出控制回路。
① 让电磁铁 2Y、5Y 通电,顶出缸稳速前进。
② 让电磁铁 2Y 通电、5Y 失电,顶出缸稳速后退。
(5)填写实训报告(表 3-24)。

表 3-24　分析、安装、调试注塑机顶出控制回路的实训报告

工作项目	注塑机液压控制	工作任务	分析、安装、调试注塑机顶出控制回路	注塑机顶出控制回路的原理分析	
班级		姓名			
学号		组别			
同组人员		个人承担任务			
注塑机顶出控制回路的原理图				注塑机顶出控制回路的安装调试过程	
				安装调试过程中遇到的问题及解决方法	
				对本工作任务的改进与思考	
自我评价		同组人评价		教师评价	

(三)分析、检修注塑机液压系统的常见故障

1)噪声振动故障

原因分析:
(1)油泵电动机安装不同轴;
(2)联轴器松动;
(3)油泵内部故障;
(4)油位过低,从过滤器或接头连接处吸入空气到油液内;
(5)从电动机转动轴处吸入空气;
(6)油污堵塞滤油网;
(7)回油管松动,吸入空气或油管在油面上,混入空气到油液中。

排除方法:
(1)油泵电动机同轴度应调至 0.1mm 以内;
(2)修正联轴器;
(3)修理或更换油泵;
(4)增加油量,使油位在过滤器和接头位置 400mm 以上;
(5)更换转动轴密封圈;
(6)清洗滤油网,过滤油液;
(7)锁紧回油管路,将回油管加长伸入油面之下。

2)电动机噪声

原因分析:
(1)电动机轴承损坏;
(2)电动机线圈绕组故障;
(3)电动机接线错误,系统压力上升时,噪声增大。

排除方法:
(1)更换电动机轴承;
(2)更换或修理电动机;
(3)重新参照电动机接线图接线。

3)总压阀噪声(溢流阀)

原因分析:
(1)溢流阀的先导阀前腔内存有空气;
(2)溢流阀主阀芯上阻尼孔被油污物堵塞;
(3)先导阀与阀座配合不紧密;
(4)弹簧变形或装错;
(5)液压油黏度过低或过高;
(6)遥控口油流量过大;
(7)与回路中元件产生共振。

排除方法:
(1)加强密封,反复升降调试压力并排气数次;

(2)清洗阀体,使阻尼孔通畅;
(3)修理或更换溢流阀;
(4)检修和更换弹簧;
(5)更换油液;
(6)减少遥控口流量;
(7)其他元件压力设定值不能与溢流阀压力设定值相近。

4)温升过高故障

原因分析:

(1)油箱容积太小,散热面积不够,未安装油冷却装置,或虽有冷却装置但其容量过小;
(2)按快进速度选择油泵容量的定量泵供油系统,在工作时会有大部分多余的液压油在高压下从溢流阀溢回而发热;
(3)系统中卸荷回路出现故障或因未设置卸荷回路,停止工作时油泵不能卸荷,泵的全部流量的液压油在高压下溢流,产生溢流损失而发热,导致温升速度加快;
(4)系统管路过细过长,弯曲过多,局部压力损失和沿程压力损失大;
(5)元件精度不够及装配质量差,相对运动间的机械摩擦损失大;
(6)配合件的配合间隙太小,或使用磨损后导致间隙过大,内外泄漏量大,造成容积损失大,温升快;
(7)液压系统工作压力调整得比实际需要高很多。有时是因密封过紧,或因密封件损坏、泄漏增大而不得不调高压力才能工作;
(8)作业环境温度高,致使油温升高;
(9)选择油液的黏度不当,黏度大则性阻力大,黏度太小则泄漏增大,两种情况均能造成发热,温升加快。

排除方法:

(1)根据不同的负载要求,经常检查、调整溢流阀的压力,使之恰到好处;
(2)合理选择液压油,特别是油液黏度,在条件允许的情况下,尽量采用低一点的黏度以减少黏度摩擦损失;
(3)改善运动件的润滑条件,以减少摩擦损失,有利于降低工作负荷、减少发热;
(4)提高液压元件和液压系统的装配质量与自身精度,严格控制配合件的配合间隙和改善润滑条件,采用摩擦系数小的密封材料和改进密封结构,尽可能降低液压缸的启动力,以降低机械摩擦损失所产生的热量;
(5)必要时增设冷却设备或加强冷却能力。

5)液压系统的污染

原因分析:

(1)元件的污染磨损;
(2)元件堵塞与卡紧故障;
(3)油液性能差。

排除方法:

(1)至多500h或三个月就要检查和更换油液;
(2)定期冲洗油泵的进口油液;

(3)检查液压油被酸化或其他污染物的污染情况,通过液压油气味可以大致鉴别油液是否变质;

(4)修护好系统中的泄漏;

(5)确保没有外来颗粒从油箱的通气盖、油滤的塞座、回油管路的密封垫圈以及油箱其他开口处进入油箱。

三、任务评价

任务考核评价表如表 3-25 所示。

表 3-25 任务考核评价表

任务名称:分析、安装、调试顶出控制回路及注塑机液压系统维护

班级:　　　　　姓名:　　　　　学号:　　　　　指导教师:

评价项目	评价标准	评价依据 (信息、佐证)	评价方式			权重	得分小计	总分
			小组评价	学校评价	企业评价			
			0.1	0.9				
职业素质	(1)遵守企业管理规定、劳动纪律 (2)按时完成学习及工作任务 (3)工作积极主动、勤学好问	实习表现				0.2		
专业能力	(1)分析注塑机顶出控制回路的工作原理 (2)会安装、调试注塑机顶出控制回路 (3)了解注塑机液压系统的常见故障检修方法 (4)严格遵守安全生产规范	(1)书面作业和实训报告 (2)实训课题完成情况记录				0.7		
创新能力	能够推广、应用国内相关职业的新工艺、新技术、新材料、新设备	"四新"技术的应用情况				0.1		
指导教师综合评价			指导教师签名:　　　　　日期:					

3.5.4 知识链接:数控机床液压系统

数控机床是数字控制机床(Computer Numerical Control Machine Tools)的简称,是一种装有程序控制系统的自动化机床,如图 3-13 所示。该控制系统能够逻辑地处理具有控制编码或其他符号指令规定的程序,并将其译码,用代码化的数字表示,通过信息载体输入数控装置。经运算处理由数控装置发出各种控制信号,控制机床的动作,按图纸要求的形状和尺寸,自动地将零件加工出来。数控机床较好地解决了复杂、精密、小批量、多品种的零件加工问题,是一种柔性的、高效能的自动化机床,代表了现代机床控制技术的发展方向,是一种典型的机电一体化产品。

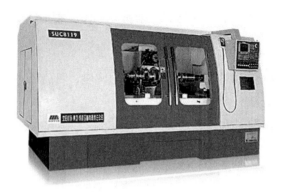

图 3-13 数控机床

(一) 数控机床工作原理

随着机电技术的不断发展,特别是数控技术的飞速发展,机电设备的自动化程度和精度越来越高。液压与气动技术在数控机床、数控加工中心及柔性制造系统中得到了充分利用。下面介绍 MJ-50 型数控车床的液压系统,图 3-14 为该液压系统的原理。

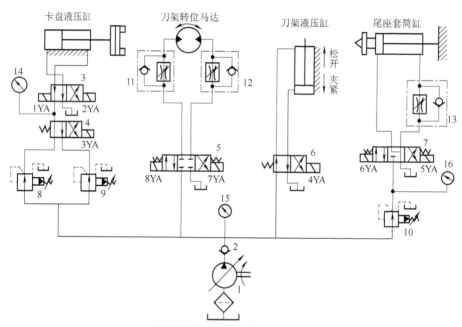

图 3-14 数控车床液压系统图

1-变量泵;2-单向阀;3、4、5、6、7-电磁换向阀;8、9、10-减压阀;
11、12、13-单向调速阀;14、15、16-压力表

机床中由液压系统实现的动作有:卡盘的夹紧与松开、刀架的夹紧与松开、刀架的正转与反转、尾座套筒的伸出与缩回。液压系统中各电磁阀的电磁铁动作是由数控系统中的可编程逻辑控制器(PLC)控制实现的,各电磁铁动作顺序见表 3-26。

表 3-26 电磁铁动作顺序表

电磁铁动作		1YA	2YA	3YA	4YA	5YA	6YA	7YA	8YA
卡盘正卡	高压 夹紧	+	−	−					
	高压 松开	−	+	−					
	低压 夹紧	+	−	+					
	低压 松开	−	+	+					
卡盘反卡	高压 夹紧	−	+	−					
	高压 松开	+	−	−					
	低压 夹紧	−	+	+					
	低压 松开	+	−	+					
刀架	正转							−	+
	反转							+	−
	松开				+				
	夹紧				−				
尾座	套筒伸出					−	+		
	套筒退回					+	−		

（二）数控机床液压系统的工作原理

MJ-50 型数控车床的液压系统采用限压式变量叶片泵供油，工作压力调到 4MPa，压力由压力表 15 显示。泵输出的压力油经过单向阀进入各子系统支路，其工作原理如下。

1. 卡盘的夹紧与松开

在要求卡盘处于正卡（卡爪向内夹紧工件外圆）且在高压大夹紧力状态下时，3YA 失电，阀 4 左位工作，选择减压阀 8 工作。夹紧力由减压阀 8 来调整，夹紧压力由压力表 14 来显示。

当 1YA 通电时，阀 3 左位工作，系统压力油经油泵→单向阀 2→减压阀 8→换向阀 4 左位→换向阀 3 左位→液压缸右腔；液压缸左腔的油液经阀 3 直接回油箱。这时，活塞杆左移，操纵卡盘夹紧。

当 2YA 通电时，阀 3 右位工作，系统压力油进入液压缸左腔，液压缸右腔的油液经阀 3 直接回油箱。这时，活塞杆右移，操纵卡盘松开。

在要求卡盘处于正卡且在低压小夹紧力状态下，3YA 通电，阀 4 右位工作，选择减压阀 9 工作。夹紧力由减压阀 9 来调整，夹紧压力也由压力表 14 来显示，阀 9 调整压力值小于阀 8。换向阀 3 的工作情况与高压大夹紧力时相同。

卡盘处于反卡（卡爪向外夹紧工件内孔）时，动作与正卡相反。即反卡的夹紧是正卡的松开；反卡的松开是正卡的夹紧。

2. 回转刀架的换刀

回转刀架换刀时，首先将刀架抬升松开，然后刀架转位到指定的位置，最后刀架下拉复位夹紧。

当 4YA 通电时，换向阀 6 右位工作→刀架抬升松开→8YA 通电→液压马达正转带动刀架换刀，转速由单向调速阀 11 控制（若 7YA 通电，则液压马达带动刀架反转，转速由单向调速阀 12 控制）→到位后 4YA 断电→阀 6 左位工作→液压缸使刀架夹紧。正转换刀还是反转换刀由数控系统按路径最短原则来判断。

3. 尾座套筒的伸缩运动

当 6YA 通电时，换向阀 7 左位工作，压力油经减压阀 10→换向阀 7 左位→尾座套筒液压缸的左腔；液压缸右腔油液经单向调速阀 13→阀 7→油箱，液压缸筒带动尾座套筒伸出，顶紧工件。顶紧力通过减压阀 10 调整，调整压力值由压力表 16 显示。

当 5YA 通电时，换向阀 7 右位工作，压力油经减压阀 10→换向阀 7 右位→单向调速阀 13→液压缸右腔；液压缸左腔的油液经阀 7 流向油箱，套筒快速缩回。

（三）数控机床液压系统的特点

(1) 用限压式变量液压泵供油，自动调整输出流量，能量损失小。

(2) 用减压阀稳定夹紧力，并用换向阀切换减压阀，实现高压和低压夹紧的转换，并能分别调节高压夹紧力或低压夹紧压力。这样根据工艺要求调节夹紧力，操作简单方便。

(3) 用液压马达实现刀架的转位，实现无级调速，并能控制刀架正、反转。

(4) 用换向阀控制尾座套筒液压缸的换向，实现套筒的伸出或缩回，并能调节尾座套筒伸出工作时顶紧力，以适应不同工艺的要求。

项目总结

1. 理整项目工作资料

整理项目工作中的工艺文件是否齐全，装订成册后是否有遗漏，液控系统原理图和安装与调试报告是否正确。

2. 撰写项目工作报告

(1) 项目名称。

(2) 项目概况，包括项目任务、项目用途及使用范围。

(3) 项目实施情况，包括准备情况、项目实施。其中，项目实施如下：

① 方案；

② 技术；

③ 安装、运行与调试等视具体情况而定；

④ 关键问题（技术）的解决办法。

(4) 小结。

(5) 参考文献。

3. 项目考核

学习情境 3 过程考核评价表如表 3-27 所示。

表 3-27 学习情境 3 过程考核评价表

任务名称：注塑机液压系统的安装与调试								
班级：		姓名：	学号：			指导教师：		
评价项目	评价标准	评价依据（信息、佐证）	评价方式			权重	得分小计	总分
			小组评价 0.2	学校评价 0.3	企业评价 0.6			
职业素质	(1) 遵守企业管理规定、劳动纪律 (2) 按时完成学习及工作任务 (3) 工作积极主动、勤学好问	实习表现				0.2		
专业能力	(1) 会分析注塑机液压系统的组成和工作原理 (2) 能安装和维护注塑机液压系统	(1) 书面作业和实训报告 (2) 实训课题完成情况记录				0.7		
创新能力	能够推广、应用国内相关职业的新工艺、新技术、新材料、新设备	"四新"技术的应用情况				0.1		
指导教师综合评价			指导教师签名：			日期：		

注：(1) 此表一式两份，一份由院校存档，另一份入预备技师学籍档案；
(2) 考核成绩均为百分制。

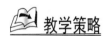
教学策略

本学习情境按照行动导向教学法的教学理念实施教学过程，包括咨询、计划、决策、执行、检查、评估六个步骤，同时贯彻手把手、放开手、育巧手，手脑并用；学中做、做中学、学会做，做学结合的职教理念。

1. 咨询

(1) 教师首先播放一段有关压力机在生产中应用的视频，使学生对压力机有一个感性的认识，以提高学生的学习兴趣。

(2) 教师布置任务。

① 采用板书或电子课件展示任务 1 的任务内容和具体要求。

② 通过引导文问题让学生在规定时间内查阅资料，包括工具书、计算机或手机网络、电话咨询或学生讨论等多种方式，以获得问题的答案，目的是培养学生检索资料的能力。

③ 教师认真评阅学生的答案，重点和难点问题，教师要加以解释。

对于任务 3.1 和任务 3.2，教师可播放与任务 3.1 和任务 3.2 有关的视频，包含任务 3.1 和任务 3.2 的整个执行过程；或教师进行示范操作，以达到手把手、学中做，教会学生实际操作的目的。

对于任务 3.3 和任务 3.4，由于学生有了任务 3.1 和任务 3.2 的操作经验，教师可只播放与任务 3.3 和任务 3.4 有关的视频，不再进行示范操作，以达到放开手、做中学的教学目的。

对于任务 3.5，由于学生有了任务 3.1~任务 3.4 的操作经验，教师既不播放视频，又不再进行示范操作，让学生独立思考，完成任务，以达到育巧手、学会做的教学目的。

2. 计划

1) 学生分组

根据班级人数和设备的台套数，由班长或学习委员进行分组。分组可采取多种形式，如随机分组、搭配分组、团队分组等，小组一般以 4~6 人为宜，目的是培养学生的社会能力，与各类人员的交往能力，同时每个小组指定一个小组的负责人。

2) 拟定方案

学生可以通过头脑风暴或集体讨论的方式拟定任务的实施计划，包括材料、工具的准备，具体的操作步骤等。

3. 决策

由学生和教师一起研讨，决定任务的实施方案，包括详细的过程实施步骤和检查方法。

4. 执行

学生根据实施方案按部就班地进行任务的实施。

5. 检查

学生在实施任务的过程中要不断检查操作过程和结果，以最终达到满意的操作效果。

6. 评估

学生在完成任务后，要写出整个学习过程的总结，并做电子课件汇报。教师要制定各种评价表格，如专业能力评价表格、方法能力评价表格和社会能力评价表格，如表 3-27 所示，根据评价结果对学生进行点评，同时布置课下作业，作业一般选取同类知识迁移的类型。

学习情境 4 机械手气动系统的安装与调试

学习目标

1. 项目引入

近几年，随着气动技术、传感器技术、PLC 技术、网络及通信技术等科学的相互渗透与发展，机电一体化技术在各种领域得到广泛应用。

气动机械手是机电一体化设备或自动化生产系统中常用的装置，用来搬运物件或代替人工完成某些操作，提高了生产效率。本学习情境中的气动机械手模拟实际生产中的物料转运系统。该机械手搬运工件的全过程由悬臂气缸、手臂气缸、气爪气缸和旋转气缸四个气缸之间的动作组合完成。根据机械手的工作任务，描述机械手的动作流程：初始位置→启动→悬臂伸出→手臂下降→气爪夹紧→手臂上升→悬臂缩回→机械手向右旋转→悬臂伸出→手臂下降→气爪放松→手臂上升→悬臂缩回→机械手向左旋转→初始位置。

本项目主要学习气动机械手的组成和工作原理，通过安装与调试气动机械手，提高学生对气动控制系统的安装、调试与检修的综合应用能力。

2. 项目要求

(1) 理解气动系统的组成及各部分的作用。
(2) 理解气动机械手控制系统的组成和工作原理。
(3) 会安装和调试气动机械手控制系统。
(4) 撰写项目工作总结。

3. 项目内容

(1) 安装、调试气动基本控制回路。
(2) 安装、调试抓取机构松紧控制回路。
(3) 安装、调试悬臂伸缩控制回路。
(4) 安装、调试立柱升降控制回路。
(5) 安装、调试立柱回转控制回路及联机调试机械手气动控制系统。

4. 项目实施

本项目要利用 PLC 控制电磁阀驱动气动机械手，实现气动机械手搬运工件的功能。主要通过以下五个任务来组织实施。

任务 4.1：安装、调试气动基本控制回路。
任务 4.2：安装、调试抓取机构松紧控制回路。
任务 4.3：安装、调试悬臂伸缩控制回路。
任务 4.4：安装、调试立柱升降控制回路。
任务 4.5：安装、调试立柱回转控制回路及联机调试机械手气动控制系统。

📖 学习任务

任务 4.1　安装、调试气动基本控制回路

4.1.1　任务目标

(1) 理解气动系统的组成及各部分的作用。
(2) 理解气动系统各类元件的名称、图形符号和作用。
(3) 具有根据图形符号识别各类元件的能力。
(4) 掌握安装、调试气动基本控制回路的方法。

4.1.2　任务引入与分析

尽管液压传动有许多优点，但在高质量、低功耗、无给油化的场合，如食品、印刷、纺织、电子半导体家电制造等行业就不能使用，而采用不污染环境的气压传动控制就较为合适。图 4-1 为气动技术在工业中的应用，本任务的目标是认识气动系统的组成及各部分的作用，会安装、调试气动基本控制回路。

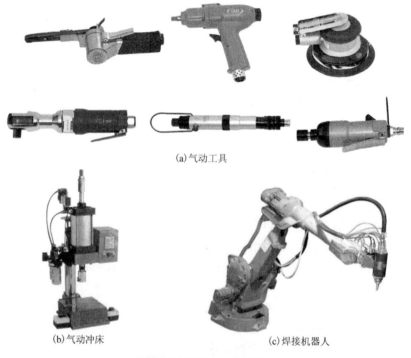

(a) 气动工具

(b) 气动冲床　　　　(c) 焊接机器人

图 4-1　气动技术的应用

全面了解气动技术，首先需要掌握控制系统的组成及各部分的作用，还必须认识到气动系统中各气动元件的功能、特性。

根据认识气动控制系统任务的目标，将该任务分成以下两个子任务来实施。
(1) 安装、调试供给回路。

(2) 安装、调试换向回路。

4.1.3 任务实施与评价

一、任务准备

(一) 知识与技能准备

1. 气动技术的概述

气动是"气动技术"或"气压传动与控制"的简称。气动技术是以空气压缩机为动力源，以压缩空气为工作介质，进行能量传递或控制的工程技术，是实现各种生产控制、自动控制的重要手段之一。

2. 气动系统的构成

下面以客车门开关机构来说明气动技术的工作原理。图 4-2(a)为客车门工作机构图，它是利用压缩空气来驱动气缸，从而带动门的开关，当气缸活塞杆伸出时，门就关上；当气缸活塞杆收缩时，门就打开。图 4-2(b)和(c)分别为以各个气动元器件的职能符号来表示的气动系统的组成及控制方法。

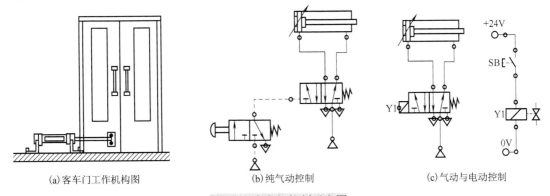

(a) 客车门工作机构图　　(b) 纯气动控制　　(c) 气动与电动控制

图 4-2　客车门控制示意图

根据这两种控制方式可以把气动系统的基本组成归纳如下。

1) 气源装置

气源装置主要是把空气压缩到原来体积的 1/7 左右形成压缩空气，并对压缩空气进行净化处理，最终向系统提供洁净、干燥的压缩空气。气源系统一般由气压发生装置、压缩空气的净化处理装置和传输管路系统组成。常见的气源装置的组成和布置如图 4-3 所示。

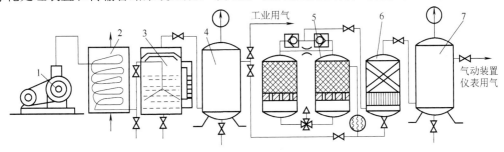

图 4-3　气源装置组成及布置示意图

1-空气压缩机；2-后冷却器；3-油水分离器；4、7-储气罐；5-干燥器；6-过滤器

在图 4-3 中,空气压缩机 1 用于产生压缩空气,一般由电动机带动。其吸气口装有空气过滤器以减少进入空气压缩机的杂质量。后冷却器 2 用于对压缩空气降温冷却,使净化的水凝结出来。油水分离器 3 用于分离并排出降温冷却的水滴、油滴、杂质等。储气罐 4 和 7 用于储存压缩空气,稳定压缩空气的压力并除去部分油分和水分。干燥器 5 用于进一步吸收或排除压缩空气中的水分和油分,使之成为干燥空气。过滤器 6 用于进一步过滤压缩空气中的灰尘、杂质颗粒。

储气罐 4 输出的压缩空气可用于一般要求的气压传动系统,储气罐 7 输出的压缩空气可用于要求较高的气动系统(如气动仪表及射流元件组成的控制回路等)。

图 4-4 为产生气动力源的气泵,包括空气压缩机、压力开关、过载安全保护器、储气罐、压力表、气源开关、主管道过滤器等。

常见的气源装置见表 4-1。

图 4-4 气泵

表 4-1 常见的气源装置

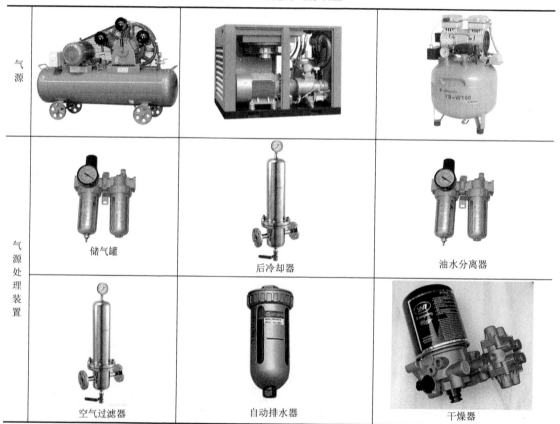

气源			
气源处理装置	储气罐	后冷却器	油水分离器
	空气过滤器	自动排水器	干燥器

2)执行元件

气动执行元件是以压缩空气为动力源,将气体的压力能转化为机械能的装置,用来实现既定的动作。气动系统常用的执行元件为气缸和气马达。气缸用于实现直线往复运动,气马达用于实现连续回转运动。在本气动机械手中只用到了气缸，包括双杆气缸、笔形气缸、手指气缸、回转气缸等，如图 4-5 所示。

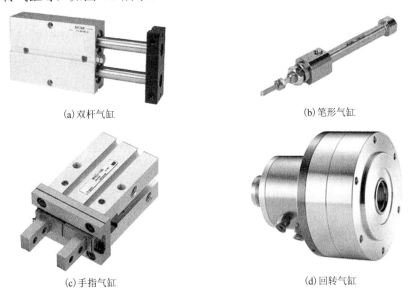

图 4-5 气动机械手中使用的气缸

目前最常选用的是标准气缸，其结构和参数都已系列化、标准化、通用化。按其功能分为单作用气缸和双作用气缸。

（1）单作用气缸：图 4-6 为单作用气缸，在压缩空气作用下，气缸活塞杆伸出，当无压缩空气时，气缸的活塞杆在弹簧力作用下回缩。气缸活塞上永久磁环可用于驱动磁感应传感器动作。对于单作用气缸，压缩空气仅作用在气缸活塞的一侧，另一侧则与大气相通。气缸只在一个方向上做功，气缸活塞在复位弹簧或外力作用下复位。在无负载情况下，弹簧力使气缸活塞以较快速度回到初始位置。复位力由弹簧自由长度决定。单作用气缸具有一个进气口和一个出气口。出气口必须洁净，以保证气缸活塞运动时无故障。

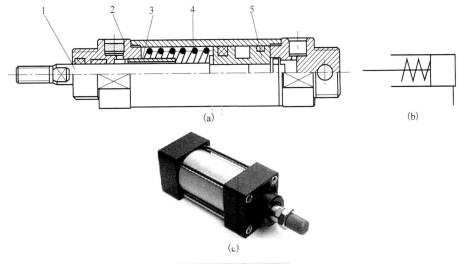

图 4-6 单向作用气缸

1-活塞杆；2-过滤片；3-止动套；4-弹簧；5-活塞

(2)双作用气缸：图4-7为双作用气缸，气缸两个方向的运动都是通过气压传动进行的，气缸的内部结构如图 4-7(a)所示，它的两端具有缓冲作用。在气缸轴套前端有一个防尘环，以防止灰尘等杂质进入气缸腔内。前缸盖上安装的密封圈用于活塞杆密封，轴套可为气缸活塞杆导向，其由烧结金属或涂塑金属制成。在压缩空气作用下，双作用气缸活塞杆既可以伸出，又可以回缩。通过缓冲调节装置，可以调节其终端缓冲作用。

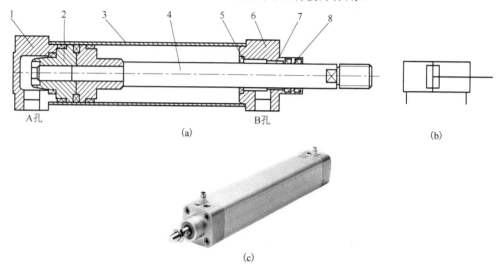

图 4-7 双作用气缸

1-后缸盖；2-缓冲柱塞；3-缸筒；4-活塞杆；5-密封图；6-前端盖；7-导向套；8-防尘环

3)控制元件

控制元件用来调节和控制压缩空气的压力、流量和流动方向，使执行机构按要求的程序和性能工作。以控制方式而言，有纯气动控制和气动-电气控制之分。

在气动机械手中使用的气动控制元件，按其作用和功能分为压力控制阀、流量控制阀、方向控制阀。

(1)压力控制阀：在气动机械手中使用的压力控制阀主要有减压阀和溢流阀。减压阀的作用是降低由空气压缩机带来的压力，以适于每台气动设备的需要，并使这一部分压力保持稳定。图4-8为直动式减压阀的结构及实物图。

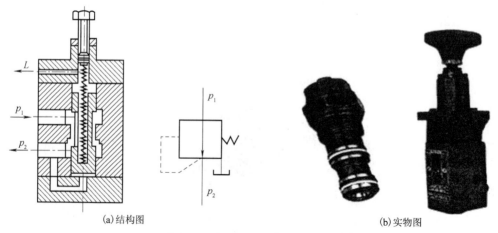

图 4-8 直动式减压阀的结构及实物图

溢流阀的作用是当系统压力超过调定值时，便自动排气，使系统的压力下降，以保证系统安全，故也称其为安全阀。图4-9为安全阀的工作原理图。

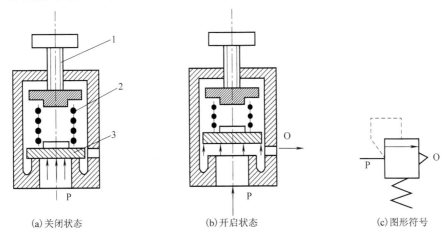

图4-9　安全阀的工作原理图

1-调节杆；2-弹簧；3-活塞

(2)流量控制阀：在气动机械手中使用的流量控制阀主要有节流阀。节流阀是将空气的流通截面缩小以增加气体的流通阻力，从而降低气体的压力和流量。图4-10为节流阀的结构图。节流阀的阀体上有一个调整螺丝，可以调节流阀的开口度(无级调节)，并可保持其开口度不变，此类阀称为可调节流阀。可调节流阀常用于调节气缸活塞运动速度，可直接安装在气缸上。

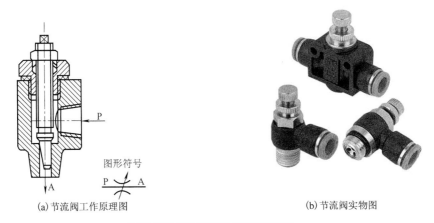

图4-10　节流阀的结构和实物图

(3)方向控制阀：方向控制阀是用来改变气流流动方向或通断的控制阀，方向控制阀的控制端的控制形式有很多种，如电压式、气压式、机械压力式等。在说明某个控制阀时，需要加上控制形式，如"单电控""双电控"等。后面所涉及的方向控制阀都是采用电磁力来获得轴向力的，使阀芯迅速移动来实现阀的切换以控制气流的流动方向，因此称为电磁换向阀。

电磁换向阀是利用其电磁线圈通电时，静铁心对动铁心产生电磁吸力使阀芯切换，达到改变气流方向的目的。气动系统中常用的有二位三通阀和二位五通阀。

① 单电控二位三通阀：二位三通的含义是有两个确定的工作状态(两个工作位置)，并且

总共有三个通气口。同理,如果有三个确定的工作状态,并且有五个通气口,则为三位五通阀。图 4-11 为单电控二位三通阀。它只有一个电磁铁,图 4-11(a)为常态情况,即激励线圈不通电,此时阀在复位弹簧的作用下处于左端位置。其通路状态为 A 与 T 相通,A 口排气。当通电时,如图 4-11(b)所示,电磁铁 1 推动阀芯向右移动,气路换向,其通路为 P 与 A 相通,A 口进气。图 4-11(c)为其图形符号。

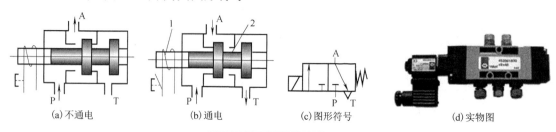

图 4-11　单电控二位三通阀

1-电磁铁;2-阀芯

② 双电控二位五通阀:图 4-12 为双电控二位五通阀。它有两个电磁铁,当右线圈通电、左线圈断电时,阀芯被推向左端,其通路状态是 P 与 B、A 与 T_1 相通,B 口进气、A 口排气。当右线圈断电时,阀芯仍处于原有状态,即具有记忆性。阀芯被推向右端,其通路状态是 P 与 A 相通、B 与 T_2 相通,A 口进气、B 口排气。若电磁线圈断电,则气流通路仍保持原状态。

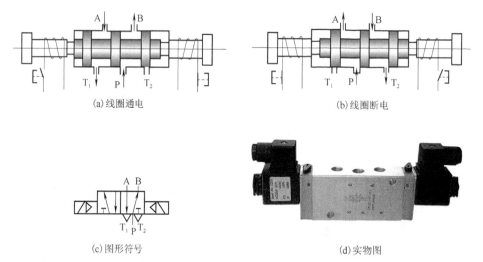

图 4-12　双电控二位五通阀

注意:双电控换向阀的两个电控信号不能同时为"1",即在控制过程中不允许两个线圈同时得电,否则,可能会造成电磁阀线圈烧毁,当然,在这种情况下阀芯的位置是不确定的。

4) 辅助元件

辅助元件是连接元件之间所需的一些元件,以及系统进行消声、冷却、测量等方面的一些元件。常用的气动辅助元件见表 4-2。

表 4-2 常用的气动辅助元件

类别	图示
气源处理三联件	
消声器	
气动传感器	
气动放大转换器	
气动接头	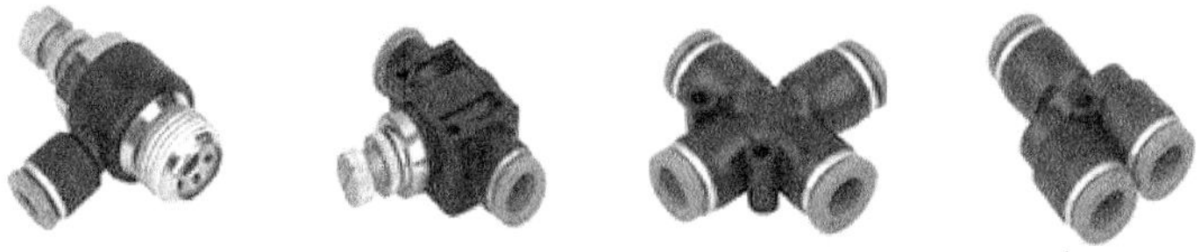 SL L型节流　　SA管道型　　PZA十字四通　　PY Y型三通  PX Y型螺纹三通　　PW Y型三通变径　　PV 二通　　PU 直通 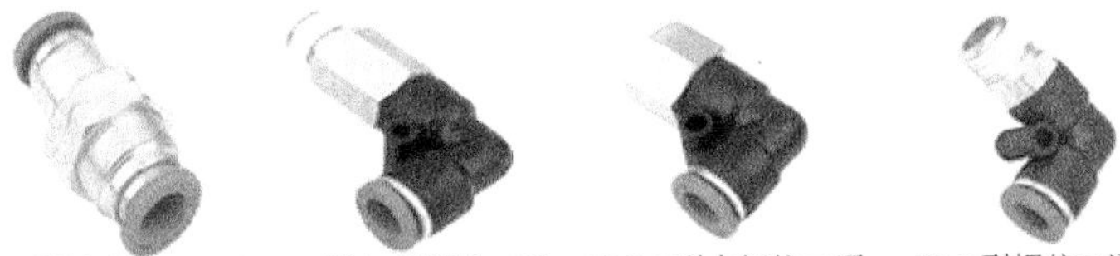 PM 隔板直通　　PLL L型加长螺纹二通　　PLF L型内螺纹二通　　PL L型螺纹二通

3. 气压传动的优缺点

1) 气压传动的优点

(1) 空气作为气压传动的工作介质,取之不尽,来源方便,用过以后直接排入大气,不会污染环境。

(2) 工作环境适应性好。在易燃、易爆、多尘埃、辐射、强磁、振动、冲击等恶劣的环境中,气压传动系统工作都是安全可靠的。

(3) 空气黏度小,流动阻力小,便于介质集中供应和远距离输送。

(4) 气动控制动作迅速,反应快,可在较短的时间内达到所需的压力和速度。

(5) 气动元件结构简单,易于加工,使用寿命长,可靠性高,易于实现标准化、系列化、通用化。

2) 气压传动的缺点

(1) 由于空气压缩性大,气缸的动作速度易随外加负载的变化而变化,稳定性差,给位置和速度控制带来较大影响。

(2) 目前气动系统的压力级(一般小于 0.8MPa)不高,总的输出力不大。

(3) 工作介质(空气)没有润滑性,系统中必须采取措施进行给油润滑。

(4) 气动元件在工作时噪声较大,因此高速排气时需要加装消声器。

当前的自动化系统中,气动技术虽然发展历史不长,但由于优越的特性,其应用范围已越来越广泛。在自动化生产线,尤其是在汽车制造业、电子半导体制造业等工业生产领域有着广泛的应用。

(二) 设备与材料准备

(1) 设备准备:预装三菱 FXGP_WIN-C 编程软件的计算机;三菱 PLC 及配套编程电缆;气动机械手组件;气动控制实训装置。

(2) 材料准备:磁性开关、电感式接近开关若干;开关、按钮若干;截面积 $1mm^2$ 的连接导线若干。

(三) 工具与场地准备

(1) 万用表、一字旋具、十字旋具、尖嘴钳等常用的电工工具。

(2) 可视条件选择气动技术实训室、工业自动化控制实训室作为实训场地。

二、任务实施

1. 安装、调试供给回路

压缩空气中含有的水分、灰尘、油污等杂质及输出压力的波动,对气动系统的正常工作都将造成不良影响,因而必须对其进行净化及稳压处理。气动供给回路即气源处理回路,要保证气动系统具有高质量的压缩空气和稳定的工作压力。

气动元件的安装要点如下。

(1) 安装前应查看阀的铭牌,注意型号、规格与使用条件是否相符,包括电源、工作压力、通径和纹路接口等。

(2) 充分吹洗配管,防止异物进入系统内。

(3)确认各元件的进口、出口侧,不得装反。

(4)过滤器、油雾器的水杯应竖直朝下安装。确保更换滤芯时所需的操作空间、排水方便、便于注油、操作和观察。

(5)减压阀考虑调压手轮操作方便,压力表易于观察。

(6)电磁换向阀应尽量靠近被控制的气缸安装。

安装如图 4-13 所示的一次气源处理回路。

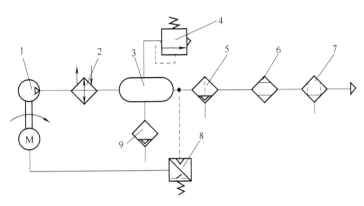

图 4-13 一次气源处理回路

1-空气压缩机;2-冷却器;3-储气罐;4-溢流阀;5-过滤器;6-干燥器;7-油雾分离器;8-压力继电器;9-自动排水器

管道的安装要点如下。

安装前应彻底检查、清洗管道中的粉尘杂物,经检查合格的管道需吹风后才能安装。安装时应按管路系统安装图中标明的固定方法安装,并要注意如下问题。

(1)管道接口部分的几何轴线必须与管接头的几何轴线重合,否则会产生安装应力或造成密封不好。

(2)螺纹连接头的拧紧力矩要适中。既不能过紧使管道接口部分损坏,也不能过松而影响密封。

(3)为防止漏气,连接前螺纹处应涂密封胶。螺纹前段 2～3 牙不涂密封胶或拧入 2～3 牙后再涂密封胶,以防止密封胶进入管道内。

(4)软管安装时应避免扭曲变形。在安装前,可在软管表面沿软管按轴线涂一条色带,安装后用色带判断软管是否被扭曲。为防止拧紧时软管的扭曲,可在最后拧紧前将软管向相反方向转动 1/8～1/6 圈。

(5)软管的弯曲半径应大于其外径的 9 倍。可用管接头来防止软管的过度弯曲。

(6)一般情况下,硬管的弯曲半径应不小于其外径的 2.5 倍。在弯管过程中,管子内部常装入填充剂支撑管壁,从而避免管子截面变形。

(7)管路走向要合理。尽量平行布置,减少交叉,力求最短,弯曲要少,并避免急剧弯曲。短软管只允许做平面弯曲,长软管可以做复合弯曲。

2. 安装、调试换向回路

换向回路是利用换向阀使执行元件(气缸或气马达)改变运动方向的控制回路。

1)安装、调试单作用气缸换向回路

(1)如图 4-14(a)所示的气动回路为采用二位三通单电控换向阀控制的单作用气缸回路。选出回路中所使用的元件,并在实训台上按要求规范摆放。

(2)将气源与二位三通单电控换向阀的进气口1连接起来。

(3)将二位三通单电控换向阀的工作口2连接气缸的左腔。

(4)当电磁阀YA通电时气缸接通气源,气压使活塞杆伸出;断电时气缸接通大气,靠弹簧作用使活塞杆缩回。信号关系如图4-14(b)所示。

气路连接注意事项如下。

(1)气管切口应平整,切面与气管轴线垂直。

(2)走线应尽量避开设备工作区域,防止对设备动作产生干扰。

(3)各气缸与电磁换向阀连接气管的走线方向、方式应一致。

(4)气管避免过长或过短。过长会影响美观并影响设备动作,过短会造成气管弯曲半径过小而发生弯折。

(5)气管应利用塑料捆扎带进行捆扎,捆扎不宜过紧,防止造成气管受压变形。捆扎间距为50~80mm,捆扎间距均匀统一。

(6)安装如图4-15所示的电控回路图,当按下按钮开关PB1时,线圈YA得电吸合,电磁阀换向,则气缸前进;当松开按钮开关PB1时,线圈YA失电,则气缸后退。

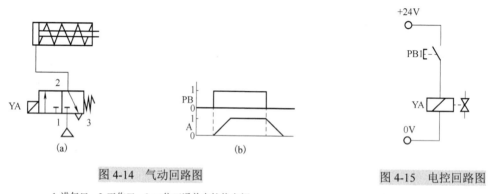

图4-14 气动回路图　　　　　　　图4-15 电控回路图

1-进气口;2-工作口;3-二位三通单电控换向阀

2)安装、调试双作用气缸换向回路

(1)如图4-16(a)所示的气动回路为采用具有记忆作用的二位五通双电控换向阀控制的双作用气缸回路。选出回路中所使用的元件,并在实训台上按要求规范摆放。

(2)将气源与二位五通双电控换向阀的进气口1连接起来。

(3)将二位五通双电控换向阀的工作口4连气缸的左腔,将工作口2连气缸的右腔。

(4)当电磁阀YA1通电时,二位五通换向阀左位接入系统,压缩空气进入气缸的左腔,使得活塞杆伸出;当YA0得电(YA1失电断开)接通时,二位五通换向阀右位接入系统,使活塞杆回到初始位置。信号关系如图4-16(b)所示。

(5)安装如图4-17所示的电控回路图,当按下按钮开关PB1时,线圈YA1得电吸合,电磁阀换向,则气缸前进;当按下按钮开关PB2时,线圈YA0得电吸合,则气缸后退,此时应注意两个线圈不能同时通电。

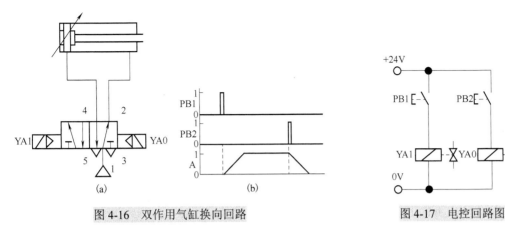

图 4-16 双作用气缸换向回路 图 4-17 电控回路图

1-进气口；2、4-工作口；3-二位五通换向阀；5-排气口

三、任务评价

任务考核评价表如表 4-3 所示。

表 4-3 任务考核评价表

任务名称：安装、调试气动基本控制回路								
班级：	姓名：		学号：			指导教师：		
评价项目	评价标准	评价依据（信息、佐证）	评价方式			权重	得分小计	总分
			小组评价	学校评价	企业评价			
			0.2	0.3	0.5			
职业素质	(1) 遵守企业管理规定、劳动纪律 (2) 按时完成学习及工作任务 (3) 工作积极主动、勤学好问	实习表现				0.2		
专业能力	(1) 理解气动系统的组成及各部分的作用 (2) 理解气动系统各类元件的名称、图形符号和作用 (3) 具有根据图形符号识别各类元件的能力	(1) 书面作业和实训报告 (2) 实训课题完成情况记录				0.7		
创新能力	能够推广、应用国内相关职业的新工艺、新技术、新材料、新设备	"四新"技术的应用情况				0.1		
指导教师综合评价		指导教师签名：				日期：		

4.1.4 知识链接

一、气压传动系统

气动是流体传动及控制学科的一个重要分支。因为以压缩空气作为工作介质，具有防火、防爆、防电磁干扰、抗振动、抗冲击、抗辐射、无污染、结构简单、工作可靠等优点，所以气动技术与液压、机械、电气和电子技术一起，互相补充，已成为实现生产过程自动化的一

个重要手段,近年来得到了迅速发展,在机械、冶金、轻工、航空、交通运输、国防建设等行业得到广泛的应用。

(一)气压传动的工作原理及其组成

气压传动是以压缩空气作为工作介质进行能量传递和信号传递的一门技术。气压传动的工作原理是利用空气压缩机把电动机或其他原动机输出的机械能转换为空气的压力能,然后在控制元件的作用下,通过执行元件把压力能转换为直线运动或回转运动形式的机械能,从而完成各种动作,并对外做功。由此可知,气压传动系统和液压传动系统类似,也是由四部分组成的,见图4-18。

(1)气源装置:获得压缩空气的装置。其主体部分是空气压缩机,它将原动机供给的机械能转变为气体的压力能。

(2)控制元件:用来控制压缩空气的压力、流量和流动方向,以便使执行机构完成预定的工作循环,它包括各种压力控制阀、流量控制阀和方向控制阀等。

(3)执行元件:将气体的压力能转换成机械能的一种能量转换装置。它包括实现直线往复运动的气缸和实现连续回转运动或摆动的气马达等。

(4)辅助元件:保证压缩空气的净化、元件的润滑、元件间的连接及消声等所必需的元件,它包括过滤器、油雾器、管接头及消声器等。

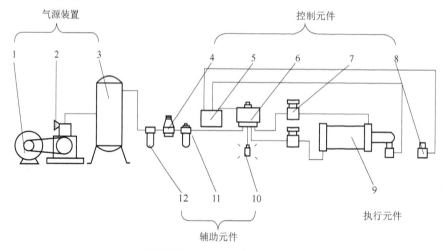

图4-18 气动系统的组成结构图

1-电动机;2-空气压缩机;3-储气罐;4-压力控制阀;5-逻辑元件;6-方向控制阀;
7-流量控制阀;8-行程阀;9-气缸;10-消声器;11-油雾器;12-分水滤气器

(二)气压传动的优缺点

1. 气压传动的优点

(1)空气随处可取,取之不尽,节省了购买、储存、运输介质的费用和麻烦;用后的空气直接排入大气,对环境无污染,处理方便,不必设置回收管路,因而也不存在介质变质、补充和更换等问题。

(2)因空气黏度小(约为液压油的万分之一),在管内流动阻力小,压力损失小,便于集中供气和远距离输送。即使有泄漏,也不会像液压油一样污染环境。

(3) 与液压相比，气动反应快，动作迅速，维护简单，管路不易堵塞。

(4) 气动元件结构简单，制造容易，适于标准化、系列化、通用化。

(5) 气动系统对工作环境适应性好，特别在易燃、易爆、多尘埃、强磁、辐射、振动等恶劣工作环境中工作时，安全可靠性优于液压、电子和电气系统。

(6) 空气具有可压缩性，使气动系统能够实现过载自动保护，也便于储气罐储存能量，以备急需。

(7) 排气时气体因膨胀而温度降低，故气动设备可以自动降温，长期运行也不会发生过热现象。

2. 气压传动的缺点

(1) 空气具有可压缩性，当载荷变化时，气动系统的动作稳定性差，但可以采用气液联动装置解决此问题。

(2) 工作压力较低（一般为 0.4～0.8MPa），又因结构尺寸不宜过大，故输出功率较小。

(3) 气信号传递的速度比光、电子速度慢，故不宜用于要求高传递速度的复杂回路中，但对一般机械设备，气动信号的传递速度是能够满足要求的。

(4) 排气噪声大，需加消声器。

气压传动与其他传动的性能比较，如表 4-4 所示。

表 4-4 气压传动与其他传动的性能比较

类型		操作力	动作快慢	环境要求	构造	负载变化影响	操作距离	无级调速	工作寿命	维护	价格
气压传动		中等	较快	适应性好	简单	较大	中距离	较好	长	一般	便宜
液压传动		最大	较慢	不怕振动	复杂	有一些	短距离	良好	一般	要求高	稍贵
电传动	电气	中等	快	要求高	稍复杂	几乎没有	远距离	良好	较短	要求较高	稍贵
	电子	最小	最快	要求特高	最复杂	没有	远距离	良好	短	要求更高	最贵
机械传动		较大	一般	一般	一般	没有	短距离	较困难	一般	简单	一般

二、气源装置及辅助元件

(一) 气源装置及辅件

气压传动系统中的气源装置为气动系统提供满足一定质量要求的压缩空气，它是气压传动系统的重要组成部分。由空气压缩机产生的压缩空气，必须经过降温、净化、减压、稳压等一系列处理后，才能供给控制元件和执行元件使用。而用过的压缩空气排向大气时，会产生噪声，应采取措施，降低噪声，改善劳动条件和环境质量。

1. 气源装置

对压缩空气的要求如下。

(1) 要求压缩空气具有一定的压力和足够的流量。因为压缩空气是气动装置的动力源，没有一定的压力不但不能保证执行机构产生足够的推力，而且连控制机构都难以正确地动作，没有足够的流量，就不能满足对执行机构运动速度和程序的要求等。总之，压缩空气没有一定的压力和流量，气动装置的一切功能均无法实现。

(2) 要求压缩空气有一定的清洁度和干燥度。清洁度是指气源中含油量、含灰尘杂质的质量及颗粒大小都要控制在很低范围内。干燥度是指压缩空气中的含水量，气动装置要求压缩空气的含水量越低越好。由空气压缩机排出的压缩空气,虽然能满足一定的压力和流量的要求,但不能为气动装置所使用。因为一般气动设备所使用的空气压缩机都是属于工作压力较低(小于 1MPa),用油润滑的活塞式空气压缩机。它从大气中吸入含有水分和灰尘的空气,经压缩后,空气温度均提高 140~180℃,这时空气压缩机气缸中的润滑油也部分成为气态,这样油分、水分以及灰尘便形成混合的胶体微尘与杂质混在压缩空气中一起排出。如果将此压缩空气直接输送给气动装置使用,则将产生下列影响。

① 混在压缩空气中的油蒸气可能聚集在储气罐、管道、气动系统的容器中形成易燃物,有引起爆炸的危险;另外,润滑油被汽化后,会形成一种有机酸,对金属设备、气动装置有腐蚀作用,影响设备的寿命。

② 混在压缩空气中的杂质能沉积在管道和气动元件的通道内,减小通道面积,增加管道阻力。特别是对内径只有 0.2~0.5mm 的某些气动元件会造成阻塞,使压力信号不能正确传递,整个气动系统不能稳定工作甚至失灵。

③ 压缩空气中含有的饱和水蒸气,在一定的条件下会凝结成水,并聚集在个别管道中。在寒冷的冬季,凝结的水会使管道及附件结冰而损坏,影响气动装置的正常工作。

④ 压缩空气中的灰尘等杂质,对气动系统中做往复运动或转动的气动元件(如气缸、气马达、气动换向阀等)的运动副会产生研磨作用,使这些元件因漏气而降低效率,影响它的使用寿命。

因此气源装置必须设置一些除油、除水、除尘,并使压缩空气干燥,提高压缩空气质量,进行气源净化处理的辅助设备。

2. 气源装置的设备组成及布置

气源装置包括压缩空气的发生装置以及压缩空气的存储、净化等辅助装置。它为气动系统提供合乎质量要求的压缩空气,是气动系统的一个重要组成部分。

3. 空气压缩机的分类

空气压缩机简称空压机,是气源装置的核心,用以将原动机输出的机械能转化为气体的压力能。空压机有以下几种分类方法。

(1)按工作原理分类。
(2)按输出压力 p 分类。
(3)按输出流量 q_z(即铭牌流量或自由流量)分类。

4. 空气压缩机的工作原理

气动系统中最常用的是往复活塞式空气压缩机,其工作原理如图 4-19 所示。

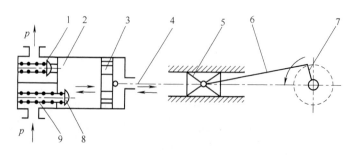

图 4-19 活塞式空气压缩机工作原理图

1-排气阀;2-缸体;3-活塞;4-活塞杆;5-滑块;6-连杆;7-曲柄;8-吸气阀;9-阀门弹簧

5. 空气压缩机的选用原则

选择空气压缩机的依据是气动系统所需的工作压力和流量两个主要参数。空气压缩机的额定压力应等于或略高于气动系统所需的工作压力，一般气动系统的工作压力为 0.4～0.8MPa，故常选用低压空气压缩机，特殊需要也可选用中、高压或超高压空气压缩机。

输出流量的选择，要根据整个气动系统对压缩空气的需要再加一定的备用余量，作为选择空气压缩机(或机组)流量的依据，空气压缩机铭牌上的流量是自由空气流量。

(二)气动辅助元件

气动辅助元件分为气源净化装置和其他辅助元件两大类。

1. 气源净化装置

压缩空气净化装置一般包括后冷却器、油水分离器、储气罐、干燥器、过滤器等。

1) 后冷却器

后冷却器安装在空气压缩机出口处的管道上。它的作用是将空气压缩机排出的压缩空气温度由 140～170℃降至 40～50℃。这样就可使压缩空气中的油雾和水汽迅速达到饱和，使大部分析出并凝结成油滴和水滴，以便经油水分离器排出。后冷却器的结构形式有蛇形管式、列管式、散热片式、管套式。冷却方式有水冷和气冷两种方式，蛇形管式后冷却器和列管式后冷却器的结构如图 4-20 所示。

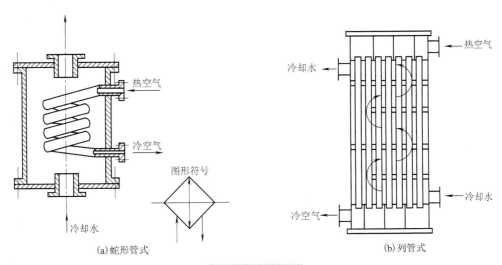

图 4-20 后冷却器

2) 油水分离器

油水分离器安装在后冷却器出口管道上，它的作用是分离并排出压缩空气中凝聚的油分、水分和灰尘杂质等，使压缩空气得到初步净化。油水分离器的结构形式有环形回转式、撞击折回式、离心旋转式、水浴式及以上形式的组合使用等。应用较多的是使气流撞击并产生环形回转流动的结构形式。其结构如图 4-21 所示，当压缩空气由进气管进入分离器壳体以后，气流先受到隔板的阻挡，产生流向和速度的急剧变化(流向如图 4-21 中箭头所示)，而在压缩空气中凝聚的水滴、油滴等杂质受到惯性作用分离出来，沉降在壳体底部，由下部的排污阀排出。

为了提高油水分离的效果，气流回转后的上升速度越小越好，则分离器的内径就要做得大。一般上升速度控制在 1m/s 左右，油水分离器的高度与内径之比为 3.5～4。

3) 储气罐

储气罐的主要作用如下：

(1) 储存一定数量的压缩空气，以备发生故障或临时需要时应急使用；

(2) 消除由于空气压缩机断续排气而对系统引起的压力脉动，保证输出气流的连续性和平稳性；

(3) 进一步分离压缩空气中的油、水等杂质。

储气罐一般采用焊接结构，以立式居多，其结构如图 4-22(a) 所示。立式储气罐的高度为其直径的 2~3 倍，同时应设置进气管在下，出气管在上，并尽可能加大两气管之间的距离，以利于进一步分离空气中的油和水。同时，储气罐上应配置安全阀、压力表、排水阀和清理检查用的孔口等。

图 4-22(b) 为储气罐的图形符号。

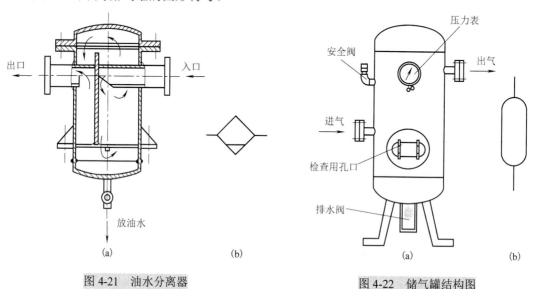

图 4-21 油水分离器　　图 4-22 储气罐结构图

4) 干燥器

经过后冷却器、油水分离器和储气罐后得到初步净化的压缩空气，已满足一般气压传动的需要。但压缩空气中仍含有一定量的油、水以及少量的粉尘。如果用于精密的气动装置、气动仪表等，则上述压缩空气还必须进行干燥处理。

压缩空气干燥方法主要采用吸附法和冷却法。

吸附法是利用具有吸附性能的吸附剂（如硅胶、铝胶或分子筛等）来吸附压缩空气中含有的水分，而使其干燥；冷却法是利用制冷设备使空气冷却到一定的露点温度，析出空气中超过饱和水蒸气部分的多余水分，从而达到所需的干燥度。吸附法是干燥处理方法中应用最为普遍的一种方法。吸附式干燥器的结构如图 4-23 所示。它的外壳呈筒形，其中分层设置栅板、吸附剂、滤网等。湿空气从湿空气进气管 1 进入干燥器，通过吸附剂层 21、过滤网 20、上栅板 19 和下部吸附剂层 16 后，因其中的水分被吸附剂吸收而变得很干燥。然后经过过滤网 15、下栅板 14 和过滤网 12，干燥、洁净的压缩空气便从干燥空气输出管 8 排出。

5) 过滤器

空气的过滤是气压传动系统中的重要环节。不同的场合，对压缩空气的要求也不同。过滤器的作用是进一步滤除压缩空气中的杂质。常用的过滤器有一次过滤器（也称简易过滤器，滤灰效率为50%~70%)和二次过滤器(滤灰效率为70%~99%)。在要求高的特殊场合,还可使用高效率的过滤器(滤灰效率大于99%)。

(1) 一次过滤器:图4-24为一种一次过滤器,气流由切线方向进入筒内,在离心力的作用下分离出液滴,然后气体由下而上通过多片钢板、毛毡、硅胶、焦炭、滤网等过滤吸附材料,干燥清洁的空气从筒顶输出。

(2) 分水滤气器:滤灰能力较强,属于二次过滤器。它和减压阀、油雾器一起称为气动三联件,是气动系统中不可缺少的辅助元件。普通分水滤气器的结构如图4-25所示。其工作原理如下:压缩空气从输入口进入后,被引入旋风叶子1,旋风叶子上有很多小缺口,使空气沿切线反向产生强烈的旋转,这样夹杂在气体中的较大水滴、油滴、灰尘(主要是水滴)便获得较大的离心力,并高速与存水杯3内壁碰撞,而从气体中分离出来,沉淀于存水杯3中,然后气体通过中间的滤芯2,部分灰尘、雾状水被2拦截而滤去,洁净的空气便从输出口输出。挡水板4防止气体旋涡将存水杯中积存的污水卷起而破坏过滤作用。为保证分水滤气器正常工作,必须及时将存水杯中的污水通过手动排水阀5放掉。在某些人工排水不方便的场合,可采用自动排水式分水滤气器。

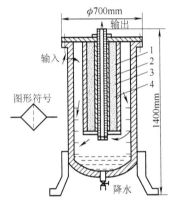

图4-24 一次过滤器结构图

1-φ10密孔网;2-280目细钢丝网;3-焦炭;4-硅胶等

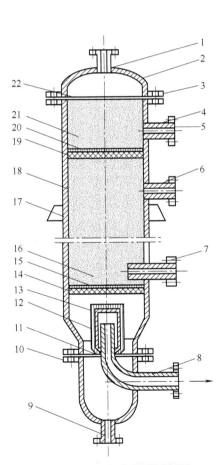

图4-23 吸附式干燥器结构图

1-湿空气进气管;2-顶盖;3、5、10-法兰;4、6-再生空气排气管;7-再生空气进气管;8-干燥空气输出管;9-排水管;11、22-密封座;12、15、20-钢丝过滤网;13-毛毡;14-下栅板;16、21-吸附剂层;17-支撑板;18-筒体;19-上栅板

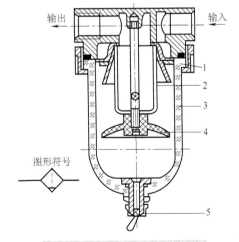

图4-25 普通分水滤气器结构图

1-旋风叶子;2-滤芯;3-存水杯;4-挡水板;5-手动排水阀

存水杯由透明材料制成,便于观察工作情况、污水情况和滤芯污染情况。滤芯目前采用铜粒烧结而成。发现油泥过多,可采用酒精清洗,干燥后再装上,可继续使用。但是这种过滤器只能滤除固体和液体杂质,因此,使用时应尽可能装在能使空气中的水分变成液态的部位或防止液体进入的部位,如气动设备的气源入口处。

2. 其他辅助元件

1) 转换器

气动控制系统与其他自动控制装置一样,都有发信、控制和执行部分,其控制部分工作介质是气体,而信号传感部分和执行部分不一定全用气体,可能用电或液体传输,这就需要通过转换器来转换。常用的有气电转换器、电气转换器和气液转换器等。

(1) 气电转换器。它是把气信号转换成电信号的装置,即利用输入气信号的变化引起可动部件(如膜片、顶杆等)的位移来接通或断开电路,以输出电信号。气电转换器按输入气信号压力分为高压、中压和低压三种。高压气电转换器又称为压力继电器。

图 4-26 是低压气电转换器,硬芯和焊片是两个触点,无气信号输入时是断开的。有一定压力气信号输入时,膜片向上运动带动硬芯和限位螺钉接触,与焊片接通,发出电信号;气信号消失时,膜片带动硬芯复位,触点断开,电信号消失。调节螺钉可以调整接收气信号压力。

使用气电转换器时,应避免将其安装在振动较大的地方,并不应倾斜和倒置,以免产生误动作,造成事故。

(2) 电气转换器。它是将电信号转换成气信号输出的装置,与气电转换器作用刚好相反。按输出气信号的压力也分为高压、中压和低压三种,常用的电磁阀是一种高压电气转换器。图 4-27 为喷嘴挡板式电气转换器结构图。通电时线圈产生磁场将衔铁吸下,使挡板堵住喷嘴,气源输入的气体经过节流孔后从输出口输出,即有气信号输出。断电时磁场消失,衔铁在弹性支撑的作用下使挡板离开喷嘴,气源输入的气体经节流孔后从喷嘴喷出,输出口则无气信号输出。这种电气转换器一般为直流电源,气源压力低,属低压电气转换器。

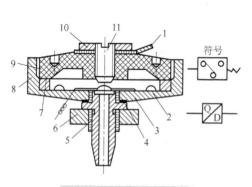

图 4-26 低压气电转换器

1-焊片;2-膜片;3-硬芯;4-密封垫;5-接头;6-螺母;
7-压圈;8-外壳;9-盖;10-限位螺钉;11-调节螺钉

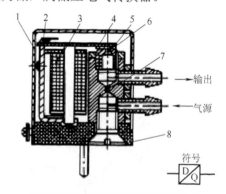

图 4-27 喷嘴挡板式电气转换器

1-罩壳;2-弹性支撑;3-线圈;4-杠杆;
5-挡板;6-喷嘴;7-固定节流口;8-底座

(3) 气液转换器。气动系统中常使用气液阻尼缸或液压缸作执行元件,以求获得平稳的速度,因此就需要一种把气信号转换成液压信号输出的装置,这就是气液转换器。常用的气液转换器有两种:一种是气液直接接触或带活塞、隔膜式,即在一筒式容器内,压缩空气直接作用在液面(多为液压油)上,或通过活塞、隔膜作用在液面上,推压液体以同样的压力输出至系统(液压缸等)，如图 4-28 所示，压缩空气由输入口进入转换器，经缓冲装置后作用在液压油面上，因而液压油即以压缩空气相同的压力从转换器输出口 3 输出。缓冲装置 2 用于避免气流直接冲到液面上引起飞溅，视窗 4 用于观察液位，转换器的储油量应不小于液压缸最大有效容积的 1.5 倍。另一种是换向阀式。后者气液不接触，可防止油气混合，且输入较低压力的气控信号就可以获得较高压力的液压输出，放大倍数大，但需另外配备液压油源，使用不如前者方便。

(4)单缸双作用气液泵。单缸双作用气液泵也是一种气液转换装置，它可以连续输出较高压力的液压油，给一个或多个液压执行元件供油。图 4-29 为单缸双作用气液泵的工作原理图，气动活塞 3 向下运动时驱动液压缸活塞向下运动，液压缸下腔压力升高，关闭单向阀 2，并打开单向阀 1，使液压缸下腔的油液经单向阀 1 至液压缸上腔从输出口输出，气动活塞 3 向上运动时，液压缸上腔压力升高，单向阀 1 关闭，上腔油液被压缩从输出口输出，同时液压缸下腔压力下降，当压力下降到一定值时，单向阀 2 打开，油箱中的油液在大气作用下经单向阀 2 给液压缸上腔补油。由于汽缸活塞有效面积比液压缸大，输出液压油的压力就比输入气压力高，根据需要设计两者的有效面积比，就可以得到所需的气液转换放大倍数。这样通过不断切换换向阀 4 使气缸往复动作，就能够得到连续不断的高压油输出。它用于用油量大而又无专用液压站的场合。

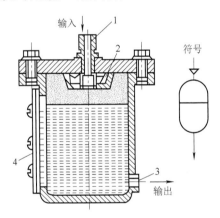

图 4-28 筒式气液转换器

1-输入口；2-缓冲装置；3-输出口；4-视窗

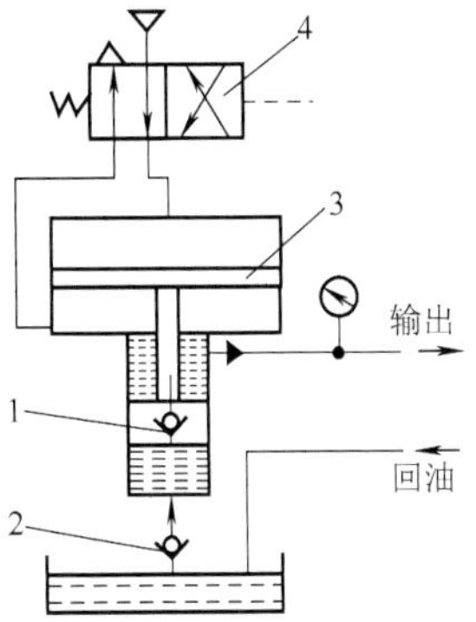

图 4-29 单缸双作用气液泵的工作原理图

1、2-单向阀；3-气动活塞；4-换向阀

2)气动延时器

气动延时器的工作原理如图 4-30 所示，当输入气体分两路进入延时器时，由于节流口 1 的作用，膜片 2 下腔的气压首先升高，使膜片堵住油嘴 3，切断气室 4 的排气通路；同时输入气体经节流口 1 向气室缓慢充气。气室 4 逐渐上升到一定压力时，膜片 5 堵住上喷嘴 6，切断低压气源的排空通路，于是输出口 S 便有信号输出。这个输出信号 S 发出的时间在输入信号 A 以后，延迟了一段时间，延迟时间取决于节流口的大小、气室的大小以及膜片 5 的刚度。当输入信号消失后，膜片 2 复位，气室内的气体经下喷嘴排空；膜

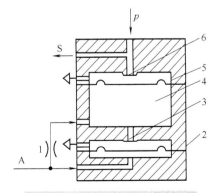

图 4-30 气动延时器的工作原理图

1-节流口；2、5-膜片；3、6-喷嘴；4-气室

片 5 复位，气源经上油嘴排空，输出口无输出。节流口 1 可调时，即可称为可调式延时器。

3) 程序器

程序器是一种控制设置，其作用是储存各项预定的工作程序，按预先制定的顺序发出信号，使其他控制装置或执行机构以需要的次序自动动作。程序器一般有时间程序器和行程程序器两种。时间程序器是依据动作时间的先后安排工作程序，按预定的时间间隔顺序发出信号。其结构形成有码盘式、凸轮式、棘轮式、穿孔带式、穿孔卡式等。常见的是码盘式和凸轮式。行程程序器是依据执行元件的动作先后顺序安排工作程序，并利用每个动作完成以后发回的反馈信号控制程序器向下一步程序的转换，发出下一步程序相应的控制信号。无反馈信号发回时程序器就不能转换，也不会发出下一步的控制信号。这样就使程序信号指令的输出和执行机构每一步动作有机地联系起来，只有执行机构的每一步都达到预定的位置，发回反馈信号，整个系统才能逐步地按预先选定的程序工作。

三、气动执行元件

气动执行元件是将压缩空气的压力能转换为机械能的装置。它包括气缸和气马达。气缸用于实现直线往复运动或摆动，气马达用于实现连续回转运动。

(一) 气缸

气缸是气动系统中使用最广泛的一种执行元件。根据使用条件、场合的不同，其结构、形状和功能也不一样，种类很多。

气缸根据作用在活塞上力的方向、结构特征、功能及安装方式来分类。常用气缸的分类、简图及其特点见表 4-5。

表 4-5 常用气缸的分类、简图及其特点

类别	名称	简图	特点
单向作用气缸	柱塞式气缸	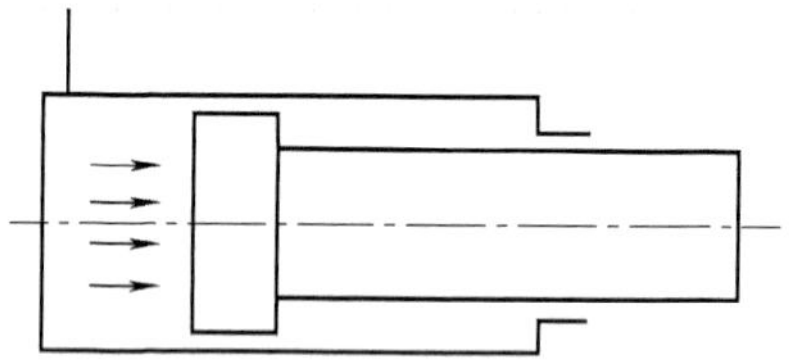	压缩空气使活塞向一个方向运动（外力复位）。输出力小，主要用于小直径气缸
	活塞式气缸（外力复位）	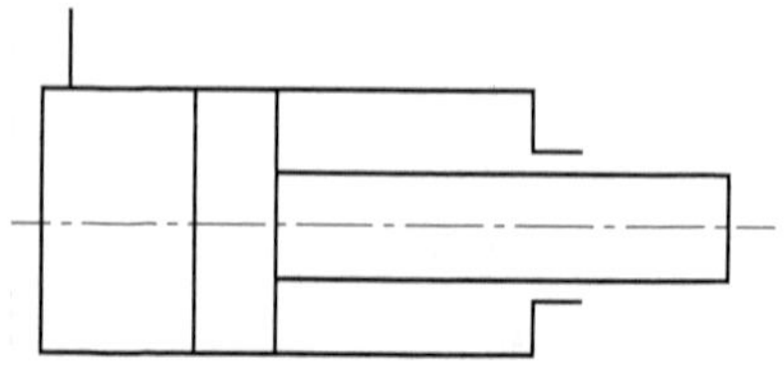	压缩空气只使活塞向一个方向运动，靠外力或重力复位，可节省压缩空气
	活塞式气缸（弹簧复位）	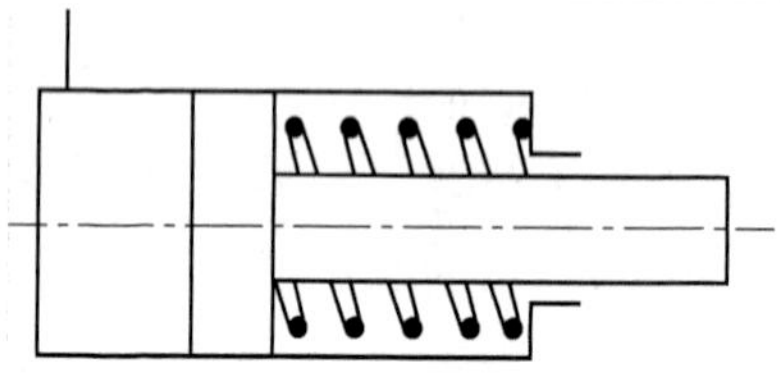	压缩空气只使活塞向一个方向运动，靠弹簧复位。结构简单、耗气量小，弹簧起背压缓冲作用。用于行程较小，对推力和速度要求不高的地方

续表

类别	名称	简图	特点
单向作用气缸	膜片式气缸	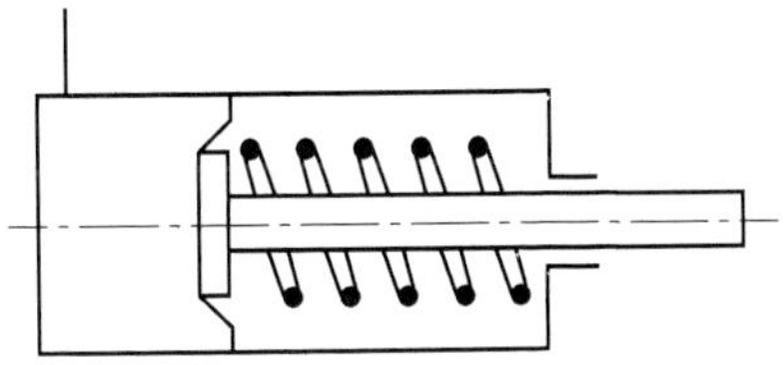	压缩空气只使膜片向一个方向运动,靠弹簧复位。密封性好,但运动件行程短
双向作用气缸	无缓冲气缸	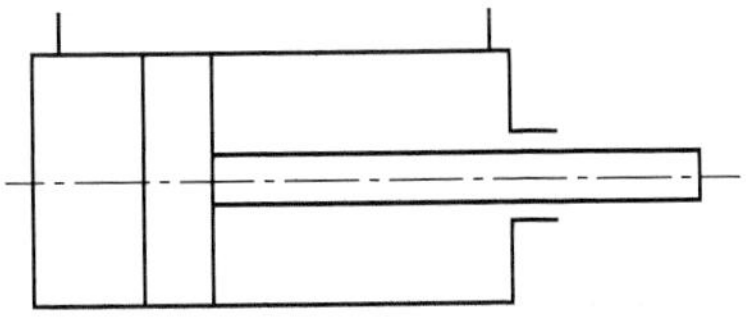	利用压缩空气使活塞向两个方向运动,活塞行程可根据需要选定。它是气缸中最普通的一种,应用广泛
双向作用气缸	双活塞杆气缸	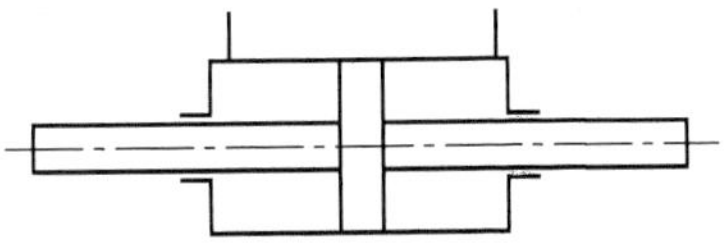	活塞左右运动速度和行程均相等。通常活塞杆固定、缸体运动,适合于长行程
双向作用气缸	回转气缸	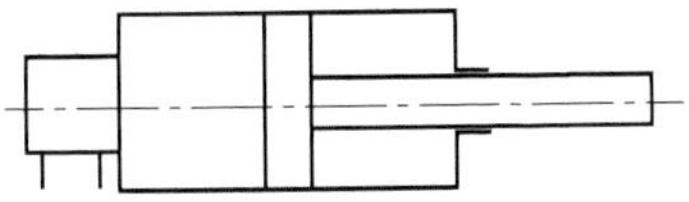	进排气导管和气缸本体可相对转动,用于车床的气动回转夹具上
双向作用气缸	缓冲气缸(不可调)	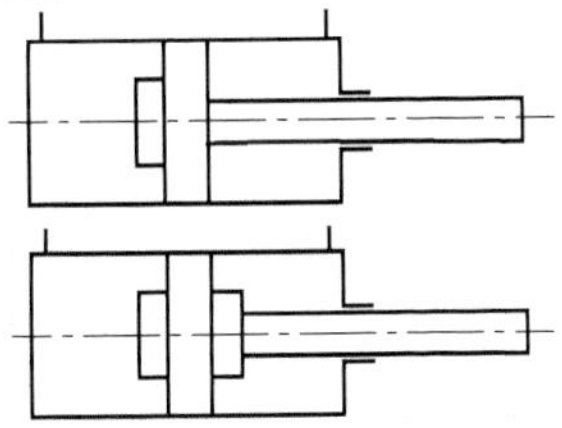	活塞运动到接近行程终点时,减速制动。减速值不可调整,上图为一端缓冲,下图为两端缓冲
双向作用气缸	缓冲气缸(可调)	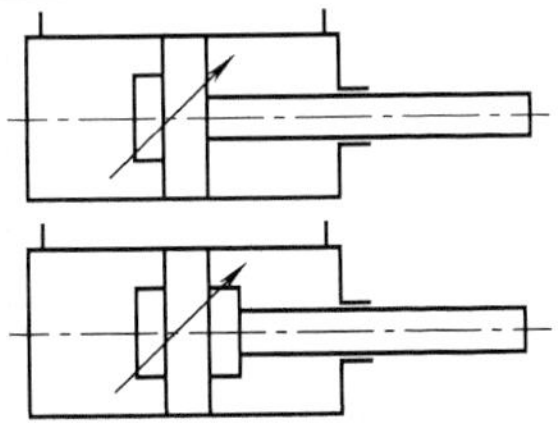	活塞运动到接近行程终点时,减速制动,减速值可根据需要调整
双向作用气缸	差动气缸	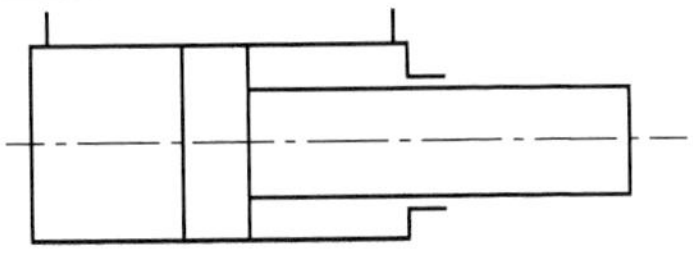	气缸活塞两端有效作用面积差较大,利用压力差使活塞做往复运动(活塞杆侧始终供气)。活塞杆伸出时,因有背压,运动较为平稳,其推力和速度均较小
双向作用气缸	双活塞气缸	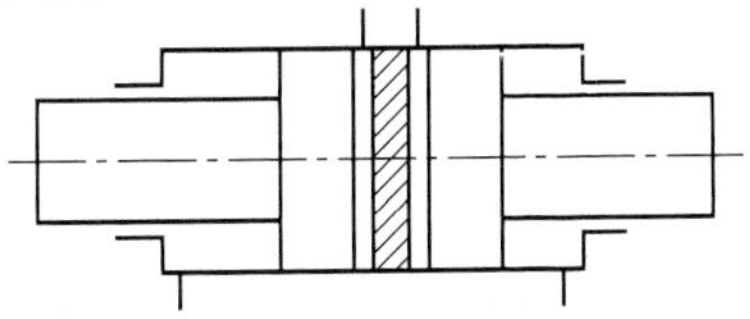	两个活塞可以同时向相反方向运动

续表

类别	名称	简图	特点
双向作用气缸	多位气缸	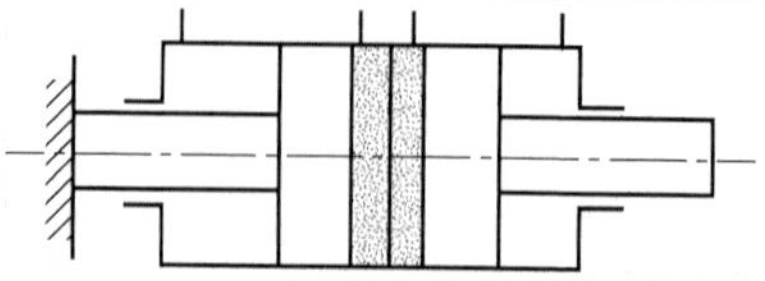	活塞杆沿行程长度有四个位置。当气缸的任一空腔与气源相通时，活塞杆到达四个位置中的一个
	串联式气缸	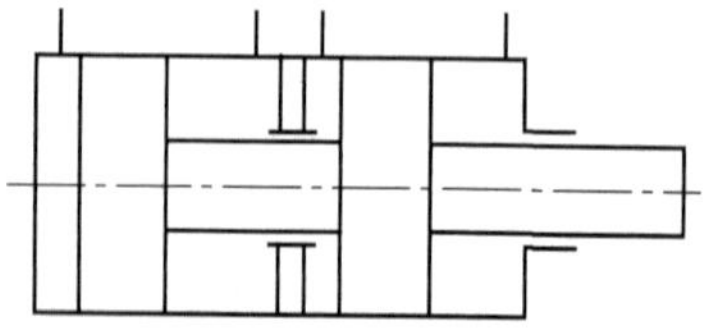	两个活塞串联在一起，当活塞直径相同时，活塞杆的输出力可增大一倍
	冲击气缸	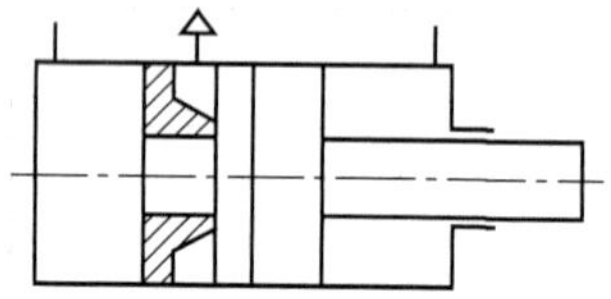	利用突然大量供气和快速排气相结合的方法，得到活塞杆的冲击运动。用于冲孔、切断、锻造等
	膜片气缸	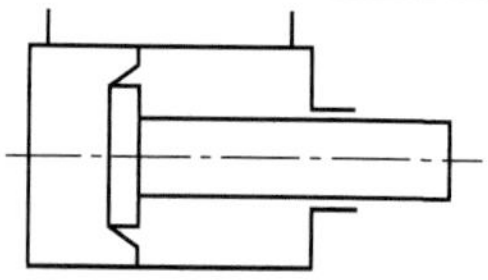	密封性好，加工简单，但运动件行程小
组合气缸	增压气缸	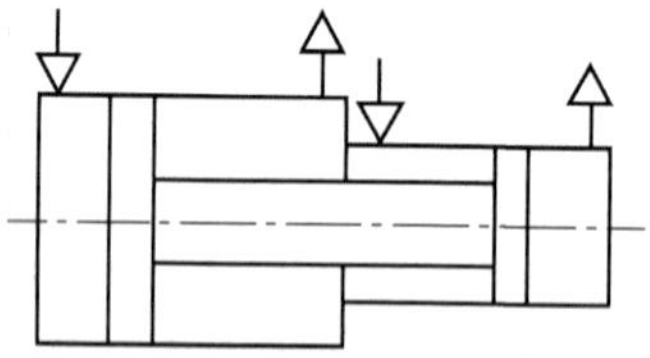	两端活塞面积不等，利用压力与面积的乘积不变的原理，使小活塞侧输出压力增大
	气液增压缸	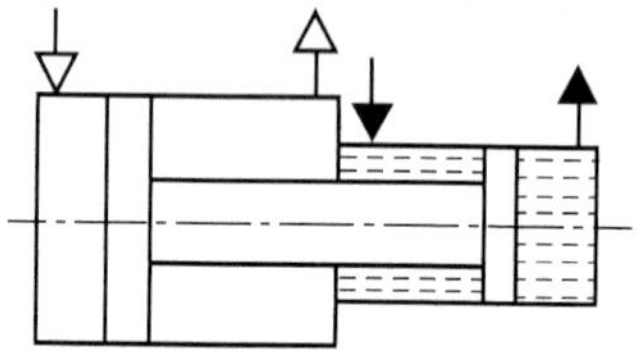	根据液体不可压缩和力的平衡原理，利用两个活塞的面积不等，由压缩空气驱动大活塞，使小活塞侧输出高压液体
	气液阻尼缸	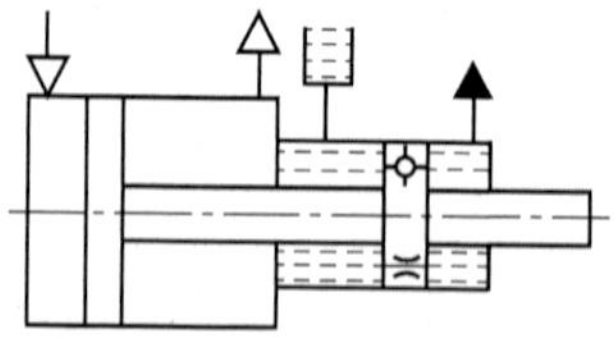	利用液体不可压缩的性能和液体排量易于控制的优点，获得活塞杆的稳速运动
	齿轮齿条式气缸	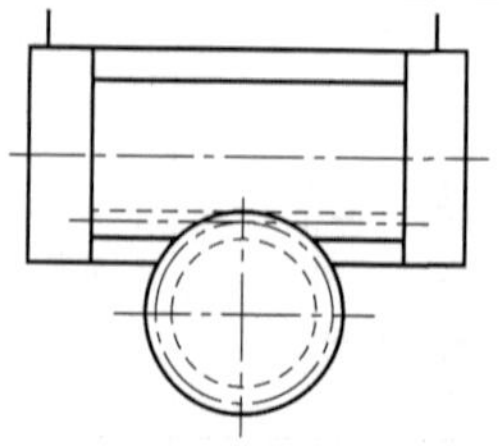	利用齿条齿轮传动，将活塞杆的直线往复运动变为输出轴的旋转运动，并输出力矩

续表

类别	名称	简图	特点
组合气缸	步进气缸		将若干个活塞,轴向依次装在一起,各个活塞的行程由小到大,按几何级数增加,可根据对行程的要求,使若干个活塞同时向前运动
	摆动式气缸（单叶片式）		直接利用压缩空气的能量,使输出轴产生旋转运动,旋转角小于360°
	摆动式气缸（双叶片式）		直接利用压缩空气的能量,使输出轴产生旋转运动(但旋转角小于180°),并输出力矩

1. 普通气缸

在各类气缸中使用最多的是活塞式单活塞杆型气缸,称为普通气缸。普通气缸可分为单活塞杆双向作用气缸和单向作用气缸两种。

1) 单活塞杆双向作用气缸

图4-31(a)是单活塞杆双向作用气缸的结构简图。它由缸筒、前后缸盖、活塞、活塞杆、紧固件和密封件等零件组成。

当A孔进气、B孔排气时,压缩空气作用在活塞左侧面积上的作用力大于作用在活塞右侧面积上的作用力和摩擦力,压缩空气推动活塞向右移动,使活塞杆伸出。反之,当B孔进气、A孔排气时,压缩空气推动活塞向左移动,使活塞和活塞杆缩回到初始位置。

由于该气缸缸盖上设有缓冲装置,所以它又称为缓冲气缸,图4-31(b)为这种气缸的图形符号。

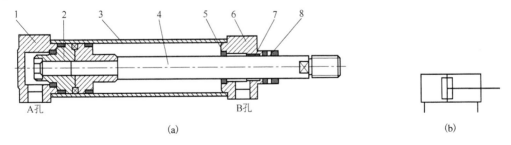

图4-31 单活塞杆双向作用气缸

1-后缸盖；2-活塞；3-缸筒；4-活塞杆；5-缓冲密封圈；6-前缸盖；7-导向套；8-防尘圈

2) 单向作用气缸

图4-32为一种单向作用气缸的结构简图。压缩空气只从气缸一侧进入气缸,推动活塞输出驱动力,另一侧靠弹簧力推动活塞返回。部分气缸靠活塞和运动部件的自重或外力返回。

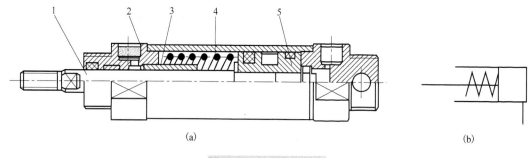

图 4-32 单向作用气缸

1-活塞杆；2-过滤片；3-止动套；4-弹簧；5-活塞

这种气缸的特点如下。

(1) 结构简单。由于只需向一端供气，耗气量小。

(2) 复位弹簧的反作用力随压缩行程的增大而增大，因此活塞的输出力随活塞运动的行程增加而减小。

(3) 缸体内安装弹簧，增加了缸筒长度，缩短了活塞的有效行程。这种气缸多用于行程短，对输出力和运动速度要求不高的场合。

2. 特殊气缸

1) 气液阻尼缸

普通气缸工作时，由于气体的压缩性，当外部载荷变化较大时，会产生"爬行"或"自走"现象，使气缸的工作不稳定。为了使气缸运动平稳，普遍采用气液阻尼缸。

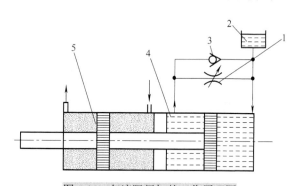

图 4-33 气液阻尼缸的工作原理图

1-节流阀；2-补给油箱；3-单向阀；4-油缸；5-气缸

气液阻尼缸由气缸和油缸组合而成，它的工作原理见图 4-33。它以压缩空气为能源，利用油液的不可压缩性和控制油液排量来获得活塞的平稳运动与调节活塞的运动速度。它将油缸和气缸串联成一个整体，两个活塞固定在一根活塞杆上。当气缸右端供气时，气缸克服外负载并带动油缸同时向左运动，此时油缸左腔排油、单向阀关闭。油液只能经节流阀缓慢流入油缸右腔，对整个活塞的运动起阻尼作用。调节节流阀的阀口就能达到调节活塞运动速度的目的。当压缩空气经换向阀从气缸左腔进入时，油缸右腔排油，此时因单向阀开启，活塞能快速返回原来位置。

这种气液阻尼缸的结构一般是将双活塞杆缸作为油缸，因为这样可使油缸两腔的排油量相等，此时油箱内的油液只用来补充因油缸泄漏而减少的油量，一般用油杯就行。

2) 薄膜式气缸

薄膜式气缸是一种利用压缩空气通过膜片推动活塞杆做往复直线运动的气缸。它由缸体、膜片、膜盘和活塞杆等主要零件组成。其功能类似于活塞式气缸，它分单作用式和双作用式两种，如图 4-34 所示。

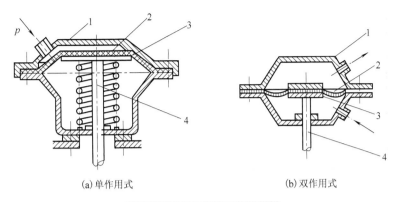

(a) 单作用式　　　　　　　(b) 双作用式

图 4-34　薄膜式气缸结构简图

1-缸体；2-膜片；3-膜盘；4-活塞杆

薄膜式气缸的膜片可以做成盘形膜片和平膜片两种形式。膜片材料为夹织物橡胶、钢片或磷青铜片。常用的是夹织物橡胶，橡胶的厚度为 5～6mm，有时也可用 1～3mm。金属式膜片只用于行程较小的薄膜式气缸中。

薄膜式气缸和活塞式气缸相比较，具有结构简单、紧凑、制造容易、成本低、维修方便、寿命长、泄漏小、效率高等优点。但是膜片的变形量有限，故其行程短（一般不超过 40～50mm），且气缸活塞杆上的输出力随着行程的加大而减小。

3. 气缸的使用注意事项

(1) 使用气缸时，应该符合气缸的正常工作条件，以取得较好的使用效果。这些条件有工作压力范围、耐压性、环境温度范围、使用速度范围、润滑条件等。由于气缸的品种繁多，不同型号的气缸性能和使用条件各不一样，而且不同生产厂家规定的条件也各不相同，所以要根据不同生产厂家的产品样本来选择和使用气缸。

(2) 活塞杆只能承受轴向负载，不允许承受偏负载或径向负载。安装时要保证负载方向与气缸轴线一致。

(3) 要避免气缸在行程终端发生大的碰撞，以防损坏机构或影响精度。除了缓冲气缸，一般可采用附加缓冲装置。

(4) 除了无给油润滑气缸，都应对气缸进行给油润滑。一般在气源入口处安装油雾器；湿度大的地区还应装除水装置，在油雾器前安装分水滤气器。在环境温度很低的冰冻地区，对介质（空气）的除湿要求更高。

(5) 如果气动设备长期闲置不使用，则应定期通气运行和保养，或把气缸拆下涂油保护，以防锈蚀和损坏。

（二）气马达

气马达也是气动执行元件的一种。它的作用相当于电动机或液压马达，即输出力矩，拖动机构做旋转运动。

1. 气马达的分类及特点

气马达按结构形式可分为叶片式气马达、活塞式气马达和齿轮式气马达等。最为常见的是叶片式气马达和活塞式气马达。叶片式气马达制造简单，结构紧凑，但低速运动转矩小，低速性能不好，适用于中、低功率的机械，目前在矿山及风动工具中应用普遍。活塞式气马达在低速情况下有较大的输出功率,它的低速性能好,适宜于载荷较大和要求低速转矩的机械,如起重机、绞车、绞盘、拉管机等。

与液压马达相比,气马达具有以下特点。

(1)工作安全。可以在易燃易爆场所工作,同时不受高温和振动的影响。

(2)可以长时间满载工作而温升较小。

(3)可以实现无级调速。只要控制进气流量,就能调节马达的转速和功率。额定转速为每分钟几十转到几十万转。

(4)具有较高的启动力矩。可以直接带负载运动。

(5)结构简单,操作方便,维护容易,成本低。

(6)输出功率较小,最大只有20kW左右。

(7)耗气量大,效率低,噪声大。

2. 气动马达的工作原理

1)叶片式气动马达

如图4-35所示,叶片式气动马达主要由定子、转子、叶片及壳体构成。它一般有3～10个叶片。定子上有进排气槽孔,转子上铣有径向长槽,槽内装有叶片。定子两端有密封盖,密封盖上有弧形槽与两个进排气孔及叶片底部相连通。转子与定子偏心安装。这样,由转子外表面、定子内表面、相邻两叶片及两端密封盖形成了若干个密封工作空间。

图4-35(a)中的机构采用了非膨胀式结构。当压缩空气由A输入后,分成两路:一路气经定子两面密封盖的弧形槽进入叶片底部,将叶片推出。叶片就是靠此压力及转子转动时的离心力的综合作用而紧密地抵在定子内壁上;另一路压缩空气经A孔进入相应的密封工作空间,作用在叶片上,由于前后两叶片伸出长度不一样,作用面积也就不相等,作用在两叶片上的转矩大小也不一样,且方向相反,所以转子在两叶片的转矩差的作用下,按逆时针方向旋转。做功后的气体由定子排气孔B排出。反之,当压缩空气由B孔输入时,就产生顺时针方向的转矩差,使转子按顺时针方向旋转。

图4-35(b)中的机构采用了膨胀式结构。当转子转到排气口C位置时,工作室内的压缩空气进行一次排气,随后其余压缩空气继续膨胀直至转子转到输出口B位置进行第二次排气。气动马达采用这种结构能有效地利用部分压缩空气膨胀时的能量,提高输出功率。

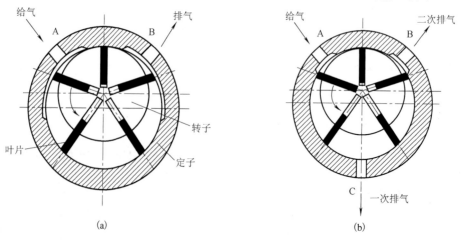

图4-35 叶片式气动马达

叶片式气动马达一般在中小容量及高速回转的应用条件下使用,其耗气量比活塞式大,体积小,质量小,结构简单。其输出功率为 0.1～20kW,转速为 500～25000r/min。另外,叶片式气动马达启动及低速运转时的性能不好,转速低于 500r/min 时必须配用减速机构。叶片式气动马达主要用于矿山机械和气动工具中。

2) 活塞式气动马达

活塞式气动马达是一种通过曲柄或斜盘将若干个活塞的直线运动转变为回转运动的气动马达。按其结构不同,可分为径向活塞式和轴向活塞式两种。

图 4-36 为径向活塞式气动马达的结构原理图。其工作室由缸体和活塞构成。3～6 个气缸围绕曲轴呈放射状分布,每个气缸通过连杆与曲轴相连。通过压缩空气分配阀向各气缸顺序供气,压缩空气推动活塞运动,带动曲轴转动。当配气阀转到某角度时,气缸内的余气经排气口排出。改变进排气方向,可实现气动马达的正反转换向。

活塞式气动马达适用于转速低、转矩大的场合。其耗气量不小,且构成零件多,价格高。其输出功率为 0.2～20kW,转速为 200～4500r/min。活塞式气动马达主要用于矿山机械,也可作为传送带等的驱动马达。

图 4-37 为齿轮式气动马达结构原理图。这种气动马达的工作室由一对齿轮构成,压缩空气由对称中心处输入,齿轮在压力的作用下回转。采用直齿轮的气动马达可以正反转动,但供给的压缩空气通过齿轮时不膨胀,因此效率低;当采用人字齿轮或斜齿轮时,压缩空气膨胀 60%～70%,提高了效率,但不能正反转。

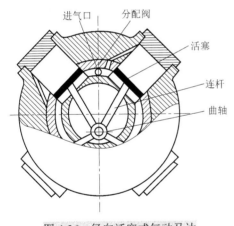

图 4-36 径向活塞式气动马达

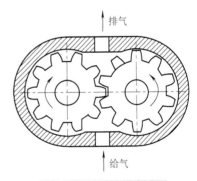

图 4-37 齿轮式气动马达

齿轮式气动马达与其他类型的气动马达相比,具有体积小、质量小、结构简单、对气源质量要求低、耐冲击及惯性小等优点,但转矩脉动较大,效率较低。小型气动马达转速能高达 10000r/min;大型的能达到 1000r/min,功率可达 50kW,主要用于矿山工具。

3. 气动马达的特点和应用

气动马达的功能类似于液压马达或电动机,与后两者相比,气动马达具有如下特点。

(1) 可以无级调速。只要控制进排气流量,就能在较大范围调节其输出功率和转速,气动马达功率小到几百瓦,大到几万瓦,转速为 0～25000r/min 或更高。

(2) 能实现正反转。只要操作换向阀换向,改变进排气方向,就能达到正转和反转的目的。换向容易,换向后起动快,可在极短的时间内升到全速。

(3) 有较高的起动力矩。可直接带负载起动,起动和停止都很迅速。

(4) 有过载保护作用。过载时只是转速降低或停转，不会发生烧毁。过载解除后，能立即恢复正常工作。长时间满载工作，升温很小。

(5) 工作安全。在高温、潮湿、易燃、振动、多粉尘的恶劣环境下都能正常工作。

(6) 操作方便，维修简单。

(7) 输出转矩和输出功率较小。目前国产叶片式气动马达的输出功率最大约为15kW，活塞式气动马达的最大功率约为18kW。耗气量较大，故效率低，噪声较大。

由上述特点可知，气动马达适用于无级调速、启动频繁、经常换向、高温潮湿、易燃易爆、多粉尘、带负载启动、有过载及不便人工操作的场合。由气动马达配合机构组装而成的风钻、风铲、风扳手、风砂轮、风动钻削动力头等风动工具，在很多工厂、矿山等都在大量使用。

四、气动控制元件

在气压传动系统中，气动控制元件是控制和调节压缩空气的压力、流量与方向的控制阀，其作用是保证气动执行元件(如气缸、气马达等)按设计的程序正常地工作。

(一) 压力控制阀

压力控制阀是调节和控制压力的控制阀。它包括减压阀、溢流阀、顺序阀等。

1. 减压阀

减压阀又称调压阀，它可以将较高的空气压力降低且调节到符合使用要求的压力，并保持调后的压力稳定。其他减压装置(如节流阀)虽能降压，但无稳压能力。减压阀按压力调节方式，可分成直动式和先导式。

1) 工作原理

图4-38为一种常用的直动式减压阀的结构原理图。此阀可利用手柄直接调节调压弹簧来改变阀的输出压力。

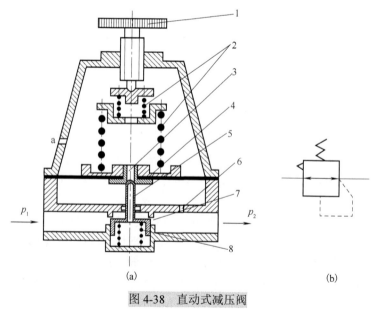

图4-38 直动式减压阀

1-手柄；2-调压弹簧；3-溢流口；4-膜片；5-阀芯；6-反馈导管；7-阀口；8-复位弹簧

顺时针旋转手柄 1,则压缩调压弹簧 2,推动膜片 4 下移,膜片又推动阀芯 5 下移,阀口 7 被打开,气流通过阀口后压力降低;与此同时,部分输出气流经反馈导管 6 进入膜片气室,在膜片上产生一个向上的推力,当此推力与弹簧力相平衡时,输出压力便稳定在一定的值。

若输入压力发生波动,如压力 p_1 瞬时升高,则输出压力 p_2 也随之升高,作用在膜片上的推力增大,膜片上移,向上压缩弹簧,从溢流口 3 有瞬时溢流,并靠复位弹簧 8 及气压力的作用,使阀杆上移,阀门开度减小,节流作用增大,使输出压力 p_2 回降,直到新的平衡。重新平衡后的输出压力又基本上恢复至原值。反之,若输入压力瞬时下降,则输出压力也相应下降,膜片下移,阀门开度增大,节流作用减小,输出压力又基本上回升至原值。

若输入压力不变,输出流量变化,使输出压力发生波动(升高或降低)时,则依靠溢流口的溢流作用和膜片上力的平衡作用推动阀杆,仍能起稳压作用。

逆时针旋转手柄时,压缩弹簧力不断减小,膜片气室中的压缩空气经溢流口不断从排气孔排出,进气阀芯逐渐关闭,直至最后输出压力降为零。

先导式减压阀是使用预先调整好压力的空气来代替直动式调压弹簧进行调压的。其调节原理和主阀部分的结构与直动式减压阀相同。先导式减压阀的调压空气一般是由小型的直动式减压阀供给的。若将这种直动式减压阀装在主阀内部,则称为内部先导式减压阀;若将它装在主阀外部,则称外部先导式或远程控制减压阀。

2) 减压阀的使用

减压阀在使用过程中应注意以下事项。

(1) 减压阀的进口压力应比最高出口压力大 0.1MPa 以上。

(2) 安装减压阀时,最好手柄在上,以便于操作。阀体上的箭头方向为气体的流动方向,安装时不要装反。阀体上堵头可拧下来,装上压力表。

(3) 连接管道安装前,要用压缩空气吹净或用酸蚀法将锈屑等清洗干净。

(4) 在减压阀前安装分水滤气器,阀后安装油雾器,以防减压阀中的橡胶件过早变质。

(5) 减压阀不用时,应旋松手柄回零,以免膜片经常受压产生塑性变形。

2. 溢流阀

溢流阀和安全阀在结构与功能方面相类似,有时可以不加以区别。它们的作用是当气动回路和容器中的压力上升到超过调定值时,能自动向外排气,以保持进口压力为调定值。实际上,溢流阀是一种用于维持回路中空气压力恒定的压力控制阀;而安全阀是一种防止系统过载、保证安全的压力控制阀。安全阀和溢流阀的工作原理是相同的,图 4-39 是一种直动式溢流阀的工作原理图。

图 4-39(a) 是阀在初始工作位置,预先调整手柄,使调压弹簧压缩,阀门关闭;图 4-40(b) 是气压达到给定值时,气体压力将克服预紧弹簧力,活塞上移,开启阀门排气;当系统内压力降至给定压力以下时,阀重新关闭。调节弹簧的预紧力,即可改变阀的开启压力。

溢流阀的直动式和先导式的含义与减压阀类似。直动式溢流阀一般通径较小;先导式溢流阀一般用于通径较大或需要远距离控制的场合。

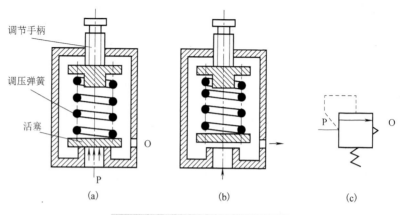

图 4-39　直动式溢流阀的工作原理

3. 顺序阀

顺序阀是依靠气压来控制气动回路中各元件动作先后顺序的压力控制阀,常用来控制气缸的顺序动作。若将顺序阀与单向阀并联组装成一体,则称为单向顺序阀。图 4-40 是顺序阀的工作原理图。

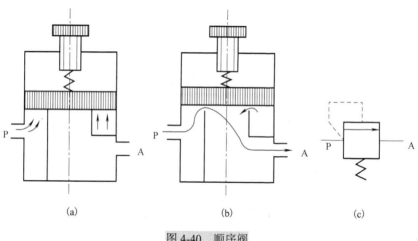

图 4-40　顺序阀

图 4-40(a)是压缩空气从 P 口进入阀后,作用在阀芯下面的环形活塞面积上,当此作用力小于调压弹簧的作用力时,阀关闭。图 4-40(b)是空气压力超过调定的压力值即将阀芯顶起,气压立即作用于阀芯的全面积上,使阀达到全开状态,压缩空气便从 A 口输出。当 P 口的压力低于调定压力时,阀再次关闭。图 4-40(c)是顺序阀的图形符号。

图 4-41 是单向顺序阀。

图 4-41(a)是气体正向流动时,进口 P 的气压力作用在活塞上,当它超过压缩弹簧的预紧力时,活塞被顶开,出口 A 就有输出;单向阀在压差力和弹簧力作用下处于关闭状态。图 4-41(b)是气体反向流动时,进口变成排气口,出口压力将顶开单向阀,使 A 和排气口接通。调节手柄可改变顺序阀的开启压力。图 4-41(c)是单向顺序阀的图形符号。

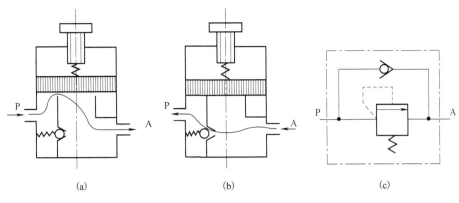

图 4-41 单向顺序阀

(二)流量控制阀

流量控制阀是通过改变阀的通流截面积来实现流量控制的元件。在气动系统中,控制气缸运动速度、控制信号延迟时间、控制油雾器的滴油量、控制缓冲气缸的缓冲能力等都是依靠控制流量来实现的,流量控制阀包括节流阀、单向节流阀、排气节流阀、柔性节流阀等。

1. 节流阀

常用节流阀的节流口形式如图 4-42 所示。对节流阀调节特性的要求是流量调节范围要大、阀芯的位移量与通过的流量呈线性关系。节流阀节流口的形状对调节特性影响较大。

图 4-42(a)是针阀式节流口,当阀开度较小时,调节比较灵敏,当超过一定开度时,调节流量的灵敏度就差了;图 4-42(b)是三角槽形节流口,通流面积与阀芯位移量呈线性关系;图 4-42(c)是圆柱斜切式节流口,通流面积与阀芯位移量呈指数(指数大于 1)关系,能进行小流量精密调节。

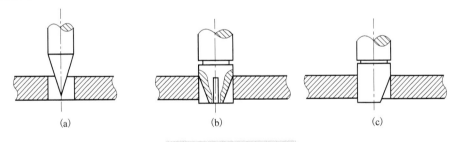

图 4-42 常用节流口形式

图 4-43 是节流阀的结构原理及图形符号。当压力气体从 P 口输入时,气流通过节流通道自 A 口输出。旋转阀芯螺杆,就可改变节流口的开度,从而改变阀的流通面积。

2. 单向节流阀

单向节流阀是由单向阀和节流阀并联而成的组合式流量控制阀。该阀常用于控制气缸的运动速度,故也称"速度控制阀"。

图 4-44 是单向节流阀的结构原理和图形符号。当气流正向流动时(P→A),单向阀关闭,流量由节流阀控制;反向流动时(A→O),在气压作用下单向阀被打开,无节流作用。若用单向节流阀控制气缸的运动速度,则安装时该阀应尽量靠近气缸。在回路中安装单向节流阀时不要将方向装反。为了提高气缸运动稳定性,应该按出口节流方式安装单向节流阀。

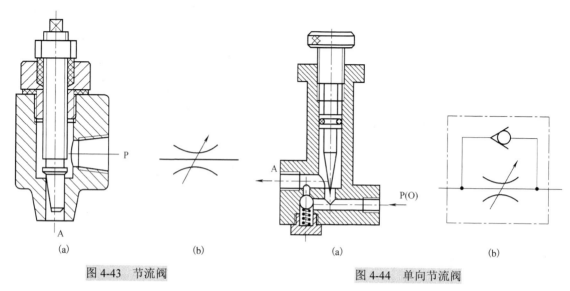

图 4-43 节流阀　　　　　图 4-44 单向节流阀

3. 排气节流阀

图 4-45 是排气节流阀的结构原理和图形符号。排气节流阀安装在气动装置的排气口上，控制排入大气的气体流量，以改变执行机构的运动速度。排气节流阀常带有消声器以减小排气噪声，并能防止不清洁的气体通过排气孔污染气路中的元件。

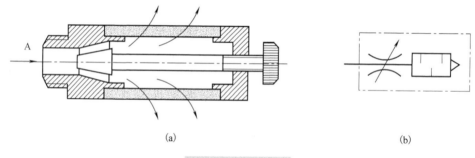

图 4-45 排气节流阀

排气节流阀宜用于在换向阀与气缸之间不能安装速度控制阀的场合。应注意，排气节流阀对换向阀会产生一定的背压，对有些结构形式的换向阀而言，此背压对换向阀的动作灵敏性可能有些影响。

4. 柔性节流阀

图 4-46 是柔性节流阀的结构原理，依靠阀杆夹紧柔韧的橡胶管而产生节流作用，也可以用气体压力来代替阀杆压缩橡胶管。柔性节流阀结构简单，压力降小，动作可靠，对污染不敏感。通常最大工作压力为 0.03～0.3MPa。

用流量控制阀控制气缸的运动速度时，应注意以下几点。

(1) 防止管道中的漏损。有漏损则不能期望有正确的速度控制，低速时更应注意防止漏损。

(2) 要特别注意气缸内表面加工精度和表面粗糙度，尽量减少内表面的摩擦力，这是速度控制不可缺少的条件。在低速场合，往往使用聚四氟乙烯等材料作密封圈。

(3) 要使气缸内表面保持一定的润滑状态。润滑状态一改变，滑动阻力也就改变，速度控制就不可能稳定。

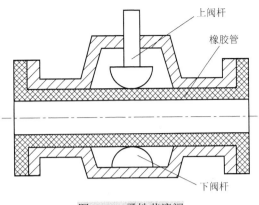

图 4-46 柔性节流阀

(4) 加在气缸活塞杆上的载荷必须稳定。若这种载荷在行程中途有变化,则速度控制相当困难,甚至成为不可能。在不能消除载荷变化的情况下,必须借助于液压阻尼力,有时也使用平衡锤或连杆等。

(5) 必须注意流量控制阀的位置。原则上流量控制阀应设在气缸管接口附近。使用控制台时常将流量控制阀装在控制台上,远距离控制气缸的速度,但这种方法很难实现完好的速度控制。

(三) 方向控制阀

方向控制阀是改变气体流动方向或通断的控制阀。方向控制阀按气流在阀内的作用方向,可分为单向型控制阀和换向型控制阀。

1. 单向型控制阀

只允许气流沿一个方向流动的控制阀称为单向型控制阀,如单向阀和快速排气阀。

1) 单向阀

单向阀是指气流只能向一个方向流动,而不能反方向流动的阀。它的结构见图 4-47(a),图形符号见图 4-47(b),其工作原理与液压单向阀基本相同。

正向流动时,P 腔气压推动活塞的力大于作用在活塞上的弹簧力和活塞与阀体之间的摩擦阻力,则活塞被推开,P、A 接通。为了使活塞保持开启状态,P 腔与 A 腔应保持一定的压差,以克服弹簧力。反向流动时,受气压力和弹簧力的作用,活塞关闭,A、P 不通。弹簧的作用是增加阀的密封性,防止低压泄漏,另外,在气流反向流动时帮助阀迅速关闭。

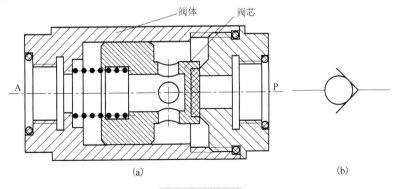

图 4-47 单向阀

单向阀特性包括最低开启压力、压降和流量特性等。单向阀是在压缩空气作用下开启的,在阀开启时，必须满足最低开启压力，否则不能开启。即使阀处在全开状态也会产生压降，因此在精密的压力调节系统中使用单向阀时，需预先了解阀的开启压力和压降值。一般最低开启压力在$(0.1\sim0.4)\times10^5$Pa，压降在$(0.06\sim0.1)\times10^5$Pa。

在气动系统中，为防止储气罐中的压缩空气倒流回空气压缩机，在空气压缩机和储气罐之间应装有单向阀。单向阀还可与其他阀组合成单向节流阀、单向顺序阀等。

2)快速排气阀

快速排气阀是用于给气动元件或装置快速排气的阀，简称快排阀。

通常气缸排气时，气体从气缸经过管路，由换向阀的排气口排出。如果气缸到换向阀的距离较长，而换向阀的排气口又小，则排气时间较长，气缸运动速度较慢；若采用快速排气阀，则气缸内的气体能直接由快速排气阀排向大气，加快气缸的运动速度。

图 4-48 是快速排气阀的结构原理图，其中图 4-48(a)为结构示意图。当 P 进气时，膜片被压下封住排气孔 O，气流经膜片四周小孔从 A 腔输出，见图 4-48(b)；当 P 腔排空时，A 腔压力将膜片顶起，隔断 P、A 通路，A 腔气体经排气孔口 O 迅速排向大气，见图 4-48(c)。快速排气阀的图形符号见图 4-48(d)。

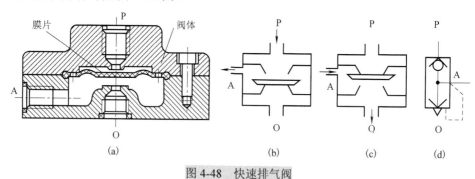

图 4-48　快速排气阀

图 4-49 是快速排气阀的应用。图 4-49(a)是快速排气阀使气缸往复运动加速的回路，把快速排气阀装在换向阀和气缸之间，使气缸排气时不用通过换向阀而直接排空，可明显提高气缸运动速度。图 4-49(b)是快速排气阀用于气阀的速度控制回路，按下手动阀，由于节流阀的作用，气缸缓慢进气；手动阀复位，气缸中的气体通过快速排气阀迅速排空，所以缩短了气缸回程时间，提高了生产率。

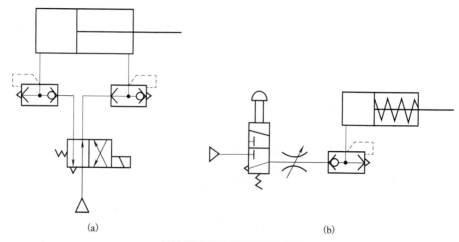

图 4-49　快速排气阀的应用

2. 换向型控制阀

换向型控制阀是指可以改变气流方向的控制阀。按控制方式可分为气压控制、电磁控制、人力控制和机械控制。按阀芯结构可分为截止式、滑阀式和膜片式等。

1) 气压控制换向阀

气压控制换向阀利用气体压力使主阀芯运动而使气流改变方向,简称气控换向阀。在易燃、易爆、潮湿、粉尘大、强磁场、高温等恶劣工作环境下,用气压力控制阀芯动作比用电磁力控制要安全可靠。

图 4-50 为单气控换向阀的工作原理和符号图,它是截止式二位三通换向阀。图 4-50(a)是无控制信号 K 时的状态,阀芯在弹簧与 P 腔气压作用下,P、A 断开,A、O 接通,阀处于排气状态;图 4-50(b)是有加压控制信号 K 时的状态,阀芯在控制信号 K 的作用下向下运动,A、O 断开,P、A 接通,阀处于工作状态。

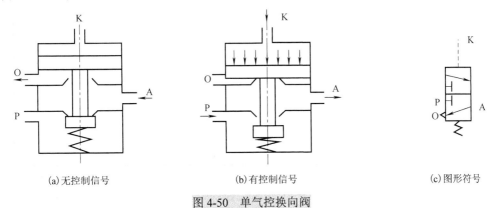

图 4-50 单气控换向阀

图 4-51 为双气控换向阀的工作原理和符号图,是滑阀式二位五通换向阀。图 4-51(a)是控制信号 K_1 存在、信号 K_2 不存在时的状态,阀芯停在右端,P、B 接通,A、O_1 接通;图 4-51(b)是信号 K_2 存在、信号 K_1 不存在时的状态,阀芯停在左端,P、A 接通,B、O_2 接通。

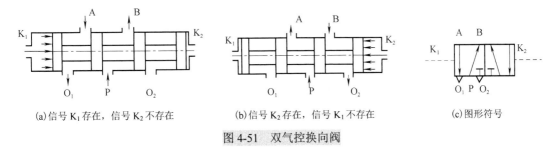

图 4-51 双气控换向阀

2) 电磁控制换向阀

电磁控制换向阀是由电磁铁通电对衔铁产生吸力,利用电磁力实现阀的切换以改变气流方向的阀。这种阀易于实现电、气联合控制,能实现远距离操作,故得到了广泛的应用。

电磁控制换向阀可分为直动式电磁换向阀和先导式电磁换向阀。

(1) 直动式电磁换向阀。由电磁铁的衔铁直接推动阀芯换向的气动换向阀称为直动式电磁换向阀。直动式电磁换向阀有单电控和双电控两种。图 4-52 是单电控直动式电磁换向阀的动作原理和符号图,它是二位三通电磁换向阀。图 4-52(a)是电磁铁断电时的状态,阀芯靠弹簧力复位,使 P、A 断开,A、O 接通,阀处于排气状态。图 4-52(b)是电磁铁通电时的状态，电磁铁推动阀芯向下移动，使P、A接通，阀处于进气状态。图4-52(c)为该阀的图形符号。

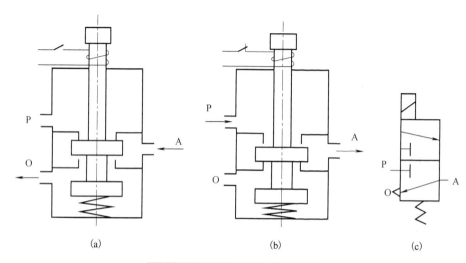

图 4-52　单电控直动式电磁换向阀

图 4-53 为双电控直动式电磁换向阀的动作原理图，它是二位五通电磁换向阀。如图 4-53(a) 所示，电磁铁 1 通电，电磁铁 2 断电时，阀芯 3 被推到右位，A 口有输出，B 口排气；电磁铁 1 断电，阀芯位置不变，即具有记忆能力。如图 4-53(b) 所示，电磁铁 2 通电，电磁铁 1 断电时，阀芯被推到左位，B 口有输出，A 口排气；若电磁铁 2 断电，空气通路不变。图 4-53(c) 是该阀的图形符号。这种阀的两个电磁铁只能交替得电工作，不能同时得电，否则会产生误动作。

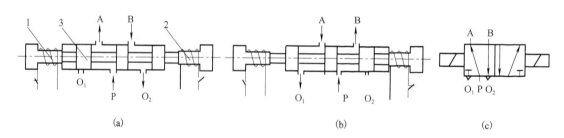

图 4-53　双电控直动式电磁换向阀

1、2-电磁铁；3-阀芯

(2) 先导式电磁换向阀。先导式电磁换向阀由电磁先导阀和主阀两部分组成，电磁先导阀输出先导压力，此先导压力再推动主阀阀芯使阀换向。当阀的通径较大时，若采用直动式，则所需电磁铁要大，体积和电耗都大，为克服这些弱点，宜采用先导式电磁换向阀。

先导式电磁换向阀按控制方式可分为单电控和双电控方式。按先导压力来源可分内部先导式和外部先导式，它们的图形符号如图 4-54 所示。

图 4-55 是单电控外部先导式电磁换向阀的动作原理。

如图 4-55(a) 所示，当电磁先导阀的激磁线圈断电时，先导阀的 x、A_1 口断开，A_1、O_1 口接通，先导阀处于排气状态，此时，主阀阀芯在弹簧和 P 口气压作用下向右移动，将 P、A 断开，A、O 接通，即主阀处于排气状态。如图 4-55(b) 所示，当电磁先导阀通电后，使 x、

A_1 接通，电磁先导阀处于进气状态，即主阀控制腔 A_1 进气。由于 A_1 腔内气体作用于阀芯上的力大于 P 口气体作用在阀芯上的力与弹簧力之和，所以将活塞推向左边，使 P、A 接通，即主阀处于进气状态。图 4-55（c）是单电控外部先导式电磁换向阀的详细图形符号，图 4-55（d）是其简化图形符号。

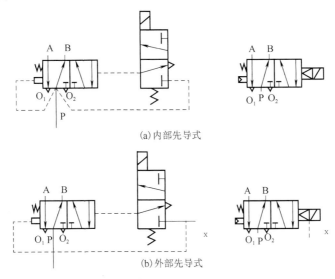

图 4-54 先导式电磁换向阀

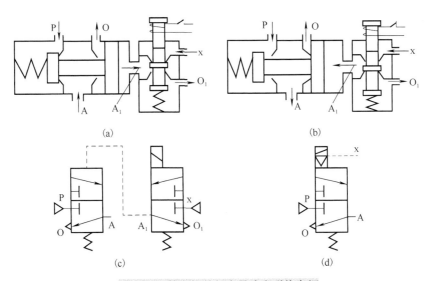

图 4-55 单电控外部先导式电磁换向阀

图 4-56 是双电控内部先导式电磁换向阀的动作原理图。如图 4-56（a）所示，当电磁先导阀 1 通电而电磁先导阀 2 断电时，由于主阀 3 的 K_1 腔进气，K_2 腔排气，使主阀阀芯移到右边。此时，P、A 接通，A 口有输出；B、O_2 接通，B 口排气。如图 4-56（b）所示，当电磁先导阀 2 通电而先导阀 1 断电时，主阀 K_2 腔进气，K_1 腔排气，主阀阀芯移到左边。此时，P、B 接通，B 口有输出；A、O_1 接通，A 口排气。双电控换向阀具有记忆性，即通电时换向，断电时并不返回，可用单脉冲信号控制。为保证主阀正常工作，两个电磁先导阀不能同时通电，电路中要考虑互锁保护。

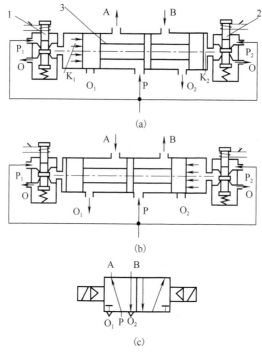

图 4-56 双电控内部先导式电磁换向阀

1、2-电磁先导阀；3-主阀

直动式电磁换向阀与先导式电磁换向阀相比，前者是依靠电磁铁直接推动阀芯，实现阀通路的切换，其通径一般较小或采用间隙密封的结构形式。通径小的直动式电磁换向阀称为微型电磁换向阀，常用于小流量控制或作为先导式电磁换向阀的先导阀。而先导式电磁换向阀是由电磁换向阀输出的气压推动主阀阀芯，实现主阀通路的切换。通径大的电磁换向阀都采用先导式结构。

3）人力控制换向阀

人力控制换向阀与其他控制方式相比，使用频率较低、动作速度较慢。因操作力不大，故阀的通径小、操作灵活，可按人的意志随时改变控制对象的状态，实现远距离控制。人力控制换向阀在手动、半自动和自动控制系统中得到广泛的应用。在手动气动系统中，一般直接操纵气动执行机构。在半自动和自动系统中多作为信号阀使用。

人力控制换向阀的主体部分与气控阀类似，按其操纵方式可分为手动阀和脚踏阀两类。

(1) 手动阀。手动阀的头部结构有多种，如图 4-57 所示，有按钮式、蘑菇头式、旋钮式、拨动式、锁定式等。

手动阀的操作力不宜太大，故常采用长手柄以减小操作力，或者阀芯采用气压平衡结构，以减小气压作用面积。

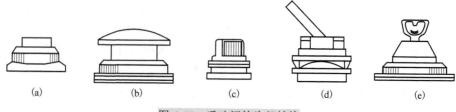

图 4-57 手动阀的头部结构

图 4-58 是推拉式手动阀的工作原理图。如图 4-58(a)所示，用手拉起阀芯，则 P 与 B 相通，A 与 O_1 相通；如图 4-58(b)所示，若将阀芯压下，则 P 与 A 相通，B 与 O_2 相通。

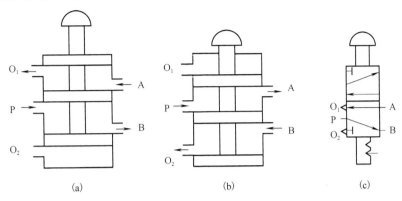

图 4-58　推拉式手动阀

旋钮式、锁定式、推拉式等操作具有定位功能，即操作力除去后能保持阀的工作状态不变。图形符号上的缺口数便表示有几个定位位置。手动阀除了弹簧复位，还有采用气压复位的，好处是具有记忆性，即不加气压信号，阀能保持原位而不复位。

(2) 脚踏阀。在半自动气控冲床上，操作者的两只手需要装卸工件，为提高生产效率，用脚踏阀控制供气更为方便，特别是操作者坐着干活的冲床。脚踏阀有单板脚踏阀和双板脚踏阀两种。单板脚踏阀是脚一踏下便进行切换，脚一离开便恢复到原位，即只有二位式。双板脚踏阀有二位式和三位式之分。二位式的动作是踏下踏板后，脚离开，阀不复位，直到踏下另一踏板后，阀才复位。三位式有三个动作位置，脚没有踏下时，两边踏板处于水平位置，为中间状态；踏下任一边的踏板，阀被切换，待脚一离开又立即恢复到中位状态。脚踏阀的结构示意图及头部控制图形符号如图 4-59 所示。

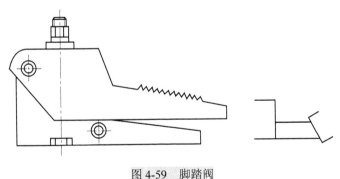

图 4-59　脚踏阀

4) 机械控制换向阀

机械控制换向阀是利用执行机构或其他机构的运动部件，借助凸轮、滚轮、杠杆和撞块等机械外力推动阀芯，实现换向的阀。

如图 4-60 所示，机械控制换向阀按阀芯的头部结构形式来分，常见的有直动圆头式、杠杆滚轮式、可通过滚轮杠杆式、旋转杠杆式、可调杠杆式、弹簧触须式等。

直动圆头式是由机械力直接推动阀杆的头部使阀切换。滚轮式头部结构可以减小阀杆所受的侧向力，杠杆滚轮式可减小阀杆所受的机械力。可通过滚轮杠杆式结构的头部滚轮是可折回的，当机械撞块正向运动时，阀芯被压下，阀换向。撞块走过滚轮，阀芯靠弹簧力返回。

撞块返回时，由于头部可折，滚轮折回，阀芯不动，阀不换向。弹簧触须式结构操作力小，常用于计数发信号。

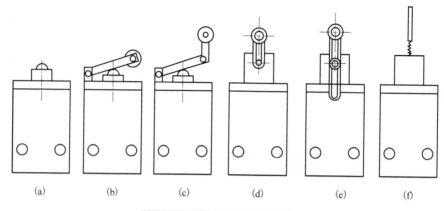

图 4-60 机械控制阀的头部形式

任务 4.2 安装、调试抓取机构松紧控制回路

4.2.1 任务目标

(1) 能够读懂气动控制回路。
(2) 会编制 PLC 程序。
(3) 掌握拆装抓取机构气动回路的方法。
(4) 能够正确调试运行。

4.2.2 任务引入与分析

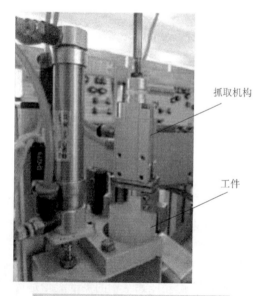

图 4-61 机械手抓取机构的工作示意图

图 4-61 为机械手抓取机构的工作示意图，工作要求为：当按下启动按钮后，抓取机构夹紧工件；当按下停止按钮后，抓取机构放松工件。试根据上述要求，安装与调试抓取机构的控制系统。

在本任务中主要要求抓取机构能够夹紧、放松工件，即气缸活塞杆能够执行伸、缩动作，这就需要使用方向控制阀对该机构实行方向控制。

根据安装与调试抓取机构松紧控制回路任务的目标，将该任务分成以下六个子任务来实施。
(1) 选择气动元件。
(2) 连接气动控制回路。
(3) 分配 PLC 输入/输出地址。
(4) 系统接线。
(5) 编制 PLC 控制程序。

(6) 调试运行。

4.2.3 任务实施与评价

一、任务准备

(一)知识与技能准备

1. 气爪

气爪(又称气动手指、气动手爪)可以实现各种抓取功能,是现代气动机械手中的一个重要部件。常见气爪的形状如图 4-62 所示。

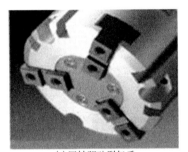
(a)回转驱动型气爪

(b)滑动导轨型气爪

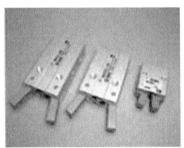
(c)支点开闭型气爪

图 4-62 常见的气爪

本任务中所用的气爪为支点开闭型,气爪控制示意图如图 4-63 所示。夹紧机构由单向电控换向阀控制,当电控换向阀得电时,手爪夹紧;当电控换向阀断电时,手爪张开。

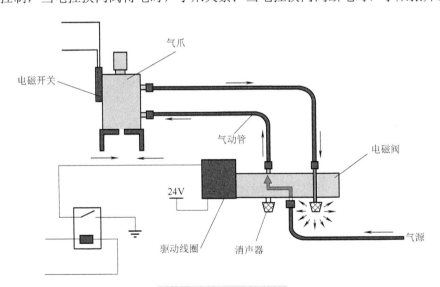

图 4-63 气爪控制示意图

2. 磁性开关

1)磁性开关的功能

磁性开关用于各类气缸的位置检测,图 4-64 为用两个磁性开关来检测机械手上气缸伸出和缩回到位的位置。

图 4-64 磁性开关的应用实例

磁性开关是一种非接触式位置检测开关,这种非接触式位置检测不会磨损和损伤检测对象,响应速度高。当有磁性物质接近磁性开关传感器时,传感器动作,并输出开关信号。在实际应用中,可在被测物体(如在气缸的活塞或活塞杆)上安装磁性物质,在气缸缸筒外面的两端各安装一个磁感式接近开关,就可以用这两个传感器分别标识气缸运动的两个极限位置。

气动机械手中所用的磁性开关的型号为 D-Z73 和 D-C73,外形和图形符号如图 4-65 所示。

图 4-65 磁性开关

2) 磁性开关的安装与调试

在气动机械手的控制中,可以利用磁性开关的信号判断气缸的运动状态或所处的位置,以确定工件是否被夹紧或气缸是否返回。

(1) 电气接法与检查。磁性开关的内部电路如图 4-66 所示,如果采用共阴接法,棕色线接 PLC 输入端,蓝色线接公共端。在磁性开关上设置有发光二极管(LED),用于显示传感器的信号状态,供调试与运行监视时观察。当气缸活塞靠近时,接近开关输出动作,输出"1"信号,LED 亮;当没有气缸活塞靠近时,接近开关输出不动作,输出"0"信号,LED不亮。

(2) 磁性开关在气缸上的安装与调整。磁性开关与气缸配合使用,如果安装不合理,则可能使得气缸的动作不正确。当气缸活塞移向磁性开关,并接近到一定距离时,磁性开关才用"感知",开关才会动作,通常把这个距离称为"检出距离"。

在气缸上安装磁性开关时,先把磁性开关装在气缸上,磁性开关的安装位置根据控制对象的要求调整,只要将磁性开关安装到合适位置后,用旋具旋紧固定螺钉即可,如图 4-67 所示。

学习情境 4　机械手气动系统的安装与调试 · 173 ·

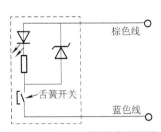

图 4-66　磁性开关的内部电路

图 4-67　磁性开关的安装

查询：
(1) 气缸安装时应该注意哪些问题？
(2) 气缸维护保养方法有哪些？
(3) 气缸常见故障及排除方法有哪些？

安装和使用不当，特别是长期使用，会使气缸产生故障。气缸常见的故障及排除方法见表 4-6。

表 4-6　气缸常见的故障及排除方法

故障现象		原因分析	排除方法
外泄漏	活塞杆端漏气	(1) 活塞杆安装偏心 (2) 润滑油供应不足 (3) 活塞杆密封圈磨损 (4) 活塞杆轴承配合面有杂质 (5) 活塞杆有伤痕	(1) 重新安装调整，使活塞杆不受偏心和横向负荷 (2) 检查油雾器是否失灵 (3) 更换密封圈 (4) 清洗除去杂质，安装更换防尘罩 (5) 更换活塞杆
	缸筒与缸盖间漏气	密封圈损坏	更换密封圈
	缓冲调节处漏气	密封圈损坏	更换密封圈
内泄漏	活塞两端串气	(1) 活塞密封圈损坏 (2) 润滑不良 (3) 活塞被卡住，活塞配合面有缺陷 (4) 杂质挤入密封面	(1) 更换密封圈 (2) 检查油雾器是否失灵 (3) 重新安装调整，使活塞杆不受偏心和横向负荷 (4) 除去杂质，采用净化压缩空气
	输出力不足 动作不平稳	(1) 润滑不良 (2) 活塞或活塞杆卡住 (3) 供气流量不足 (4) 有冷凝水杂质	(1) 检查油雾器是否失灵 (2) 重新安装调整，消除偏心和横向负荷 (3) 加大连接或管接头口径 (4) 注意净化、干燥压缩气，防止水凝结
	缓冲效果不良	(1) 缓冲密封圈磨损 (2) 调节螺栓损坏 (3) 气缸运动速度太快	(1) 更换缓冲密封圈 (2) 更换调节螺栓 (3) 注意缓冲机构是否合适
损伤	活塞杆损坏	(1) 有偏心横向负荷 (2) 活塞杆受冲击负荷 (3) 气缸活塞运动速度太快	(1) 消除偏心和横向负荷 (2) 冲击不能加在活塞杆上 (3) 设置缓冲装置
	缸盖损坏	缓冲机构不起作用	在外部活回路中设置缓冲机构

(二) 设备与材料准备

(1) 设备准备：预装三菱 FXGP_WIN-C 编程软件的计算机；三菱 PLC 及配套编程电缆；气动机械手组件；气动控制实训装置。

(2)材料准备:磁性开关、电感式接近开关若干;开关、按钮若干;截面积 1mm² 的连接导线若干。

(3)工具与场地准备:万用表、一字旋具、十字旋具、尖嘴钳等常用的电工工具;可视条件选择气动技术实训室、工业自动化控制实训室作为实训场地。

二、任务实施

1. 选择气动元件(表4-7)

1)气源装置的选择

根据机械手抓取机构的工作要求,选择压缩空气站作为气源装置。

2)执行元件的选择

机械手抓取机构需要实现正反两个方向的往复运动,需要压缩空气交替进入气缸的两腔,所以选择单活塞杆双作用气缸。

3)控制元件的选择

选二位五通单电控换向阀。当二位五通单电控换向阀左位工作时,气缸夹紧;当二位五通单电控换向阀右位工作时,气缸放松。

表4-7 气动元件选择

序号	气动元件名称	型号	备注
1	气动手指	MHZ2-16	SMC
2	二位五通单电控换向阀	4V210-08	AIRTAC

2. 连接气动控制回路

1)气路连接

(1)图4-68为根据气动手爪的工作要求设计完成的气动回路图,选出回路中所使用的元件,并在实训台上按要求规范摆放。

(2)将气源与二位五通单电控换向阀的进气口1连接起来。

(3)将二位五通单电控换向阀的工作口4连接气缸的左腔。

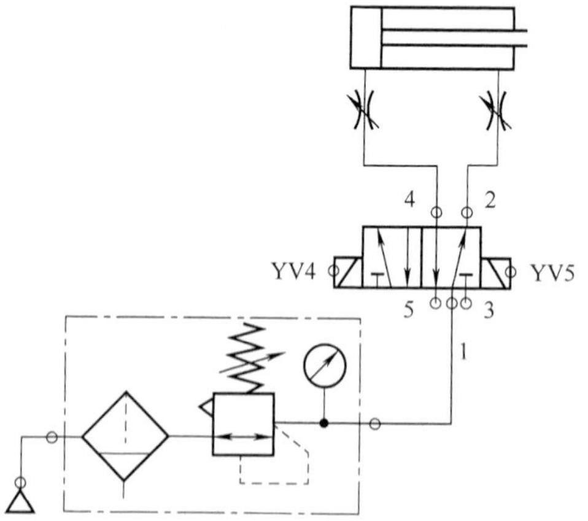

2)气路检查

气路连接结束后,进行通气检查,保证气路连接正确,没有不符合工艺要求的现象。进行通气检测时,确保通气后所有气缸都能回到要求的初始位置。通过调节气缸和节流阀来调节气缸运动的速度,使各气缸运动平稳、无振动和冲击。

图 4-68 气动回路图
1-进气口;2、4-工作口;3、5-排气口

3)气动回路功能调试

在初始位置,二位五通换向阀右位接入系统,压缩空气经阀的进气口1到达2,进入气缸的右腔,活塞收回;当YV4得电接通时,二位五通换向阀左位接入系统,压缩空气进入气缸的左腔,使得活塞杆伸出;当YV5得电接通时,二位五通换向阀右位接入系统,使活塞杆回到初始位置。

提示：操作时，一定要按要求规范操作，注意安全。想一想是否有更好的操作方案。

3. 分配 PLC 输入/输出信号地址

根据控制要求编制 PLC 的输入/输出信号地址分配，见表 4-8。

表 4-8 PLC 输入/输出信号地址分配

外接元件	输入信号		输出信号	
	功能	地址	功能	地址
SB1	启动按钮	X0	夹紧电磁阀线圈 YV1	Y1
SB2	停止按钮	X1	—	—
K1	气抓夹紧限位传感器	X10	—	—

4. 系统接线

根据如表 4-8 所示的 PLC 输入/输出信号地址分配，连接 PLC 电气控制原理图(图 4-69)。

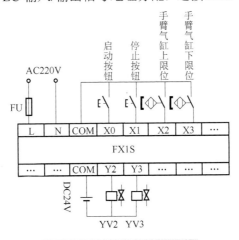

图 4-69 PLC 电气控制原理图

5. 编制 PLC 控制程序

使用 FXGP_WIN-C 编程软件编译梯形图程序，PLC 程序如图 4-70 所示。

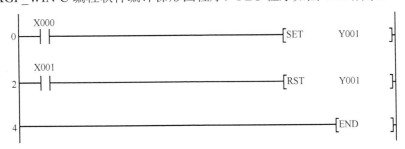

图 4-70 PLC 程序

6. 调试运行

(1) 根据电气控制原理图连接电路，创建一个项目，在该项目下，录入所编写的 PLC 控制程序。

(2) 对所录入的控制程序认真检查，经检查确认无误后，再进行实际的运行调试。重点应检查各执行机构之间是否存在冲突。

(3)调试程序并利用程序监控界面对程序的运行进行监控。

① 按下"启动"按钮,PLC 输出继电器 Y1 为"ON",电磁阀线圈 YV1 得电吸合,二位五通单电控换向阀换向,气动手爪夹紧,夹紧到位后限位传感器接通,PLC 输入信号指示灯 X10 为"ON"。

② 按下"复位"按钮,PLC 输出继电器 Y1 为"OFF",电磁阀线圈 YV1 失电断开,二位五通单电控换向阀复位,气动手爪放松,放松到位后限位传感器断开,PLC 输入信号指示灯 X10 为"OFF"。

(4)若程序不符合控制要求,则可利用监控界面对程序的运行情况进行分析,采用在线修改的方式对程序直接进行修改。

安全提示:

(1)在利用编程软件编程时,为防止程序意外丢失,应注意经常保存程序。

(2)程序经调试符合控制要求后,退出监控界面并使系统停止运行,将程序命名存盘后退出编程软件界面,断电后拔下计算机与 PLC 之间的通信电缆。

三、任务评价

任务考核评价表如表 4-9 所示。

表 4-9 任务考核评价表

任务名称:安装、调试抓取机构松紧控制回路

班级: 姓名: 学号: 指导教师:

评价项目	评价标准	评价依据（信息、佐证）	评价方式			权重	得分小计	总分
			小组评价	学校评价	企业评价			
			0.2	0.3	0.5			
职业素质	(1)遵守企业管理规定、劳动纪律 (2)按时完成学习及工作任务 (3)工作积极主动、勤学好问	实习表现				0.2		
专业能力	(1)能设计气动控制回路 (2)会编制 PLC 程序 (3)能熟练拆装抓取机构气动回路 (4)能正常调试运行	(1)书面作业和实训报告 (2)实训课题完成情况记录				0.7		
创新能力	能够推广、应用国内相关职业的新工艺、新技术、新材料、新设备	"四新"技术的应用情况				0.1		
指导教师综合评价		指导教师签名: 日期:						

4.2.4 知识链接

一、典型气动控制回路简介

(一)方向控制回路

1. 单作用气缸换向回路

图 4-71 为单作用气缸换向回路,图 4-71(a)是用二位三通电磁阀控制的单作用气缸上、

下回路,在回路中,当电磁铁得电时,气缸向上伸出,失电时,气缸在弹簧作用下返回。图 4-71(b)是三位四通电磁阀控制的单作用气缸上、下和停止的回路,该阀在两电磁铁均失电时能自动对中,使气缸停于任何位置,但定位精度不高,且定位时间不长。

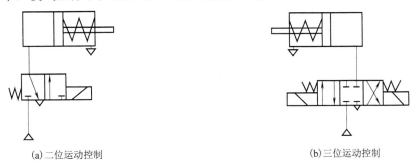

(a) 二位运动控制　　　　　　　　(b) 三位运动控制

图 4-71　单作用气缸换向回路

2. 双作用气缸换向回路

图 4-72 为各种双作用气缸换向回路,图 4-72(a)是比较简单的换向回路,图 4-72(f)还有中停位置,但中停定位精度不高,图 4-72(d)~(f)的两端控制电磁铁线圈或按钮不能同时操作,否则将出现误动作,其回路相当于双稳的逻辑功能,图 4-72(b)的回路中,当 A 有压缩空气时气缸推出,反之,气缸退回。

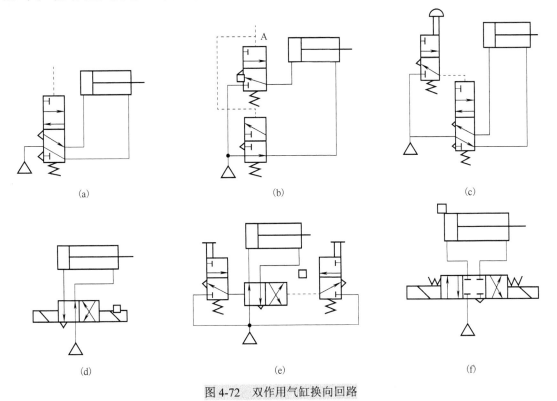

图 4-72　双作用气缸换向回路

(二) 压力控制回路

压力控制回路的作用是使系统保持在某一规定的压力范围内。常用的有一次压力控制回路、二次压力控制回路和高低压转换回路。

1. 一次压力控制回路

这种回路用于使储气罐送出的气体压力不超过规定压力。为此,通常在储气罐上安装一只安全阀,用来实现一旦罐内超过规定压力就向大气放气,也常在储气罐上安装电接点压力表,一旦罐内超过规定压力,即控制空气压缩机断电,不再供气。

2. 二次压力控制回路

为保证气动系统使用的气体压力为一稳定值,多用如图4-73所示的由空气过滤器、减压阀、油雾器(气动三大件)组成的二次压力控制回路,但要注意,供给逻辑元件的压缩空气不要加入润滑油。

3. 高低压转换回路

该回路利用两只减压阀和一只换向阀间或输出低压或高压气源,如图4-74所示,若去掉换向阀,则可同时输出高低压两种压缩空气。

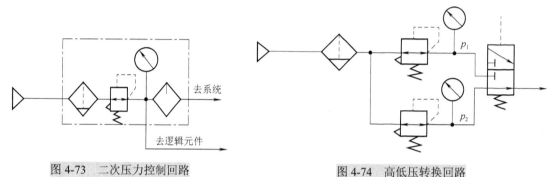

图 4-73 二次压力控制回路   图 4-74 高低压转换回路

(三)速度控制回路

1. 单作用气缸速度控制回路

图 4-75 为单作用气缸速度控制回路,在图 4-75(a)中,升、降均通过节流阀调速,两个相反安装的单向节流阀,可分别控制活塞杆的伸出及缩回速度。在如图 4-75(b)所示的回路中,气缸上升时可调速,下降时则通过快速排气阀排气,使气缸快速返回。

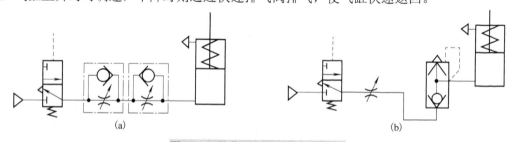

图 4-75 单作用气缸速度控制回路

2. 双作用气缸速度控制回路

1)单向调速回路

双作用气缸有节流供气和节流排气两种调速方式。

图 4-76(a)为节流供气调速回路,在如图 4-76(a)所示位置,当气控换向阀不换向时,进入气缸 A 腔的气流流经节流阀,B 腔排出的气体直接经换向阀快排。当节流阀开度较小时,由于进入 A 腔的流量较小,压力上升缓慢,当气压能克服负载时,活塞前进,此时 A 腔容积增大,结果使压缩空气膨胀,压力下降,使作用在活塞上的力小于负载,因而活塞停止前进。

待压力再次上升时,活塞才再次前进。这种由于负载及供气的原因使活塞忽走忽停的现象,称为气缸的"爬行"。节流供气的不足之处主要表现为如下两点。

(1)当负载方向与活塞运动方向相反时,活塞运动易出现不平稳现象,即"爬行"现象。

(2)当负载方向与活塞运动方向一致时,由于排气经换向阀快排,几乎没有阻尼,负载易产生"跑空"现象,使气缸失去控制。

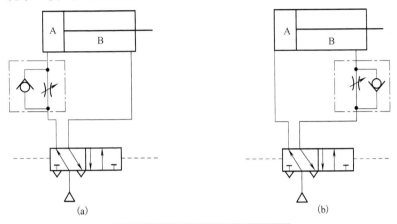

图 4-76 双作用气缸速度控制回路

节流供气多用于垂直安装的气缸的供气回路中,在水平安装的气缸的供气回路中,一般采用如图 4-76(b)所示的节流排气调速回路,由如图 4-76(b)所示位置可知,当气控换向阀不换向时,从气源来的压缩空气,经气控换向阀直接进入气缸的 A 腔,而 B 腔排出的气体必须经节流阀到气控换向阀而排入大气,故 B 腔中的气体具有一定的压力。此时活塞在 A 腔与 B 腔的压力差作用下前进,而减小了"爬行"发生的可能性,调节节流阀的开度,就可控制不同的排气速度,从而控制了活塞的运动速度,排气节流调速回路具有下述特点。

(1)气缸速度随负载变化较小,运动较平稳。

(2)能承受与活塞运动方向相同的负载(反向负载)。

以上的讨论,适用于负载变化不大的情况。当负载突然增大时,气体的可压缩性,将迫使气缸内的气体压缩,使活塞运动速度减慢;反之,当负载突然减小时,气缸内被压缩的空气必然膨胀,使活塞运动加快,这称为气缸的"自走"现象。因此在要求气缸具有准确而平稳的速度时(尤其在负载变化较大的场合),就要采用气液相结合的调速方式。

2)双向调速回路

在气缸的进排气口装设节流阀,就组成了双向调速回路,在如图 4-77 所示的双向节流调速回路中,图 4-77(a)是采用单向节流阀式的双向节流调速回路,图 4-77(b)是采用排气节流阀的双向节流调速回路。

3)快速往复运动回路

若将图 4-77(a)中两只单向节流阀换成快速排气阀,则

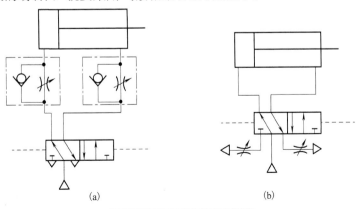

图 4-77 双向节流调速回路

构成了快速往复回路,欲实现气缸单向快速运动,可只采用一只快速排气阀。

4)速度换接回路

如图 4-78 所示的速度换接回路是利用两个二位二通阀与单向节流阀并联,当撞块压下行程开关时,发出电信号,使二位二通阀换向,改变排气通路,从而使气缸速度改变。行程开关的位置可根据需要选定。图 4-78 中二位二通阀也可改用行程阀。

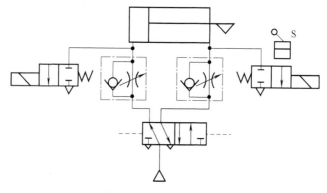

图 4-78 速度换接回路

二、气液联动控制回路

气液联动是以气压为动力,利用气液转换器把气压传动变为液压传动,或采用气液阻尼缸来获得更为平稳和更为有效控制运动速度的气压传动,或使用气液增压器来使传动力增大等。气液联动控制回路装置简单,经济可靠,在生产生活中得到了广泛应用。

(一)气液转换速度控制回路

图 4-79 为气液转换速度控制回路,它利用气液转换器 1、2 将气压变成液压,利用液压油驱动液压缸 3,从而得到平稳易控制的活塞运动速度,调节节流阀的开度,就可改变活塞的运动速度。这种回路充分发挥了气动供气方便和液压速度容易控制的特点。

(二)气液阻尼缸的速度控制回路

图 4-80 为气液阻尼缸的速度控制回路,图 4-80(a) 是慢进快退回路,改变单向节流阀的开度,即可控制活塞的前进速度;活塞返回时,气液阻尼缸中液压缸的无杆腔的油液通过单向阀快速流入有杆腔,故返回速度较快,高位油箱起补充泄漏油液的作用。图 4-80(b) 能实现机床工作循环中常用的快进—工进—快退的动作。当有 K_2 信号时,五通阀换向,活塞向左运动,液压缸无杆腔中的油液通过 a 口进入有杆腔,气缸快速向左前进;当活塞将 a 口关闭时,液压缸无杆腔中的油液被迫从 b 口经节流阀进入有杆腔,活塞工作进给;当 K_2 消失,由 K_1 输入信号时,五通阀换向,活塞向右快速返回。

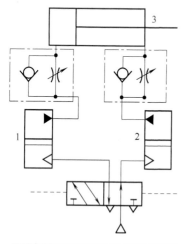

图 4-79 气液转换速度控制回路

1、2-气液转换器;3-液压缸

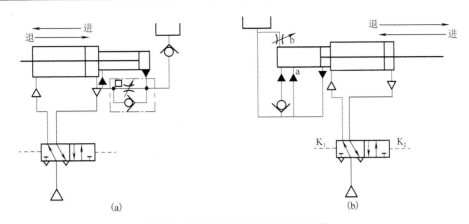

图 4-80　气液阻尼缸的速度控制回路

(三) 气液增压缸增力回路

图 4-81 为利用气液增压缸 1 把较低的气压变为较高的液压力，以提高气液缸 2 的输出液压力的回路。

(四) 气液缸同步动作回路

如图 4-82 所示，该回路的特点是将油液密封在回路中，油路和气路串联，同时驱动 1、2 两个缸，使两者运动速度相同，但这种回路要求缸 1 无杆腔的有效面积必须和缸 2 的有杆腔有效面积相等。在设计和制造中，要保证活塞与缸体之间的密封，回路中的截止阀 3 与放气口相接，用于放掉混入油液中的空气。

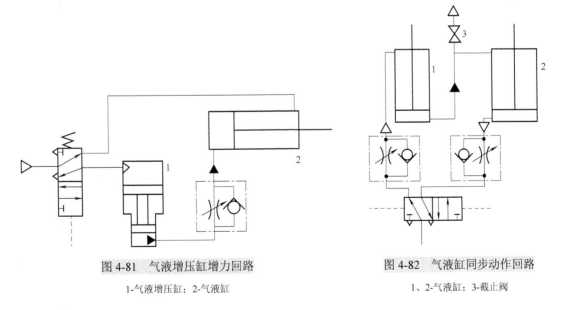

图 4-81　气液增压缸增力回路

1-气液增压缸；2-气液缸

图 4-82　气液缸同步动作回路

1、2-气液缸；3-截止阀

三、其他控制回路

(一) 安全保护回路

气动机构负荷过载、气压突然降低以及气动执行机构的快速动作等原因都可能危及操作人员或设备的安全，因此在气动回路中，常要加入安全回路。下面介绍几种常用的安全保护回路。

1. 过载保护回路

图4-83为过载保护回路。按下手动换向阀1，在活塞杆伸出的过程中，若遇到障碍6，则无杆腔压力升高，打开顺序阀3，使阀2换向，阀4随即复位，活塞立即退回，实现过载保护。若无障碍6，则气缸向前运动时压下阀5，活塞即刻返回。

2. 互锁回路

图4-84为互锁回路。在该回路中，四通阀的换向受三个串联的机动三通阀控制，只有三个阀都接通，主阀才能换向。

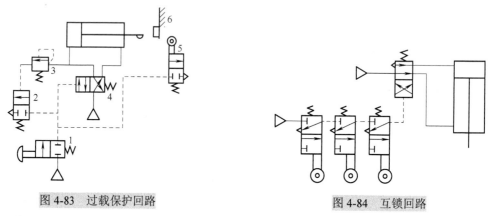

图4-83 过载保护回路　　　　　　图4-84 互锁回路

1-手动阀；2、4、5-气控换向阀；3-顺序阀；6-障碍

3. 双手同时操作回路

双手同时操作回路就是使用两个启动阀的手动阀，只有同时按动两个阀才动作的回路。图4-85为双手同时操作回路。

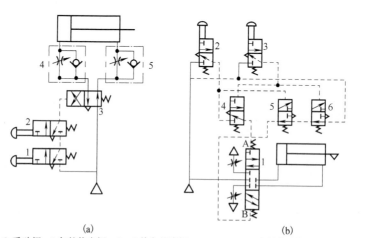

　(a)　　　　　　　　　　　　　(b)

1、2-手动阀；3-气控换向阀；4、5-单向节流阀　　1、4、5、6-气控换向阀；2、3-手动阀

图4-85 双手同时操作回路

(二)延时回路

图4-86为延时回路。图4-86(a)是延时输出回路，当控制信号切换阀4后，压缩空气经

单向节流阀 3 向储气罐 2 充气。当充气压力经过延时升高致使阀 1 换位时，阀 1 就有输出。图 4-86(b) 是延时接通回路，按下阀 8，则气缸向外伸出，当气缸在伸出行程中压下阀 5 后，压缩空气经节流阀到储气罐 6，延时后才将阀 7 切换，气缸退回。

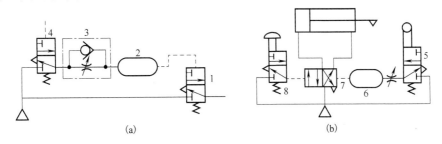

图 4-86　延时回路

1、4、5、7、8-换向阀；2、6-储气罐；3-单向节流阀

(三) 顺序动作回路

顺序动作是指在气动回路中，各个气缸按一定顺序完成各自的动作。

1. 单往复动作回路

图 4-87 为三种单往复动作回路。图 4-87(a) 是行程阀控制的单往复回路；图 4-87(b) 是压力控制的单往复动作回路；图 4-87(c) 是利用延时回路形成的时间控制单往复动作回路。

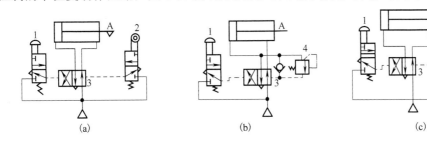

图 4-87　单往复动作回路

1-手控阀；2-行程阀；3-换向阀；4-减压阀

由上述可知，在单往复动作回路中，每按下一次按钮，气缸就完成一次往复动作。

2. 连续往复动作回路

图 4-88 为连续往复动作回路。它能够完成连续的动作循环。

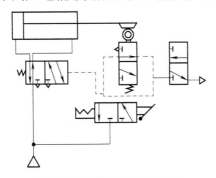

图 4-88　连续往复动作回路

任务 4.3　安装、调试悬臂伸缩控制回路

4.3.1　任务目标

(1) 能够读懂气动控制回路。
(2) 会编制 PLC 程序。
(3) 掌握拆装悬臂伸缩机构气动控制回路的方法。
(4) 能正确调试运行。

4.3.2　任务引入与分析

图 4-89 为机械手悬臂伸缩机构的工作示意图，工作要求为：当按下启动按钮 SB1 后，悬臂伸缩机构伸出，当按下停止按钮 SB2 后，悬臂伸缩机构缩回。试根据上述要求，安装与调试悬臂伸缩机构的控制系统。

(a) 悬臂伸出　　　　　　　　　　　　　(b) 悬臂缩回

图 4-89　机械手悬臂伸缩机构的工作示意图

根据安装与调试悬臂伸缩控制回路任务的目标，将该任务分成以下六个子任务来实施。
(1) 选择气动元件。
(2) 连接气动控制回路。
(3) 分配 PLC 输入/输出地址。
(4) 系统接线。
(5) 编制 PLC 控制程序。
(6) 调试运行。

4.3.3　任务实施与评价

(一) 任务准备

1. 知识与技能准备

方向控制阀的常见故障及排除方法见表 4-10。

表4-10　方向控制阀的常见故障及排除方法

故障现象	原因分析	排除方法
阀不能换向	(1)润滑不良,滑动阻力和始动摩擦力大 (2)密封圈压缩量大,或膨胀变形 (3)尘埃或油污等被卡在滑动部分或阀座上 (4)弹簧卡住或损坏 (5)控制活塞面积偏小,操作力不够	(1)改善润滑 (2)适当减小密封圈的压缩量,或选择耐油而不膨胀变形的密封圈 (3)清除尘埃和油污 (4)重新装配或更换弹簧 (5)增大活塞面积或操作力
阀泄漏	(1)密封圈压缩量过小或有损伤 (2)阀杆或阀座有损伤 (3)铸件有缩孔	(1)增大压缩量或更换受损密封件 (2)更换阀杆或阀座 (3)更换铸件
阀产生振动	(1)压力低(先导式) (2)电磁阀电压低	(1)提高先导操作压力 (2)提高电压或线圈参数

2. 设备与材料准备

(1)设备准备：预装三菱FXGP_WIN-C编程软件的计算机；三菱PLC及配套编程电缆；气动机械手组件；气动控制实训装置。

(2)材料准备：磁性开关、电感式接近开关若干；开关、按钮若干；截面积$1mm^2$的连接导线若干。

(3)工具与场地准备：万用表、一字旋具、十字旋具、尖嘴钳等常用的电工工具；可视条件选择气动技术实训室、工业自动化控制实训室作为实训场。

(二)任务实施

1. 选择气动元件

1)气源装置的选择

根据机械手悬臂伸缩机构的工作要求,选择压缩空气站作为气源装置。

2)执行元件的选择

机械手悬臂伸缩机构需要实现伸、缩两个方向的往复运动,需要压缩空气交替进入气缸的两腔,所以选择单活塞杆双作用气缸。

3)控制元件的选择

选二位五通双电控换向阀,当二位五通双电控换向阀左位工作时,气缸活塞杆下降；当二位五通双电控换向阀右位工作时,气缸活塞杆上升。

气动元件类型如表4-11所示。

表4-11　气动元件类型

序号	气动元件名称	型号	备注
1	双作用气缸	TDA-25/10	AIRTAC
2	二位五通双电控换向阀	4V220-08	AIRTAC

2. 连接气动控制回路

1)气路连接

(1)图4-90为根据机械手悬臂伸缩机构的工作要求设计完成的气动回路图,选出回路中所使用的元件,并在实训台上按要求规范摆放好。

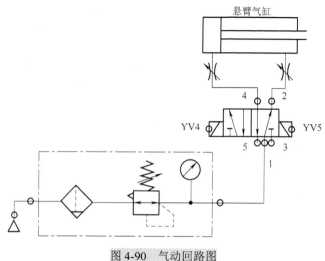

图 4-90 气动回路图

1-进气口；2、4-工作口；3、5-排气口

(2) 将气源与二位五通双电控换向阀的进气口 1 连接起来。

(3) 将二位五通双电控换向阀的工作口 4 连接气缸的左腔，工作口 2 连接气缸的右腔。

2) 气路检查

气路连接结束后，进行通气检查，保证气路连接正确，没有不符合工艺要求的现象。进行通气检测时，确保通气后所有气缸都能回到要求的初始位置。通过调节气压和节流阀来调节气缸运动的速度，使各气缸运动平稳，无振动和冲击。

3) 气动回路功能调试

在初始位置，二位五通换向阀右位接入系统，压缩空气经阀的进气口 1 到达出口 2，进入气缸的右腔，活塞收回；当 YV4 得电接通时，二位五通换向阀左位接入系统，压缩空气进入气缸的左腔，使得活塞杆伸出；当 YV5 得电（YV4 失电断开）接通时，二位五通换向阀右位接入系统，使活塞杆回到初始位置。

3. 分配 PLC 输入/输出信号地址

根据控制要求编制 PLC 的输入/输出信号地址分配，见表 4-12。

表 4-12 PLC 输入/输出信号地址分配

外接元件	输入信号		输出信号	
	功能	地址	功能	地址
SB1	启动按钮	X0	伸出电磁阀线圈 YV4	Y4
SB2	停止按钮	X1	缩回电磁阀线圈 YV5	Y5
K4	悬臂气缸前限位传感器	X4	—	—
K5	悬臂气缸后限位传感器	X5	—	—

4. 系统接线

根据如表 4-12 所示的 PLC 输入/输出信号地址分配，连接 PLC 电气控制图（图 4-91）。

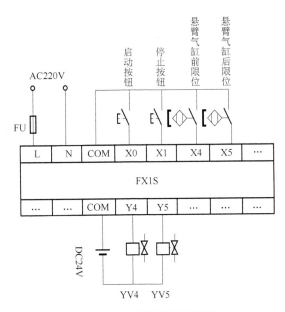

图 4-91　PLC 电气控制原理图

5. 编制 PLC 控制程序

使用 FXGP_WIN-C 编程软件编译梯形图程序，PLC 程序如图 4-92 所示。

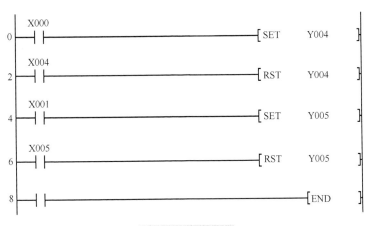

图 4-92　PLC 程序

6. 调试运行

(1) 根据电气控制原理图连接电路，创建一个项目，在该项目下，录入所编写的 PLC 控制程序。

(2) 对所录入的控制程序认真检查，经检查确认无误后，再进行实际的运行调试。重点应检查各执行机构之间是否存在冲突。

(3) 调试程序并利用程序监控界面对程序的运行进行监控。

① 按下"启动"按钮，PLC 输出继电器 Y4 为"ON"，电磁阀线圈 YV4 得电吸合二位五通双电控换向阀换向，悬臂气缸伸出，伸出到位后前限位传感器接通，PLC 输入信号指示灯 X4 为"ON"，PLC 输出继电器 Y4 为"OFF"，电磁阀线圈 YV4 失电断开。

② 按下"复位"按钮，PLC 输出继电器 Y5 为"ON"，电磁阀线圈 YV5 得电吸合，二位

五通双电控换向阀换向,悬臂气缸缩回,缩回到位后后限位传感器接通,PLC 输入信号指示灯 X5 为"ON",PLC 输出继电器 Y5 为"OFF",电磁阀线圈 YV5 失电断开。

(4)若程序不符合控制要求,则可利用监控界面对程序的运行情况进行分析,若要修改程序,则可采用在线修改的方式对程序直接进行修改。

(三)任务评价

任务考核评价表如表 4-13 所示。

表 4-13 任务考核评价表

任务名称:安装、调试悬臂伸缩控制回路

班级:　　　　姓名:　　　　学号:　　　　指导教师:

评价项目	评价标准	评价依据 (信息、佐证)	评价方式			权重	得分 小计	总分
			小组 评价	学校 评价	企业 评价			
			0.2	0.3	0.5			
职业素质	(1)遵守企业管理规定、劳动纪律 (2)按时完成学习及工作任务 (3)工作积极主动、勤学好问	实习表现				0.2		
专业能力	(1)能设计气动控制回路 (2)会编制 PLC 程序 (3)能熟练拆装悬臂伸缩气动回路 (4)能正常调试运行	(1)书面作业和实训报告 (2)实训课题完成情况记录				0.7		
创新能力	能够推广、应用国内相关职业的新工艺、新技术、新材料、新设备	"四新"技术的应用情况				0.1		
指导教师 综合评价								

指导教师签名:　　　　　　　　日期:

4.3.4 知识链接:气压系统的维护与保养

(一)气压系统的维护保养

如果气动设备不注意维护保养,则会频繁发生故障或过早损坏,使其使用寿命明显缩短。因此必须进行及时的维护保养工作,在对气动装置进行维护保养时,应针对发现的事故苗头及时采取措施,这样可减少和防止故障的发生,延长元件和系统的使用寿命。

气压系统维护保养工作的中心任务如下:

(1)保证供给气动系统清洁干燥的压缩空气;

(2)保证气动系统的气密性;

(3)保证使油雾润滑元件得到必要的润滑;

(4)保证气动元件与系统在规定的工作条件(如使用压力、电压等)下工作和运转,以保证气动执行机构按预定的要求进行工作。

维护工作可以分为经常性维护工作和定期性维护工作。维护工作应有记录,以利于以后的故障诊断和处理。

1. 经常性维护工作

经常性维护工作是指每天必须进行的维护工作，主要包括冷凝水排放、检查润滑油和空气压缩机系统的管理等。

1)冷凝水排放

冷凝水排放涉及整个气动系统，从空气压缩机、后冷却器、储气罐、管道系统直到各处的空气过滤器、干燥器和自动排水器等。在作业结束时，应当将各处的冷凝水排放，以防夜间温度低于0℃时导致冷凝水结冰。由于夜间管道内温度下降，会进一步析出冷凝水，所以气动装置在每天运转前，也应将冷凝水排出，并要注意观看自动排水器是否工作正常，水杯内不应存水过量。

2)检查润滑油

在气动装置运转时，应检查油雾器的滴油量是否符合要求，油色是否正常，即油中不要混入灰尘和水分。

3)空气压缩机系统的管理

空气压缩机系统的日常管理工作是：检查空气压缩机系统是否向后冷却器供给了冷却水（指水冷式）；检查空气压缩机是否有异常声音和异常发热现象，检查润滑油位是否正常。

2. 定期性维护工作

定期性维护工作是在每周、每月或每季度进行的维护工作。

1)每周的维护工作

每周的维护工作的主要内容是漏气检查和油雾器管理，目的是及早地发现事故的苗头。

(1)漏气检查：漏气检查应在白天车间休息的空闲时间或下班后进行。这时气动装置已停止工作，车间内噪声小，但管道内还有一定的空气压力，根据漏气的声音便可知何处存在泄漏。严重泄漏处必须立即处理，如软管破裂、连接处严重松动等；其他泄漏应做好记录。泄漏的部位和原因见表4-14。

表4-14 泄漏的部位和原因

泄漏部位	泄漏原因
管子、管头连接处	连接部位松动
软管	软管破裂或被拉脱
空气过滤器	灰尘嵌入，水杯龟裂
油雾器	密封垫不良，针阀阀座损伤，针阀未紧固，油杯龟裂
减压阀	紧固螺钉松动，灰尘嵌入溢流阀座使阀杆动作不良，膜片破裂
换向阀	密封不良，螺钉松动，弹簧折断或损伤，灰尘嵌入
安全阀	压力调整不符合要求，弹簧折断，灰尘嵌入，密封圈损坏
排气阀	灰尘嵌入，密封圈损坏
气缸	密封圈磨损，活塞杆损伤，螺钉松动

(2)油雾器管理：油雾器最好选用一周补油一次规格的产品。补油时，要注意油量减少的情况。若耗油量太少，则应重新调整滴油量；调整后滴油量仍少，应检查油雾器进出口是否装反，油道是否堵塞，所选油雾器的规格是否合适。

2)每月或每季度的维护工作

每月或每季度的维护工作应比每日和每周的维护工作更仔细，但仍限于外部能够检查的范围。维护工作的主要内容详见表4-15。

表 4-15　每月或每季度的维护工作内容

元件	维护内容
减压阀	当系统的压力为零时,观察压力表的指针能否回零;旋转手柄,压力可否调整
换向阀	使压力高于设定压力,观察安全阀能否溢流
安全阀	查排气口油雾喷出量,有无冷凝水排出,有无漏气
电磁阀	查电磁线圈的温升,阀的切换动作是否正常
速度控制阀	调节节流阀开度,能否对气缸进行速度控制或对其他元件进行流量控制
自动排水器	能否自动排水,手动操作装置能否正常动作
过滤器	过滤器两侧压差是否超过允许压降
压力开关	在最高和最低的设定压力下,观察压力开关能否正常接通和断开
压力表	观察各处压力表指示值是否在规定范围内
空气压缩机	入口过滤器网眼是否堵塞
气缸	检查气缸运动是否平稳,速度和循环周期有无明显变化,气缸安装架是否有松动和异常变形,活塞杆连接有无松动,活塞杆部位有无漏气,活塞杆表面有无锈蚀、划伤和磨损

(二)气压系统的维修

气动系统中各类元件的使用寿命差别较大,如换向阀、气缸等有相对滑动部件的元件,其使用寿命较短;而许多辅助元件,由于可动部件少,使用寿命就长些。各种过滤器的使用寿命主要取决于滤芯寿命,这与气源处理后空气的质量关系很大。如急停开关这种不经常动作的阀,要保证其动作可靠性,就必须定期进行维护。因此,气动系统的维修周期,只能根据系统的使用频度,气动装置的重要性和经常维护、定期维护的状况来确定。一般是每年大修一次。

维修之前,应根据产品样本和使用说明书预先了解该元件的作用、工作原理和内部零件的运动状况。必要时,应参考维修手册。在拆卸之前应根据故障的类型来判断和估计哪一部分问题较多。

维修时,对日常工作中经常出问题的地方要彻底解决。对重要部位的元件、经常出问题的元件和接近其使用寿命的元件,宜按原样换成一个新元件。新元件通气口的保护塞在使用时才取下来。许多元件内仅少量零件损伤,如密封圈、弹簧等,为了节省经费。只要更换一下这些零件就可以。

拆卸前,应清扫元件和装置上的灰尘,保持环境清洁。同时要注意必须切断电源和气源,确认压缩空气已全部排出后方能拆卸。仅关闭截止阀,系统中不一定已无压缩空气,因有时压缩空气被堵截在某个部位,所以必须认真分析并检查各个部位,而且设法将余压排尽,如观察压力表是否回零,调节电磁先导阀的手动调节杆排气等。

拆卸时,要慢慢松动每个螺钉,以防元件或管道内有残压。一面拆卸,一面逐个检查零件是否正常,而且应该以组件为单位进行。滑动部分的零件要认真检查,要注意各处密封圈和密封垫的磨损、损伤与变形情况。要注意节流孔、喷嘴和滤芯的堵塞情况。要检查塑料和玻璃制品是否裂纹或损伤。拆卸下来的零件要按组件顺序排列,并注意零件的安装方向,以便于今后装配。

更换的零件必须保证质量,锈蚀、损伤、老化的元件不得再用。必须根据使用环境和工作条件来选定密封件,以保证元件的气密性和工作的稳定性。

拆下来准备再用的零件，应放在清洗液中清洗。不得用汽油等有机溶剂清洗橡胶件、塑料件，可以使用优质煤油清洗。

零件清洗后，不准用棉丝、化纤品擦干，最好用干燥的清洁空气吹干。然后涂上润滑脂，以组件为单位进行装配。注意不要漏装密封件，不要将零件装反。螺钉拧紧力矩应均匀，力矩大小应合理。

安装密封件时应注意：有方向的密封圈不得装反，密封圈不得扭曲。为安装容易，可在密封圈上涂敷润滑脂。要保持密封件清洁，防止棉丝、纤维、切屑末、灰尘等附着在密封件上。安装时，应防止沟槽的棱角处、横孔处碰伤密封件(棱角应倒圆)，还要注意塑料类密封件几乎不能伸长，橡胶材料密封件也不要过度拉伸，以免产生永久变形。在安装带密封圈的部件时，注意不要碰伤密封圈。螺纹部分通过密封圈的，可在螺纹上卷上薄膜或使用插入用工具。活塞插入缸筒等筒壁上开孔的元件时，孔端部应倒角。

配管时，应注意不要将灰尘、密封材料碎片等异物带入管内。

装配好的元件要进行通气试验。通气时应缓慢升压到规定压力，并保证升压过程中气压达到规定压力都不漏气。

检修后的元件一定要试验其动作情况，如对气缸，开始将其缓冲装置的节流部分调到最小。然后调节速度控制阀使气缸以非常慢的速度移动，逐渐打开节流阀，使气缸达到规定速度。这样便可检查气阀、气缸的装配质量是否合乎要求。若气缸在最低工作压力下动作不灵活，则必须仔细检查安装情况。

任务 4.4　安装、调试立柱升降控制回路

4.4.1　任务目标

(1) 能够读懂气动控制回路。
(2) 会编制 PLC 程序。
(3) 掌握拆装立柱升降机构气动回路的方法。
(4) 能正确调试运行。

4.4.2　任务引入与分析

图 4-93 为机械手立柱升降机构的工作示意图，工作要求为：当按下启动按钮 SB1 后，立柱升降机构伸出下降；当按下停止按钮 SB2 后，立柱升降机构缩回上升。试根据上述要求，安装与调试立柱升降机构的控制系统。

根据安装与调试立柱升降控制回路任务的目标，将该任务分成以下六个子任务来实施。
(1) 选择气动元件。
(2) 连接气动控制回路。
(3) 分配 PLC 输入/输出地址。
(4) 系统接线。
(5) 编制 PLC 控制程序。
(6) 调试运行。

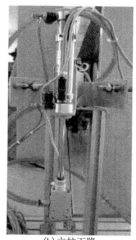

(a) 立柱上升　　　　　　　　　　(b) 立柱下降

图 4-93　机械手立柱升降机构的工作示意图

4.4.3　任务实施与评价

一、任务准备

1. 设备准备

预装三菱 FXGP_WIN-C 编程软件的计算机；三菱 PLC 及配套编程电缆；气动机械手组件；气动控制实训装置。

2. 材料准备

磁性开关、电感式接近开关若干；开关、按钮若干；截面积 $1mm^2$ 的连接导线若干。

3. 工具与场地准备

(1) 万用表、一字旋具、十字旋具、尖嘴钳等常用的电工工具。

(2) 可视条件选择气动技术实训室、工业自动化控制实训室作为实训场。

二、任务实施

1. 选择气动元件

1) 气源装置的选择

根据机械手立柱升降机构的工作要求，选择空气压缩机作为气源装置。

2) 执行元件的选择

机械手立柱升降机构需要实现上、下两个方向的往复运动，需要压缩空气交替进入气缸的两腔，所以选择单活塞杆双作用气缸。

3) 控制元件的选择

选二位五通双电控换向阀，当二位五通双电控换向阀左位工作时，气缸活塞杆下降；当二位五通双电控换向阀右位工作时，气缸活塞杆上升。

气动元件类型如表 4-16。

表 4-16　气动元件类型

序号	气动元件名称	型号	备注
1	双作用气缸	PB10-40-S-U	AIRTAC
2	二位五通双电控换向阀	4V220-08	AIRTAC

2. 连接气动控制回路

1) 气路连接

(1) 图 4-94 为根据机械手立柱升降机构的工作要求设计完成的气动回路图，选出回路中所使用的元件，并在实训台上按要求规范摆放。

(2) 将气源与二位五通双电控换向阀的进气口 1 连接起来。

(3) 将二位五通双电控换向阀的工作口 4 连接气缸的左腔，工作口 2 连接气缸的右腔。

2) 气路检查

气路连接结束后，进行通气检查，保证气路连接正确，没有不符合工艺要求的现象。进行通气检测时，确保通气后所有气缸都能回到要求的初始位置。通过调节气压和节流阀来调节气缸运动的速度，使各气缸运动平稳，无振动和冲击。

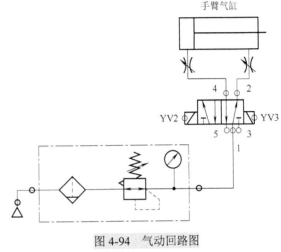

图 4-94　气动回路图

1-进气口；2、4-工作口；3、5-排气口

3) 气动回路功能调试

在初始位置，二位五通换向阀右位接入系统，压缩空气经阀的进气口 1 到达出口 2，进入气缸的右腔，活塞收回；当 YV2 得电接通时，二位五通换向阀左位接入系统，压缩空气进入气缸的左腔，使得活塞杆伸出；当 YV3 得电(YV2 失电断开)接通时，二位五通换向阀右位接入系统，使活塞杆回到初始位置。

3. 分配 PLC 输入/输出信号地址

根据控制要求编制 PLC 输入/输出信号地址分配，如表 4-17 所示。

表 4-17　PLC 输入/输出信号地址分配

外接元件	输入信号		输出信号	
	功能	地址	功能	地址
SB1	启动按钮	X0	上升电磁阀线圈 YV2	Y2
SB2	停止按钮	X1	下降电磁阀线圈 YV3	Y3
K2	手臂气缸上限位传感器	X2	—	—
K3	手臂气缸下限位传感器	X3	—	—

4. 系统接线

根据如表 4-17 所示的 PLC 输入/输出信号地址分配，连接 PLC 电气控制原理图(图 4-95)。

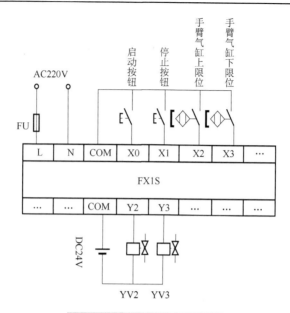

图 4-95 PLC 电气控制原理图

5. 编制 PLC 控制程序

使用 FXGP_WIN-C 编程软件编译梯形图程序，PLC 程序如图 4-96 所示。

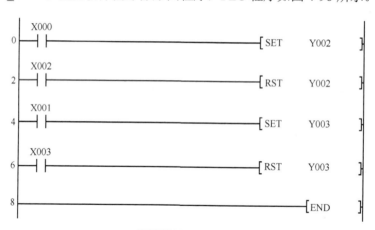

图 4-96 PLC 程序

6. 调试运行

（1）根据电气控制原理图连接电路，创建一个项目，在该项目下，录入所编写的 PLC 控制程序。

（2）对所录入的控制程序认真检查，经检查确认无误后，再进行实际的运行调试。重点应检查各执行机构之间是否存在冲突。

（3）调试程序并利用程序监控界面对程序的运行进行监控。

① 按下"启动"按钮，PLC 输出继电器 Y2 为"ON"，电磁阀线圈 YV2 得电吸合，二位五通双电控换向阀换向，手臂气缸下降，下降到位后下限位传感器接通，PLC 输入信号指示灯 X2 为"ON"，PLC 输出继电器 Y2 为"OFF"，电磁阀线圈 YV2 失电断开。

② 按下"复位"按钮，PLC 输出继电器 Y3 为"ON"，电磁阀线圈 YV3 得电吸合，二位

五通双电控换向阀换向，手臂气缸上升，上升到位后下限位传感器接通，PLC 输入信号指示灯 X3 为"ON"，PLC 输出继电器 Y3 为"OFF"，电磁阀线圈 YV3 失电断开。

(4)若程序不符合控制要求，则可利用监控界面对程序的运行情况进行分析。若要修改程序，则可采用在线修改的方式对程序直接进行修改。

三、任务评价

任务考核评价表如表 4-18 所示。

表 4-18 任务考核评价表

任务名称：安装、调试立柱升降控制回路

班级：　　　　姓名：　　　　学号：　　　　指导教师：

评价项目	评价标准	评价依据 (信息、佐证)	评价方式			权重	得分小计	总分
			小组评价	学校评价	企业评价			
			0.2	0.3	0.5			
职业素质	(1)遵守企业管理规定、劳动纪律 (2)按时完成学习及工作任务 (3)工作积极主动、勤学好问	实习表现				0.2		
专业能力	(1)能设计气动控制回路 (2)会编制 PLC 程序 (3)能熟练拆装立柱升降气动回路 (4)能正常调试运行	(1)书面作业和实训报告 (2)实训课题完成情况记录				0.7		
创新能力	能够推广、应用国内相关职业的新工艺、新技术、新材料、新设备	"四新"技术的应用情况				0.1		
指导教师综合评价			指导教师签名：　　　　日期：					

4.4.4 知识链接：气压系统的常见故障诊断及排除

(一)气压系统故障种类

故障发生的时期不同，故障的内容和原因也不同。因此，可将故障分为初期故障、突发故障和老化故障。

1. 初期故障

在调试阶段和开始运转后的两三个月内发生的故障称为初期故障。其产生的原因如下。

(1)元件加工、装配不良。若元件内孔的研磨不符合要求，则零件毛刺未清除干净，安装不清洁，零件装错、装反，装配时对中不良，紧固螺钉拧紧力矩不恰当，零件材质不符合要求，外购零件(如密封圈、弹簧)质量差等。

(2)设计失误。设计元件时，对零件的材料选用不当，加工工艺要求不合理，对元件的特点、性能和功能了解不够，造成设计回路时元件选用不当。设计的空气处理系统不能满足气动元件和系统的要求，回路设计出现错误。

(3)安装不符合要求。安装时，元件及管道内吹洗不干净，使灰尘、密封材料碎片等杂质混入，造成气动系统故障，安装气缸时存在偏载。没有采取有效的管道防松、防振动措施。

(4) 维护管理不善。例如，未及时排放冷凝水，未及时给油雾器补油等。

2. 突发故障

系统在稳定运行时期内突然发生的故障称为突发故障。例如，油杯和水杯都是用聚碳酸酯材料制成的，它们在有机溶剂的雾气中工作，就有可能突然破裂；空气或管路中残留的杂质混入元件内部，突然使相对运动件卡死；弹簧突然折断、软管突然爆裂、电磁线圈突然烧毁；突然停电造成回路误动作等。

有些突发故障是有先兆的。若排出的空气中出现杂质和水分，则表明过滤器已失效，应及时查明原因并予以排除，以免酿成突发故障。但有些突发故障是无法预测的，只能采取安全保护措施加以防范，或准备一些易损件的备件，以备及时更换失效的元件。

3. 老化故障

个别或少数元件达到使用寿命后发生的故障称为老化故障。参照系统中各元件的生产日期、开始使用日期、使用的频繁程度以及已经出现的某些征兆，如声音反常、泄漏越来越严重、气缸运动不平稳等现象，大致预测老化故障的发生期限是有可能的。

(二) 常见的故障分析及排除

在气动系统的维护过程中，常见的故障都有其产生原因和相应排除方法。了解和掌握这些故障现象及其原因和排除方法，可以协助维护人员快速解决问题，常见的故障有以下几种。

1. 气压异常

气动系统的气压异常故障及排除方法如表 4-19 所示。

表 4-19 气动系统压力异常的故障及排除方法

故障现象	产生原因	排除方法
气路无气压	气动回路中的开关阀、启动阀、速度控制阀等未打开	予以开启
	换向阀未换向	查明原因后排除
	管路扭曲、压扁	纠正或更换管路
	滤芯堵塞或冻结	更换滤芯
	介质或环境温度太低，造成管路冻结	及时清除冷凝水，增设除水设备
供压不足	耗气量太大，空气压缩机输出流量不足	选择流量合适的空气压缩机或增设一定容积的储气罐
	空气压缩机活塞环等磨损	更换零件
	漏气严重	更换损坏的密封件或软管，紧固管接头及螺钉
	减压阀输出压力低	调节减压阀至使用压力
	速度控制阀开度太小	将速度控制阀打开到合适开度
	管路细长或管接头选用不当	重新设计管路，加粗管径，选用流通能力大的管接头及气阀
	各支路流量匹配不合理	改善各支路流量匹配性能，采用环形管道供气
异常高压	因外部振动冲击产生冲击压力	在适当部位安装安全阀或压力继电器
	减压阀损坏	更换减压阀

2. 气动控制阀的故障

气动控制阀的常见故障有减压阀的故障、溢流阀的故障、换向阀的故障等，下面分别列表说明。表 4-20 是减压阀的故障及排除方法。

表 4-20　减压阀的故障及排除方法

故障现象	产生原因	排除方法
阀体漏气	密封件损坏	更换密封件
	弹簧松弛	调紧弹簧
压力调不高	调压弹簧断裂	更换弹簧
	膜片撕裂	更换膜片
	阀口径太小	换阀
	阀下部积存冷凝水	排除积水
	阀内混入异物	清洗阀
压力调不低,出口压力升高	复位弹簧损坏	更换弹簧
	阀杆变形	更换阀杆
	阀座处有异物、有伤痕,阀芯上密封垫剥离	清洗阀和过滤器,调换密封圈
输出压力波动大或变化不均匀	减压阀通径或进出口配管通径选小了,当输出流量变动大时,输出压力波动大	根据最大输出流量选用阀或配管通径
	进气阀芯或阀座间导向不良	更换阀芯或修复
	弹簧的弹力减弱,弹簧错位	更换弹簧
	耗气量变化使阀频繁启闭引起阀的共振	尽量稳定耗气量
溢流孔处向外漏气	溢流阀座有伤痕	更换溢流阀座
	膜片破裂	更换膜片
	出口侧压力意外升高	检查输出侧回路
溢流口不溢流	溢流阀座孔堵塞	清洗检查阀及过滤器
	溢流孔座橡胶垫太软	更换橡胶垫

溢流阀的故障及排除方法如表 4-21 所示。

表 4-21　溢流阀的故障及排除方法

故障现象	产生原因	排除方法
压力超过调定值,但不溢流	阀内部孔堵塞,导向部分进入杂质	清洗阀
压力阀虽没有超过调定值,但溢流口处已有气体溢出	阀内进入杂质	清洗阀
	膜片破裂	更换膜片
	阀座损坏	调换阀座
	调压弹簧损坏	更换弹簧
溢流时发生振动	压力上升慢,溢流阀放出流量多	出口处安装针阀,微调溢流量,使其与压力上升量匹配
	从气源到溢流阀之间被节流,阀前部压力上升慢	增大气源到溢流阀的管道通径
阀体和阀盖处漏气	膜片破裂	更换膜片
	密封件损坏	更换密封件
压力调不高	弹簧损坏	更换弹簧
	膜片破裂	更换膜片

换向阀的故障及排除方法如表 4-22 所示。

表 4-22　换向阀的故障及排除方法

故障现象	产生原因	排除方法
不能换向	阀的滑动阻力大，润滑不良	进行润滑
	密封圈变形，摩擦力增大	更换密封圈
	杂质卡住滑动部分	清除杂质
	弹簧损坏	调换弹簧
	膜片破裂	更换膜片
	阀操纵力太小	检查阀的操纵部分
	阀芯锈蚀	调换阀或阀芯
	阀芯另一端有背压（放气小孔被堵）	清洗阀
	配合太紧	重新装配
电磁铁有蜂鸣声	铁心吸合面上有脏物或生锈	清除脏物或锈屑
	活动铁心的铆钉脱落、铁心叠层分开不能吸合	更换活动铁心
	杂质进入铁心的滑动部分，使铁心不能紧密接触	清除进入电磁铁内的杂质
	短路环损坏	更换固定铁心
	弹簧太硬或卡死	调整或更换弹簧
	电压低于额定电压	调整电压到规定值
	外部导线拉得太紧	使用有富余长度的引线
线圈烧毁	环境温度高	按规定温度范围使用
	换向过于频繁	改用高频阀
	吸引时电流过大，温度升高，绝缘破坏短路	用气控阀代替电磁阀
	杂质夹在阀和铁心之间，活动铁心不能吸合	清除杂质
	线圈电压不合适	使用正常电源电压，使用符合电压的线圈
阀漏气	密封件磨损、尺寸不合适、扭曲或歪斜	更换密封件、正确安装
	弹簧失效	更换弹簧

3. 气动执行元件的故障

气动执行元件的故障主要是气缸故障，如表 4-23 所示。

表 4-23　气缸的故障及排除方法

故障现象		产生原因	排除方法
气缸漏气	活塞杆处	导向套、活塞杆密封圈磨损	更换导向套和密封圈
		活塞杆有伤痕、腐蚀	更换活塞杆、清除冷凝水
		活塞杆和导向套的配合处有杂质	去除杂质，安装防尘圈
	缸体与端盖处	密封圈损坏	更换密封圈
		固定螺钉松动	紧固螺钉
	缓冲阀处	密封圈损坏	更换密封圈
	活塞两侧串气	活塞密封圈损坏	更换密封圈
		活塞被卡住	重新安装，消除活塞的偏载
		活塞配合面有缺陷	更换零件
		杂质挤入密封面	除去杂质

续表

故障现象	产生原因	排除方法
气缸不动作	外负载太大	提高压力、加大缸径
	有横向载荷	使用导轨消除
	安装不同轴	保证导向装置的滑动面与气缸轴线平行
	活塞杆或缸筒锈蚀、损伤而卡住	更换并检查排污装置及润滑状况
	润滑不良	检查给油量、油雾器规格和安装
	混入冷凝水、油泥、灰尘使运动阻力增大	检查气源处理系统是否符合要求
	混入灰尘等杂质，造成气缸卡住	注意防尘
气缸动作不平稳	外负载变动大	提高使用压力或增大缸径
	气压不足	更换零件或调节阀门
	空气中含有杂质	检查气源处理系统是否符合要求
	润滑不良	检查油雾器是否正常工作
气缸爬行	低于最低使用压力	提高使用压力
	气缸内泄漏大	排除泄漏
	回路中耗气量变化大	增设储气罐
	负载太大	增大缸径
气缸走走停停	限位开关失控	更换开关
	继电器接点已到使用寿命	更换继电器
	接线不良	检查并拧紧接线螺钉
	电插头接触不良	插紧或更换电插头
	电磁阀换向动作不良	更换电磁阀
	气液缸的油中混入空气	除去油中的空气
气缸动作速度太快	没有速度控制阀	增设速度控制阀
	速度控制阀尺寸不合适	选择调节范围合适的阀
	回路设计不合理	使用气液阻尼缸或气液转换器来控制低速运动
气缸动作速度太慢	气压不足	提高压力
	负载过大	提高使用压力或增大缸径
	速度控制阀开度太小	调整速度控制阀的开度
	供气量不足	查明气源与气缸之间节流太大的元件，更换大通径的元件或使用快速排气阀让气缸迅速排气
	气缸摩擦力增大	改善润滑条件
	缸筒或活塞密封圈损伤	更换密封圈
气缸行程终端存在冲击现象	无缓冲措施	增设合适的缓冲措施
	缓冲密封圈密封性差	更换密封圈
	缓冲节流阀松动、损伤	调整锁定、更换节流阀
	缓冲能力不足	重新设计缓冲机构
气液联用缸内产生气泡	因漏油造成油量不足	解决漏油，补足油量
	油路中节流最大处出现气蚀	防止节流过大
	油中未加消泡剂	加消泡剂

4. 气动辅件的故障

气动辅件的故障主要有空气过滤器的故障、油雾器的故障、排气口和消声器的故障以及密封圈损坏等，具体见表 4-24～表 4-27。

表 4-24　空气过滤器的故障及排除方法

故障现象	产生原因	排除方法
漏气	排水阀自动排水失灵	修理或更换排水阀
	密封不良	更换密封件
压力降太大	滤芯过滤精度太高	更换过滤精度合适的滤芯
	滤芯网眼堵塞	用净化液清洗滤芯
	过滤器的公称流量小	更换公称流量大的过滤器
从输出端流出冷凝水	未及时排除冷凝水	定期排水或安装自动排水器
	自动排水器发生故障	修理或更换自动排水器
	超出过滤器的流量范围	在适当流量范围内使用或更换大规格的过滤器
输出端出现异物	过滤器滤芯破损	更换滤芯
	滤芯密封不严	更换滤芯密封垫
	错用有机溶剂清洗滤芯	改用清洁的热水或煤油清洗
塑料水杯破损	在有机溶剂的环境中使用	使用不受有机溶剂侵蚀的材料
	空气压缩机输出某种焦油	更换空气压缩机润滑油或用金属杯
	对塑料有害的物质被空气压缩机吸入	用金属杯

表 4-25　油雾器的故障及排除方法

故障现象	产生原因	排除方法
不滴油或滴油量太小	油雾器装反	改变安装方向
	通往油杯的空气通道堵塞，油杯未加压	检查修理，加大空气通道
	油道堵塞，节流阀未开启或开度不够	修理，调节节流阀开度
	通过流量小，压差不足以形成油滴	更换合适规格的油雾器
	油黏度太大	换油
	气流短时间间歇流动，来不及滴油	使用强制给油方式
油滴数无法减少	节流阀开度太大，节流阀失效	调至合理开度，更换节流阀
油杯破损	在有机溶剂的环境中使用	选用金属杯
	空气压缩机输出某种焦油	更换空气压缩机润滑油或用金属杯
漏气	油杯破裂	更换油杯
	密封不良	检修密封
	观察玻璃破损	更换观察玻璃

表 4-26 排气口和消声器的故障及排除方法

故障现象	产生原因	排除方法
有冷凝水排出	忘记排放各处的冷凝水	每天排放各处冷凝水，确认自动排水器能正常工作
	后冷却器能力不足	加大冷却水量，重新选型
	空气压缩机进气口潮湿或淋入雨水	调整空气压缩机位置，避免雨水淋入
	缺少除水设备	增设后冷却器、干燥器、过滤器等必要的除水设备
	除水设备太靠近空气压缩机，无法保证大量水分呈液态，不便排出	除水设备应远离空气压缩机
	压缩机油黏度低，冷凝水多	选用合适的压缩机油
	环境温度低于干燥器的露点	提高环境温度或重新选择干燥器
	瞬时耗气量太大，节流处温度下降太大	提高除水装置的除水能力
有灰尘排出	从空气压缩机入口和排气口混入灰尘等	空气压缩机吸气口装过滤器，排气口装消声器或洁净器，灰尘多时加保护罩
	系统内部产生锈屑、金属末和密封材料粉末	元件及配管应使用不生锈耐腐蚀的材料，保证良好的润滑条件
	安装维修时混入灰尘	安装维修时应防止铁屑、灰尘等杂质混入，安装完应用压缩空气充分吹洗干净
有油雾喷出	油雾器离气缸太远，油雾达不到气缸，阀换向时油雾便排出	油雾器尽量靠近需润滑的元件，提高其安装位置，选用微雾型油雾器
	一个油雾器供应多个气缸，很难均匀输入各气缸，多出的油雾便排出	改成一个油雾器只供应一个气缸
	油雾器的规格、品种选用不当，油雾送不到气缸	选用与气量相适应的油雾器规格

表 4-27 密封圈损坏及排除方法

故障现象	产生原因	排除方法
挤出	压力过高	避免高压
	间隙过大	重新设计
	沟槽不合适	重新设计
	放入的状态不良	重新装配
老化	温度过高，低温硬化，自然老化	更换密封圈
扭转	有横向载荷	消除横向载荷
表面损伤	摩擦损耗	检查空气质量、密封圈质量、表面加工精度
	润滑不良	改善润滑条件
膨胀	与润滑油不相容	换润滑油或更换密封圈材质
损坏黏着变形	压力过高	检查使用条件、安装尺寸、密封圈材质
	润滑不良	
	安装不良	

任务 4.5　安装、调试立柱回转控制回路及联机调试机械手气动控制系统

4.5.1　任务目标

(1) 能够读懂气动控制回路。
(2) 会编制 PLC 程序。
(3) 掌握拆装立柱回转机构气动回路的方法。
(4) 能正确调试运行

4.5.2　任务引入与分析

图 4-97 为机械手立柱回转机构的工作示意图，工作要求为：当按下启动按钮 SB1 后，立柱回转机构左转；当按下停止按钮 SB2 后，立柱回转机构右转。试根据上述要求，安装与调试立柱回转机构的控制系统。

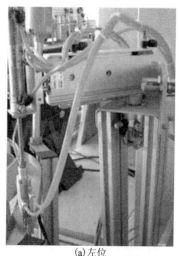
(a) 左位

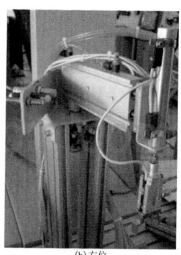
(b) 右位

图 4-97　机械手立柱回转机构的工作示意图

根据安装与调试立柱回转控制回路任务的目标，将该任务分成以下两个子任务来实施。
(1) 安装与调试立柱回转控制回路。
(2) 联机调试机械手气动控制回路。

4.5.3　任务实施与评价

一、任务准备

1. 电感式接近开关

电感式接近开关属于一种有开关量输出的位置传感器，它由 LC 高频振荡器和放大处理电路组成，其工作原理框图如图 4-98 所示。金属物体在接近能产生电磁场的振荡感应头时

使物体内部产生涡流，这个涡流反作用于接近开关，使接近开关振荡能力衰减，内部电路的参数发生变化，由此识别出有无金属物体接近，进而控制开关的通或断。由此可见，电感式传感器(接近开关)所检测的物体必须是金属物体，此性能也可用于判别金属与非金属工件。

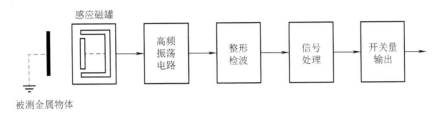

图 4-98 电感式接近开关工作原理

本任务所使用的电感式接近开关外形如图 4-99 所示。它对机械手的左右位置进行检测，当机械手的手臂(伸缩气缸体)靠近电感式接近开关时，将到位信号传送给 PLC。

 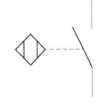

(a)电感式接近开关使用实例　　　　　　　　　　(b)图形符号

图 4-99 电感式接近开关

提示：在一些精度要求不是很高的场合，接近开关可以用于产品计数、测量转速，甚至测量旋转位移的角度。但在一些要求较高的场合，往往用光电编码器来测量旋转位移或者间接测量直线位移。

2. 步进指令

步进指令(STL/RET)是专为顺序控制而设计的指令。在工业控制领域，许多的控制过程都可用顺序控制的方式来实现，使用步进指令实现顺序控制既方便实现又便于阅读修改。

FX1S 中有两条步进指令：STL(步进触点)和 RET(步进返回)。

STL 和 RET 指令只有与状态器 S 配合才能具有步进功能。例如，STL S20 表示状态常开触点，称为 STL 触点，它在梯形图中的符号为 ┤├，它没有常闭触点。每个状态器 S 记录一个工步，如 STL S20 有效(为 ON)，则进入 S20 表示的一步(类似于本步的总开关)，开始执行本阶段该做的工作，并判断进入下一步的条件是否满足。一旦结束本步信号为 ON，则关断 S20 进入下一步，如 S21 步。RET 指令是用来复位 STL 指令的。执行 RET 后将重回母线，退出步进状态。

一个顺序控制过程可分为若干个阶段，也称为步或状态，每个状态都有不同的动作。当

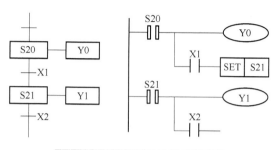

图 4-100 状态转移图与步进指令

相邻两状态之间的转换条件得到满足时,将实现转换,即由上一个状态转换到下一个状态执行。常用状态转移图(功能表图)描述这种顺序控制过程。如图 4-100 所示,用状态器 S 记录每个状态,X 为转换条件。当 X1 为 ON 时,则系统由 S20 状态转为 S21 状态。

状态转移图中的每一步包含三个内容:本步驱动的内容、转移条件及指令的转换目标。例如,图 4-100 中 S20 步驱动 Y0,当 X1 有效为 ON 时,则系统由 S20 状态转变为 S21 状态,X1 即转换条件,转换的目标为 S21 步。

步进指令的使用说明如下:

(1) STL 触点是与左侧母线相连的常开触点,某 STL 触点接通,则对应的状态为活动步;

(2) 与 STL 触点相连的触点应用 LD 或 LDI 指令,只有执行完 RET 后才返回左侧母线;

(3) STL 触点可直接驱动或通过其他触点驱动 Y、M、S、T 等元件的线圈;

(4) 由于 PLC 只执行活动步对应的电路块,所以使用 STL 指令时允许双线圈输出(顺序控制程序在不同的步可多次驱动同一线圈);

(5) STL 触点驱动的电路块中不能使用 MC 和 MCR 指令,但可以用 CJ 指令;

(6) 在中断程序和子程序内,不能使用 STL 指令。

二、设备与材料准备

(1) 设备准备:预装三菱 FXGP_WIN-C 编程软件的计算机;三菱 PLC 及配套编程电缆;气动机械手组件;气动控制实训装置。

(2) 材料准备:磁性开关、电感式接近开关若干;开关、按钮若干;截面积 $1mm^2$ 的连接导线若干。

(3) 工具与场地准备:万用表、一字旋具、十字旋具、尖嘴钳等常用的电工工具;可视条件选择气动技术实训室、工业自动化控制实训室作为实训场。

三、任务实施

1. 安装与调试立柱回转控制回路

1) 选择气动元件

(1) 气源装置的选择:根据机械手立柱回转机构的工作要求,选择空气压缩机作为气源装置。

(2) 执行元件的选择:机械手立柱回转机构需要实现左、右两个方向的往复运动,需要压缩空气交替进入气缸的两腔,所以选择双作用旋转气缸。

(3) 控制元件的选择:选二位五通双电控换向阀,当二位五通双电控换向阀左位工作时,气缸活塞左转;当二位五通双电控换向阀右位工作时,气缸活塞右转。

气动元件类型如表 4-28。

表 4-28　气动元件类型

序号	气动元件名称	型号	备注
1	双作用旋转气缸	CDRB2BW30-180S	SMC
2	二位五通双电控换向阀	4V220-08	AIRTAC

2) 连接气路

(1) 图 4-101 是根据机械手立柱回转机构的工作要求设计完成的气动回路图,选出回路中所使用的元件,并在实训台上按要求规范摆放好。

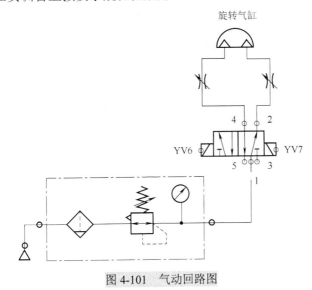

图 4-101　气动回路图

1-进气口；2、4-工作口；3、5-排气口

(2) 将气源与二位五通双电控换向阀的进气口 1 连接起来。

(3) 将二位五通双电控换向阀的工作口 4 连接气缸的左腔,工作口 2 连接气缸的右腔。

3) 气路检查

气路连接结束后,进行通气检查,保证气路连接正确,没有不符合工艺要求的现象。进行通气检测时,确保通气后所有气缸都能回到要求的初始位置。通过调节气压和节流阀来调节气缸运动的速度,使各气缸运动平稳,无振动和冲击。

4) 气动回路功能调试

在初始位置,二位五通换向阀右位接入系统,压缩空气经阀的进气口 1 到达 2 出口,进入双作用旋转气缸的右腔,活塞右转；当 YV6 得电接通时,二位五通换向阀左位接入系统,压缩空气进入双作用旋转气缸的左腔,使得活塞左转；当 YV7 得电(YV6 失电断开)接通时,二位五通换向阀右位接入系统,使活塞回到初始位置。

5) 分配 PLC 输入/输出信号地址

根据控制要求编制 PLC 输入/输出信号地址分配,见表 4-29。

表 4-29　PLC 输入/输出信号地址分配

外接元件	输入信号		输出信号	
	功能	地址	功能	地址
SB1	启动按钮	X0	左移电磁阀线圈 YV6	Y6
SB2	停止按钮	X1	右移电磁阀线圈 YV7	Y7
K6	旋转气缸左限位传感器	X6	—	—
K7	旋转气缸右限位传感器	X7	—	—

6) 系统接线

根据表 4-29 的 PLC 输入/输出信号地址分配，连接 PLC 电气控制图（图 4-102）。

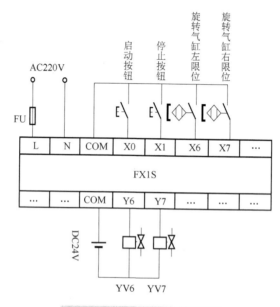

图 4-102　PLC 电气控制原理图

7) 编制 PLC 控制程序

使用 FXGP_WIN-C 编程软件编译梯形图程序，PLC 程序如图 4-103 所示。

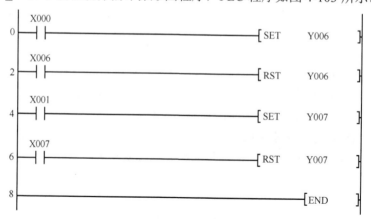

图 4-103　PLC 程序

8) 调试运行

(1) 根据电气控制原理图连接电路，创建一个项目，在该项目下，录入所编写的 PLC 控制程序。

(2) 对所录入的控制程序认真检查，经检查确认无误后，再进行实际的运行调试。重点应检查各执行机构之间是否存在冲突。

(3) 调试程序并利用程序监控界面对程序的运行进行监控。

① 按下"启动"按钮，PLC 输出继电器 Y6 为"ON"，电磁阀线圈 YV6 得电吸合，二位五通双电控换向阀换向，旋转双作用气动马达左转，左转到位后左限位传感器接通，PLC 输入信号指示灯 X6 为"ON"，PLC 输出继电器 Y6 为"OFF"，电磁阀线圈 YV6 失电断开。

② 按下"复位"按钮，PLC 输出继电器 Y7 为"ON"，电磁阀线圈 YV7 得电吸合，二位五通双电控换向阀换向，旋转双作用气动马达右转，右转到位后右限位传感器接通，PLC 输入信号指示灯 X7 为"ON"，PLC 输出继电器 Y7 为"OFF"，电磁阀线圈 YV7 失电断开。

(4) 若程序不符合控制要求，则可利用监控界面对程序的运行情况进行分析，若要修改程序，则可采用在线修改的方式对程序直接进行修改。

2. 联机调试机械手动控制系统

1) 连接气动控制回路

气动机械手的旋转气缸、悬臂气缸、手臂气缸均用二位五通带手控开关的双电控换向阀控制，气爪气缸用二位五通带手控开关的单电控换向阀控制。气动控制回路的工作原理图如图 4-104 所示。

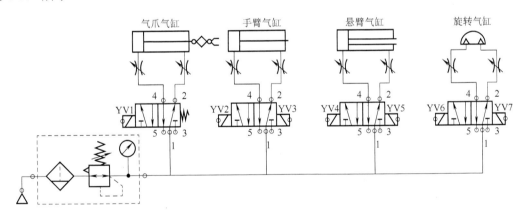

图 4-104 机械手气动控制回路

1-进气口；2、4-工作口；3、5-排气口

2) 分配 PLC 输入/输出信号地址

根据机械手工作任务的描述，使用三个二位五通双控换向阀和一个二位五通单控换向阀分别驱动机械手的四个气缸，分配 PLC 输入/输出信号地址分配如表 4-30 所示。

表 4-30　PLC 输入/输出信号地址分配

外接元件	输入信号		输出信号	
	功能	地址	功能	地址
SB1	启动按钮	X0	夹紧电磁阀线圈 YV1	Y1
SB2	停止按钮	X1	上升电磁阀线圈 YV2	Y2
K1	气抓夹紧限位传感器	X10	下降电磁阀线圈 YV3	Y3
K2	手臂气缸上限位传感器	X2	伸出电磁阀线圈 YV4	Y4
K3	手臂气缸下限位传感器	X3	缩回电磁阀线圈 YV5	Y5
K4	悬臂气缸前限位传感器	X4	左移电磁阀线圈 YV6	Y6
K5	悬臂气缸后限位传感器	X5	右移电磁阀线圈 YV7	Y7
K6	旋转气缸左限位传感器	X6	—	—
K7	旋转气缸右限位传感器	X7	—	—

3) 系统接线

根据如表 4-30 所示的 PLC 输入/输出信号地址分配，连接电气控制图如图 4-105 所示。

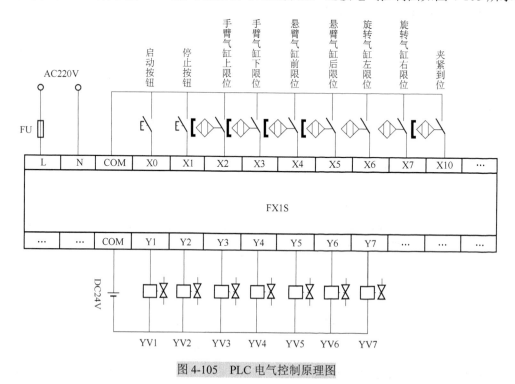

图 4-105　PLC 电气控制原理图

4) 编制 PLC 控制程序

根据机械手的动作特点，采用步进指令编译梯形图程序，PLC 程序如图 4-106 所示。

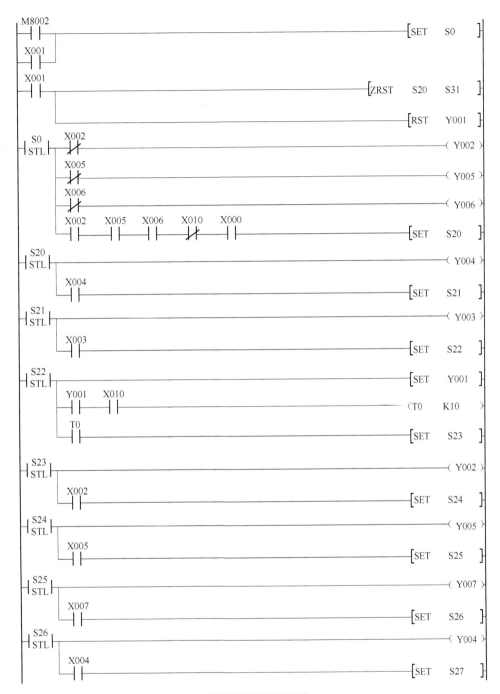

图 4-106　PLC 程序

5)运行调试

(1)根据电气控制原理图连接电路,创建一个项目,在该项目下,录入所编写的 PLC 控制程序。

(2)对所录入的控制程序认真检查,经检查确认无误后,再进行实际的运行调试。重点应检查各执行机构之间是否存在冲突。

(3) 调试程序并利用程序监控界面对程序的运行进行监控。

① 按下"开始"按钮,利用程序监控界面监控各元件的动作情况。

② 按下"复位"按钮,利用程序监控界面监控各元件的动作情况。

(4) 观察各元件的动作情况是否符合控制要求。

① 若程序不符合控制要求,则可利用监控界面对程序的运行情况进行分析。若要修改程序,则可采用在线修改的方式对程序直接进行修改。

② 程序经调试符合控制要求后,退出监控界面并使系统停止运行,将程序命名存盘后退出编程软件界面,断电后拔下计算机与 PLC 之间的通信电缆。

③ 在利用编程软件编程时,为防止程序意外丢失,应注意经常保存程序。

四、任务评价

任务考核评价表如表 4-31 所示。

表 4-31 任务考核评价表

任务名称:安装、调试立柱回转控制回路及联机调试机械手气动控制系统

班级: 　　　　姓名: 　　　　学号: 　　　　指导教师:

评价项目	评价标准	评价依据 (信息、佐证)	评价方式			权重	得分小计	总分
			小组评价	学校评价	企业评价			
			0.2	0.3	0.5			
职业素质	(1)遵守企业管理规定、劳动纪律 (2)按时完成学习及工作任务 (3)工作积极主动、勤学好问	实习表现				0.2		
专业能力	(1)能设计气动控制回路 (2)会编制 PLC 程序 (3)能熟练拆装立柱回转机构气动回路 (4)能正常调试运行	(1)书面作业和实训报告 (2)实训课题完成情况记录				0.7		
创新能力	能够推广、应用国内相关职业的新工艺、新技术、新材料、新设备	"四新"技术的应用情况				0.1		
指导教师综合评价								

指导教师签名: 　　　　日期:

4.5.4 知识链接

(一)典型气压传动系统简介

工件夹紧气压传动系统是机械加工自动线和组合机床中常用的夹紧装置的驱动系统。图 4-107 为机床夹具的气动夹紧系统,其动作循环是:当工件运动到指定位置后,气缸 A 活塞杆伸出,将工件定位后两侧的气缸 B 和 C 的活塞杆同时伸出,从两侧面对工件夹紧,然后进行切削加工,加工完后各夹紧缸退回,将工件松开。

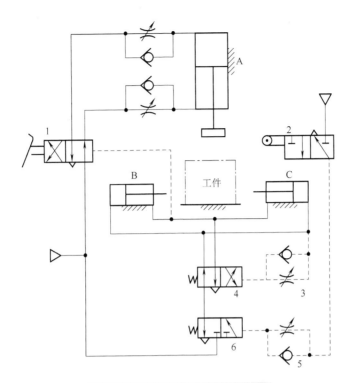

图 4-107 机床夹具的气动夹紧系统

1-脚踏阀；2-行程阀；3、5-单向节流阀；4、6-换向阀

具体工作原理如下：用脚踏下脚踏阀 1，压缩空气进入气缸 A 的上腔。使活塞下降定位工件；当压下行程阀 2 时，压缩空气经单向节流阀 5 使二位三通气控换向阀 6 换向(调节节流阀开口可以控制换向阀 6 的延时接通时间)，压缩空气通过换向阀 4 进入两侧气缸 B、C 的无杆腔，使活塞杆前进而夹紧工件。然后钻头开始钻孔，同时流过换向阀 4 的一部分压缩空气经过单向节流阀 3 进入换向阀 4 右端，经过一段时间(由节流阀控制)后换向阀 4 右位接通，两侧气缸后退到原来位置。同时，一部分压缩空气作为信号进入脚踏阀 1 的右端，使脚踏阀 1 右位接通，压缩空气进入气缸 A 的下腔，使活塞杆退回原位。活塞杆上升的同时使机动行程阀 2 复位，气控换向阀 6 也复位(此时单向节流阀 3 右位接通)，由于气缸 B 和 C 的无杆腔通过换向阀 6、换向阀 4 排气，换向阀 6 自动复位到左位，完成一个工作循环。该回路只有再踏下脚踏阀 1 才能开始下一个工作循环。

(二)气液动力滑台系统

气液动力滑台采用气液阻尼缸作为执行元件。由于在它的上面可安装单轴头、动力箱或工件，所以在机床上常作为实现进给运动的部件。

图 4-108 为气液动力滑台回路原理图。图中阀 1、2、3 和阀 4、5、6 实际上分别组合在一起，成为两个组合阀。

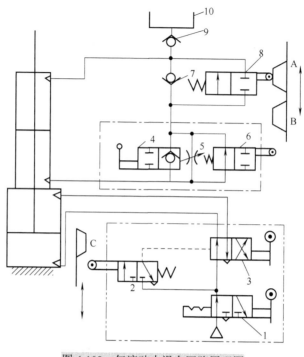

图 4-108 气液动力滑台回路原理图

1、3、4-手动换向阀；2、6、8-行程阀；5-节流阀；7、9-单向阀；10-补油箱

该种气液滑台能完成下面的两种工作循环。

1. 快进—慢进—快退—停止

当阀 4 处于如图 4-108 所示状态时，就可实现上述循环的进给程序。其动作原理为：当手动换向阀 3 切换至右位时，实际上就是给予进刀信号，在气压作用下，气缸中活塞开始向下运动，液压缸中活塞下腔油液经行程阀 6 的左位和单向阀 7 进入液压缸活塞的上腔，实现了快进；当快进到活塞杆上的挡铁 B 切换行程阀 6 (使它处于右位)后，油液只能经节流阀 5 进入活塞上腔，调节节流阀的开度，即可调节气液阻尼缸运动速度。所以，这时开始慢进(工作进给)。当慢进到挡铁 C 使行程阀 2 切换至左位时，输出气信号使 3 切换至左位，这时气缸活塞开始向上运动。液压缸活塞上腔的油液经阀 8 至如图 4-108 所示位置而使油液通道被切断，活塞就停止运动。所以改变挡铁 A 的位置，就能改变"停"的位置。

2. 快进—慢进—慢退—快退—停止

把手动换向阀 4 关闭(处于左位)时，就可实现上述的双向进给程序，其动作原理如下。

其动作循环中的快进—慢进的动作原理与上述相同。当慢进至挡铁 C 切换行程阀 2 至左位时，输出气信号使阀 3 切换至左位，气缸活塞开始向上运动，这时液压缸上腔的油液经行程阀 8 的左位和节流阀 5 进入液压活塞缸下腔，即实现了慢退(反向进给)；当慢退到挡铁 B 离开阀 6 的顶杆而使其复位(处于左位)后，液压缸活塞上腔的油液就经阀 8 的左位，再经阀 6 的左位进入液压活塞缸下腔，开始快退；快退到挡铁 A 切换阀 8 至如图 4-108 所示位置时，油液通路被切断，活塞就停止运动。

图 4-108 中补油箱 10 和单向阀 9 仅是为了补偿系统中的漏油而设置的，因而一般可用油杯来代替。

(三)数控加工中心气动系统

图 4-109 为某数控加工中心气动系统原理图,该系统主要实现加工中心的自动换刀功能,在换刀过程中实现主轴定位、主轴松刀、拔刀、向主轴锥孔吹气排屑和插刀动作。

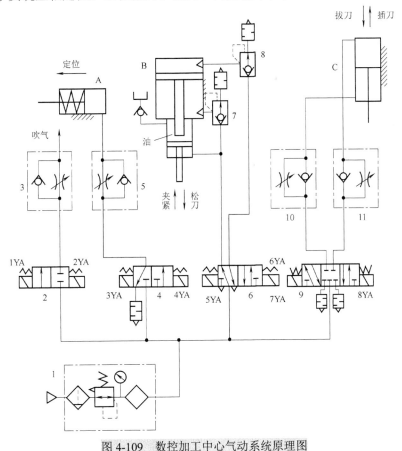

图 4-109 数控加工中心气动系统原理图

1-气动三联件;2-二位二通电磁换向阀;3、5、10、11-单向节流阀;
4-二位三通电磁换向阀;6-二位五通电磁换向阀;7、8-快速排气阀;9-三位五通电磁换向阀

具体工作原理如下:当数控系统发出换刀指令时,主轴停止旋转,同时 4YA 通电,压缩空气经气动三联件 1、换向阀 4、单向节流阀 5 进入主轴定位缸 A 的右腔,缸 A 的活塞左移,使主轴自动定位。定位后压下开关,使 6YA 通电,压缩空气经换向阀 6、快速排气阀 8 进入气液增压器 B 的上腔,增压腔的高压油使活塞伸出,实现主轴松刀,同时使 8YA 通电,压缩空气经换向阀 9、单向节流阀 11 进入缸 C 的上腔,缸 C 下腔排气,活塞下移实现拔刀。由回转刀库交换刀具,同时 1YA 通电,压缩空气经换向阀 2、单向节流阀 3 向主轴锥孔吹气。稍后 1YA 断电、2YA 通电,停止吹气,8YA 断电、7YA 通电,压缩空气经换向阀 9、单向节流阀 10 进入缸 C 的下腔,活塞上移,实现插刀动作。6YA 断电、5YA 通电,压缩空气经阀 6 进入气液增压器 B 的下腔,使活塞退回,主轴的机械机构使刀具夹紧。4YA 断电、3YA 通电,缸 A 的活塞在弹簧力的作用下复位,恢复到开始状态,换刀结束。

(四)气动机械手气压传动系统

气动机械手是机械手的一种,它具有结构简单,质量小,动作迅速,平稳可靠,不污染工作环境等优点。在要求工作环境洁净、工作负载较小、自动生产的设备和生产线上应用广泛,它能按照预定的控制程序动作。图 4-110 为一种简单的可移动式气动机械手的结构示意图。它由 A、B、C、D 四个气缸组成,能实现手指夹持、手臂伸缩、立柱升降、回转四个动作。

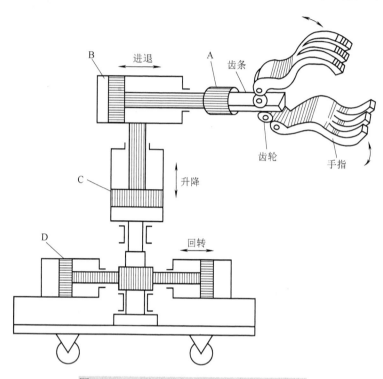

图 4-110　可移动式气动机械手的结构示意图

图 4-111 为一种通用机械手的气动系统工作原理图(手指部分为真空吸头,即无 A 气缸部分),要求其工作循环为:立柱上升→伸臂→立柱顺时针转→真空吸头取工件→立柱逆时针转→缩臂→立柱下降。

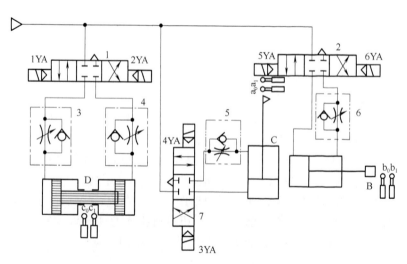

图 4-111　通用机械手的气动系统工作原理图

1、2、7—三位四通双电控换向阀;3、4、5、6—单向节流阀

三个气缸均由三位四通双电控换向阀1、2、7和单向节流阀3、4、5、6组成换向、调速回路。各气缸的行程位置均由电气行程开关进行控制。表4-32为该机械手在工作循环中各电磁铁的动作顺序表。

表4-32 电磁铁动作顺序表

动作元件	1YA	2YA	3YA	4YA	5YA	6YA
垂直缸上升				+		
水平缸伸出				−	+	
回转缸转位	+					
回转缸复位	−	+				
水平缸退回			−			+
垂直缸下降			+			−

下面结合表4-32来分析它的工作循环。

按下启动按钮，4YA通电，阀7处于上位，压缩空气进入垂直气缸C下腔，活塞杆上升。

当缸C活塞上的挡块碰到电气行程开关a_1时，4YA断电，5YA通电，阀2处于左位，水平气缸B活塞杆伸出，带动真空吸头进入工作点吸取工件。

当缸B活塞上的挡块碰到电气开关b_1时，5YA断电，1YA通电，阀1处于左位，回转缸D顺时针方向回转，使真空吸头进入下料点下料。

当回转缸D活塞杆上的挡块压下电气行程开关c_1时，1YA断电，2YA通电，阀1处于右位，回转缸b复位。

回转缸复位时，其上挡块碰到电气程开关c_0时，6YA通电，2YA断电，阀2处于右位，水平缸B活塞杆退回。

水平缸退回时，挡块碰到b_0，6YA断电，3YA通电，阀7处于下位，垂直缸活塞杆下降，到原位时，碰上电气行程开关a_0，3YA断电，至此完成一个工作循环，若再给启动信号，则可进行同样的工作循环。

根据需要只要改变电气行程开关的位置，调节单向节流阀的开度，即可改变各气缸的运动速度和行程。

（五）拉门自动开闭系统

该装置通过连杆机构将气缸活塞杆的直线运动转换成商场、宾馆等公共场所拉门使用的开闭运动，利用超低压气动阀来检测行人的踏板动作。在拉门内、外装踏板6和11，踏板下方装有完全封闭的橡胶管，管的一端与超低压气动阀7和12的控制口连接。当人站在踏板上时，橡胶管里压力升高，超低压气动阀动作。其气压传动系统如图4-112所示。

首先使手动阀1上位接入工作状态，空气通过气控换向阀2、单向节流阀3进入气缸4的无杆腔，将活塞杆推出（门关闭）。当人站在踏板6后，气控换向阀7动作，空气通过梭阀8、单节流阀9和储气罐10使气控换向阀2换向，压缩空气进入气缸4的有杆腔，活塞杆退回（门打开）。

当行人经过门后踏上踏板11时，气控换向阀12动作，使梭阀8上面的通口关闭，下面的通口接通（此时由于人已离开踏板6，阀7复位）。储气罐10中的空气经单向节流阀9、梭阀 8 和阀 12 放气(人离开踏板 11 后,阀 12 已复位),经过延时(由节流阀控制)后阀 2 复位,气缸 4 的无杆腔进气,活塞杆伸出(关闭拉门)。

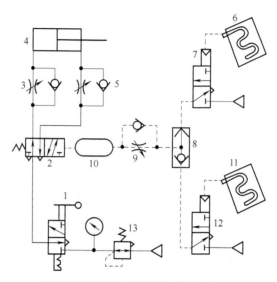

图 4-112　拉门自动开闭气压传动系统

1-手动阀；2、7、12-气控换向阀；3、5、9-单向节流阀；4-气缸；6、11-踏板；8-梭阀；10-气罐；13-减压阀

该回路利用逻辑"或"的功能,回路比较简单,很少产生误动作。行人从门的哪一边进出均可。减压阀 13 可使关门的力自由调节,十分便利。若将手动阀复位,则可变为手动门。

项目总结

1. 理整项目工作资料

整理项目工作中的电路原理图、输入/输出信号地址分配表、程序设计流程图和程序清单、安装与调试报告以及实习表现和考核记录等,并装订成册。

2. 撰写项目工作报告

(1)项目名称。

(2)项目概况,包括项目任务、项目用途及使用范围。

(3)项目实施情况,包括准备情况、项目实施。其中,项目实施如下:

① 方案；

② 技术；

③ 安装、运行与调试等,视具体情况而定；

④ 关键问题(技术)的解决办法。

(4)小结。

(5)参考文献。

3. 项目考核

学习情境 4 过程考核评价表如表 4-33 所示。

表4-33 学习情境4过程考核评价表

项目名称：机械手气动系统安装与调试

班级：		姓名：		学号：			指导教师：		
评价项目	评价标准	评价依据(信息、佐证)	评价方式			权重	得分小计	总分	
			小组评价	学校评价	企业评价				
			0.2	0.3	0.5				
职业素质	(1)遵守企业管理规定、劳动纪律 (2)按时完成学习及工作任务 (3)工作积极主动、勤学好问	实习表现				0.2			
专业能力	(1)理解气动系统的组成及各部分的作用 (2)理解气动机械手控制系统的组成和工作原理 (3)会安装和调试气动机械手控制系统	(1)书面作业和实训报告 (2)实训课题完成情况记录				0.7			
创新能力	能够推广、应用国内相关职业的新工艺、新技术、新材料、新设备	"四新"技术的应用情况				0.1			
指导教师综合评价					指导教师签名：			日期：	

注：(1)此表一式两份，一份由院校存档，另一份入预备技师学籍档案；
(2)考核成绩均为百分制。

教学策略

本学习情境按照行动导向教学法的教学理念实施教学过程，包括咨询、计划、决策、执行、检查、评估六个步骤，同时贯彻手把手、放开手、育巧手，手脑并用；学中做、做中学、学会做，做学结合的职教理念。

1. 咨询

(1)教师首先播放一段有关气动机械手在生产中应用的视频，使学生对气动机械手有一个感性的认识，以提高学生的学习兴趣。

(2)教师布置任务：

① 采用板书或电子课件展示任务1的任务内容和具体要求；

② 通过引导文问题让学生在规定时间内查阅资料，包括工具书、计算机或手机网络、电话咨询或学生讨论等多种方式，以获得问题的答案，目的是培养学生检索资料的能力；

③ 教师认真评阅学生的答案，重点和难点问题，教师要加以解释。

对于任务4.1和4.2，教师可播放与任务4.1和任务4.2有关的视频，包含任务4.1和任务4.2的整个执行过程；或教师进行示范操作，以达到手把手、学中做，教会学生实际操作的目的。

对于任务4.3和任务4.4，由于学生有了任务4.1和任务4.2的操作经验，教师可只播放与任务4.3和任务4.4有关的视频，不再进行示范操作，以达到放开手、做中学的教学目的。

对于任务4.5，由于学生有了任务4.1~任务4.4的操作经验，教师既不播放视频，又不再进行示范操作，让学生独立思考，完成任务，以达到育巧手、学会做的教学目的。

2. 计划

1) 学生分组

根据班级人数和设备的台套数,由班长或学习委员进行分组。分组可采取多种形式,如随机分组、搭配分组、团队分组等,小组一般以 4~6 人为宜,目的是培养学生的社会能力,与各类人员的交往能力,同时每个小组指定一个小组的负责人。

2) 拟定方案

学生可以通过头脑风暴或集体讨论的方式拟定任务的实施计划,包括材料、工具的准备,具体的操作步骤等。

3. 决策

由学生和教师一起研讨,决定任务的实施方案,包括详细的过程实施步骤和检查方法。

4. 执行

学生根据实施方案按部就班地进行任务的实施。

5. 检查

学生在实施任务的过程中要不断检查操作过程和结果,以最终达到满意的操作效果。

6. 评估

学生在完成任务后,要写出整个学习过程的总结,并做电子课件汇报。教师要制定各种评价表格,如专业能力评价表格、方法能力评价表格和社会能力评价表格,如表 4-33 所示,根据评价结果对学生进行点评,同时布置课下作业,作业一般选取同类知识迁移的类型。

参 考 文 献

曹建东，龚肖新，2006．液压传动与气动技术．北京：北京大学出版社．
杜巧连，2009．液压与气动技术．北京：科学出版社．
何存兴，张铁华，2000．液压传动与气压传动．武汉：华中科技大学出版社．
姜继海，宋锦春，高常识，2002．液压与气压传动．北京：高等教育出版社．
姜佩东，2000．液压与气动技术．北京：高等教育出版社．
凌桂琴，2009．液压气动技术与应用．北京：化学工业出版社．
牟志华，张海军，2010．液压与气动技术．北京：中国铁道出版社．
邱国庆，2006．液压技术与应用．北京：人民邮电出版社．
宋正和，曹燕，2009．液压与气动技术．北京：北京交通大学出版社．
王新兰，2004．液压与气动．北京：电子工业出版社．
谢亚青，郝春玲，2011．液压与气动技术．上海：复旦大学出版社．
袁广，张勤，2008．液压与气压传动技术．北京：北京大学出版社．
张勤，2011．液压技术与实训．北京：科学出版社．
张周，2011．常用机电设备液压与气动控制系统安装调试与维护．北京：中国劳动社会保障出版社．